Photoshop
容易学

葛文艳 ◆ 著

清华大学出版社
北京

内 容 简 介

本书全面、详细地介绍了Photoshop CC的应用方法与技巧，共分为16章。在内容上注重实际需求，突出"实用、易学"的特点，从易到难，循序渐进。前3章介绍了软件界面与最基础的操作知识。第4～15章逐步从简单的选区、图层、蒙版、修饰、文字、颜色调整、路径操作，到中级难度的通道、Camera Raw、滤镜、切片、动画与视频、3D、动作与批处理等进行介绍。其中每个小知识点都结合了对应的经典实例，全面剖析逐个击破。第16章简单介绍了Photoshop CC 2018的一些新功能。

本书可作为院校和培训机构的相关专业教材，也可作为广大Photoshop爱好者、平面设计、网页制作等相关从业人员的自学教程和参考用书。

图书在版编目(CIP)数据

Photoshop容易学 / 葛文艳著. — 北京：清华大学出版社，2019 (2019.12重印)
ISBN 978-7-302-51434-3

Ⅰ. ①P⋯　Ⅱ. ①葛⋯　Ⅲ. ①图像处理软件　Ⅳ. ①TP391.413

中国版本图书馆CIP数据核字(2018) 第 242166 号

责任编辑：张　敏　薛　阳
封面设计：杨玉兰
责任校对：徐俊伟
责任印制：沈　露

出版发行：清华大学出版社
　　　　　网　　　址：http://www.tup.com.cn，http://www.wqbook.com
　　　　　地　　　址：北京清华大学学研大厦A座　　　　　邮　　编：100084
　　　　　社 总 机：010-62770175　　　　　　　　　　　邮　　购：010-62786544
　　　　　投稿与读者服务：010-62776969，c-service@tup.tsinghua.edu.cn
　　　　　质 量 反 馈：010-62772015，zhiliang@tup.tsinghua.edu.cn
印 装 者：涿州汇美亿浓印刷有限公司
经　　销：全国新华书店
开　　本：188mm×260mm　　　　印　张：20　　　　字　数：523千字
版　　次：2019年4月第1版　　　　　　　　　　　印　次：2019年12月第3次印刷
定　　价：99.00元

产品编号：081019-01

前言

本书适合零基础的初学者快速自学Photoshop CC，全书共分为16章，前5章主要讲解了Photoshop CC入门级知识，通过这5章的学习读者将认识并熟悉Photoshop CC的操作方法并利用Photoshop进行简单的图像处理。第6~11章则系统、全面地讲解了Photoshop CC的核心功能，通过这些章节的学习，读者能够熟练掌握Photoshop CC的各种操作，能够利用Photoshop进行各种常见的图像处理和设计工作。第12~15章针对高级用户，着重讲解了Photoshop的高级应用技巧，使读者能精通软件技术，更加专业地应对各种高难度设计工作的挑战。第16章针对新推出的Photoshop CC 2018版本的新功能进行了简单介绍。

内容特色

Photoshop CC作为一款强大的图像处理软件，具有大量的可操作功能，但实际上在设计制图过程中经常用到的功能是非常有限的。如果想要深入挖掘软件的各个细节功能，势必要浪费大量的时间和精力，所以，在本书编写过程中对Photoshop CC的功能进行了极为慎重的"筛选"，精选出实用、好用、必用的知识点，并将烦琐冗杂的理论讲解进行系统化、操作化、简单化、步骤化的处理，形成以下特点。

1. 知识点独立，思路清晰

本书最大的特点是每一个知识点都单独用一个实例讲解，实例简单、实用、好理解，尽量不掺杂其他章节内容，使读者专注而透彻地学会这一个知识点，最后再通过综合案例的练习，掌握该章节知识点在实际作品中的应用。

2. 知识体系完善，紧密跟踪软件发展

本书几乎包括Photoshop 软件应用的所有知识点，例如其他同类书籍中没有的3D功能、视频处理、Camera Raw滤镜以及其他各个滤镜的应用等。用专业教材的严谨方式与简单平实的语言，讲解了每个知识点，让读者易读、易懂。

3. 注重实践，强调应用

Photoshop软件应用是一门实践性很强的科目，所以本书中的每一个知识点都用实例来讲解。实例从当下流行的设计作品中挑选，素材选择美观而且实用。在进行实际操作的同时，加入理论化的操作经验，帮助读者理解并掌握Photoshop软件的应用技能。

4. 双栏版式，美观易读

本书采用双栏版式，排版紧凑，短行易读，内容量大，最大限

度地提高了本书使用的方便性与实用性。

5. 插图精美，标注清晰

本书提供了制作精美的彩色插图，充分考虑了色彩搭配，发挥彩色印刷的美观特色，完美展现书中的实例效果。每一个软件窗口截图的标注都清晰明了，使读者容易了解所讲内容。

其他说明

本书主要由葛文艳编写，参与本书编写工作的还有赵敏、李鹏伟、杨雪，由于编者水平有限，书中难免存在疏漏之处，敬请广大读者批评指正。同时感谢摄影师郭玉东为本书提供图片素材。

书中图片仅供教学和参考，部分图片来源于互联网，无法一一查明出处，敬请谅解。如有版权问题请及时与作者或出版社联系，我们会在书籍的下一版中予以更正。

本书附赠资源（画笔库、渐变库、形状库、样式库、字体文件、图片素材）请扫描下方二维码下载，讲解视频请刮开封底涂层扫描二维码观看和下载。

作者

目 录 ⋮ ⋮

094 | 第6章
图层的应用

126 | 第 7 章
图层与蒙版的高级应用

275 | 第 13 章 切片、动画与视频

平台功能介绍

➡ **如果您是教师，您可以**

管理课程

建立课程

管理题库

发布试卷

布置作业

管理问答与
话题

➡ **如果您是学生，您可以**

发表话题

提出问题

加入课程

下载课程资料

编辑笔记

使用优惠码和
激活序列号

➡ **如何加入课程**

1 找到教材封底"数字课程入口"

范例

数字课程入口

刮 开 涂 层
获取二维码

2 刮开涂层获取二维码，扫码进入课程

范例

获取更多详尽平台使用指导可输入网址
http://www.wqketang.com/course/550
如有疑问，可联系微信客服：DESTUP

文泉课堂
WWW.WQKETANG.COM

清華大學出版社
出品的在线学习平台

第1章

了解Photoshop

Photoshop是Adobe公司旗下最著名的图像编辑软件之一，深受广大平面设计人员和电脑美术爱好者的喜爱，是迄今为止世界上最畅销的图像编辑软件。Photoshop已成为许多涉及图像处理的行业的标准，是Adobe公司最大的经济收入来源。

1.1 ▶ Photoshop的发展历程

Photoshop经过多次版本升级，其功能越来越强大，应用领域也越来越广泛。

1987年2月，美国密歇根大学博士研究生托马斯·洛尔（Thomas Knoll）编写了一个叫作Display的程序，可以在黑白显示器上显示灰阶图像。因工作需要，经过重新改进与升级，更名为Photoshop。后来Adobe公司买下了Photoshop的发行权，并于1990年推出Photoshop 1.0。随后的12年里，陆续推出了Photoshop 2.0～Photoshop 7.0。2003年，Photoshop CS（8.0）发布；2005年4月，Photoshop CS2发布，之后几乎每年Adobe公司都会发布Photoshop新版本，直至2012年3月，发布了Photoshop CS6。2013年6月，Adobe公司在MAX大会上推出了最新版本的Photoshop CC，目前Photoshop CC是最新版本。

1.2 ▶ Photoshop 的行业应用

Photoshop是全球领先的图像编辑软件，被广泛应用于平面设计、数码照片处理、网页设计、3D动画等领域。

1.2.1 在平面设计中的应用

Photoshop是印刷业不可或缺的重要软件，在平面设计与制作中，Photoshop已经完全渗透到平面广告、海报、POP、包装、书籍装帧、印刷、制版等各个环节（见图1-1、图1-2）。

图1-1   图1-2

1.2.2 在电商设计中的应用

在电子商务如火如荼的发展中，网店是依托互联网技术发展起来的一种具有普遍性的电子商务模式，Photoshop在网店中具有广泛的应用，其主要应用在于网店网页制作、图片编辑处理以及网店海报制作等 （见图1-3、图1-4）。

图1-3

图1-4

1.2.3 在网页设计中的应用

　　制作一个美观、实用的网页，需要经过精心的设计，将网页中的内容巧妙地布局、合理地配色以增加漂亮的辅助元素，这些都可以由Photoshop来完成。在Photoshop中完成平面效果之后，进行切片，再用Dreamweaver或者其他网页编辑软件进行制作（见图1-5、图1-6）。

图1-5

图1-6

1.2.4 在数码摄影后期处理中的应用

　　无论是人像摄影、婚纱照，还是风光大片，Photoshop都可以让摄影作品呈现更完美的艺术效果。Photoshop可以完成照片的校色、修补修正、色彩与色调的调节，以及多张照片创造性的合成（见图1-7、图1-8）。

图1-7

图1-8

1.2.5 在界面设计中的应用

　　在这个被电子设备围绕的时代，每一款电子设备的界面都有自己的个性，每一款软件的界面、每一款游戏的界面、每一款手机的操作界面，都有设计师精心的设计在里面（见图1-9、图1-10）。界面设计这一新兴行业，伴随着智能电子设备的普及而迅猛发展，目前，界面设计主要用Photoshop来完成。

图1-9

图1-10

1.2.6　在建筑效果图后期调整中的应用

在用其他3D软件生成建筑效果图之后，需要用Photoshop做后期处理，比如添加玻璃、金属、木纹等材质的质感，在效果图中添加背景、人物、植物、车辆及各种装饰（见图1-11、图1-12）。

图1-11

图1-12

1.2.7　在绘画设计与数码艺术中的应用

Photoshop的图像绘制功能日趋完善，使用Photoshop绘制艺术插画，可以应用到游戏、电商海报及其他设计行业。Photoshop强大的图像编辑功能，几乎可以随心所欲地对原图像进行再加工，修改、合成为另一充满想象力的作品（见图1-13、图1-14）。

图1-13

图1-14

1.3 ▶ 图像的相关概念

1.3.1　矢量图

矢量图又叫向量图，是用一系列计算机指令来描述和记录一幅图像，它所记录的是对象的几何形状、线条粗细和色彩等。生成的矢量图文件存储量很小，特别适用于文字设计、图案设计、版式设计、标志设计、计算机辅助设计（CAD）、工艺美术设计、插图等。

矢量图可以任意放大或缩小而不会出现图像失真现象（见图1-15）。

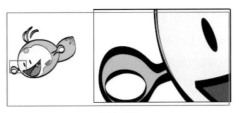

图1-15

矢量图只能表示由规律的线条组成的图形，如工程图、三维造型或艺术字等；对于由无规律的像素点组成的图像（风景、人物、山水），难以用数学形式表达，不宜使用矢量图格式；其次，矢量图不容易制作色彩丰富的图像，绘制的图像很不真实，并且在不同的软件之间交换数据也不太方便。

常见的矢量图处理软件有 CorelDRAW、AutoCAD、Illustrator 和 FreeHand等。

1.3.2　位图

位图又叫点阵图或像素图，计算机屏幕上的图像是由屏幕上的发光点（即像素）构成的，每个点用二进制数据来描述其颜色与亮度等信息，这些点是离散的，类似于点阵。多个像素的色彩组合就形成了图像，称为位图。

将位图放大到一定限度时会发现它是由一个个小方格组成的，这些小方格被称为像素点。一个像素是位图图像中最小的图像元素（见图1-16、图1-17）。

图1-16　　　　　　　图1-17

在处理位图图像时，所编辑的是像素而不是对象或形状，它的大小和质量取决于图像中的像素点的多少，每平方英寸中所含像素越多，图像越清晰，颜色之间的混合也越平滑。计算机存储位图图像实际上是存储图像的各个像素的位置和颜色数据等信息，所以图像越清晰，像素越多，相应的存储容量也越大。

位图图像与矢量图像相比，更容易模仿照片似的真实效果。位图图像的主要优点在于表现力强、细腻、层次多、细节多，可以十分容易地模拟出像照片一样的真实效果。

1.3.3　像素与分辨率

每一个位图文件都是由多个像素点组成，像素是图像的最基本单元，每个像素记载着图像的颜色信息。一个图像单位面积内包含的像素越多，颜色信息就越丰富，图像质量越高，同时文件也越大。

分辨率是指单位面积内的像素数，一般为像素/英寸。例如，分辨率为300ppi的图像，代表每英寸有300×300=90 000个像素。如果文件需要打印输出，一般需要≥300ppi；如果只在网页上显示，72ppi或96ppi就可以。

在图像尺寸不变的情况下，高分辨率的图像比低分辨率的图像包含更多像素，像素点也较小（见图1-18、图1-19）。

图1-18

图1-19

第 2 章

Photoshop基本操作

Photoshop CC的工作界面相比之前的版本，图像处理区域更加开阔，文档的切换更加快捷。工具箱与面板默认放在左右两边，方便取用，为用户带来更流畅、快捷的应用体验。

2.1 ▶ 启动程序

在Windows 桌面上双击Photoshop CC图标，或者选择"开始"菜单→"所有程序"→Photoshop CC选项，即可启动Photoshop CC。启动Photoshop CC后，将出现欢迎界面，之后是工作界面。

2.2 ▶ Photoshop CC的工作界面

Photoshop CC的工作界面包含菜单栏、工具选项栏、标题栏、工具箱、文档窗口及面板组和最下方的状态栏（见图2-1）。

图2-1

2.2.1 菜单栏

Photoshop CC中包含11个主菜单（见图2-2），每个菜单内都包含一系列命令。例如，"图像"菜单中包含编辑图像的一些命令；"文本"菜单中包含设置文本属性与格式的一些命令。

图2-2

单击一个菜单即可打开该菜单。在菜单中，不同功能的命令之间用分隔线隔开。带有黑色三角标记的命令表示还包含子菜单（见图2-3）。

图2-3

部分命令后面带有快捷键，按其对应的快捷键即可快速执行该命令（见图2-3）。例如，按Ctrl+L快捷键，即可打开"色阶"调整窗口。

如果命令后面只提供了字母，则按下Alt键的同时再按下主菜单上的字母键，即可打开该菜单，然后再按下命令后面的字母键，也可快速执行该命令（见图2-4）。例如，按下Alt+I+J+E快捷键可调节曝光度。

图2-4

菜单中部分命令为灰色，代表不可用状态。部分命令后面带有"..."，表示执行该命令时会弹出对话框。

2.2.2 工具箱

Photoshop CC的工具箱默认位于窗口左侧，包括选区工具、绘图工具、文字工具、图像编辑工具及其他辅助工具。

如果工具箱未显示，可选择"窗口"菜单→"工具"选项，显示工具箱。

单击工具箱顶部的双三角按钮，可将工具箱切换为单排或双排显示（见图2-5）。

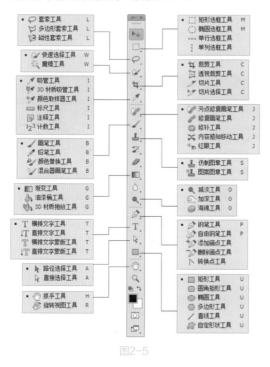

图2-5

将光标放在工具箱顶部的双三角按钮右侧拖动鼠标，可将工具箱拖放至窗口的任意位置。

部分工具右下角带有小三角形，表示这是一个工具组，在这样的工具上按住鼠标可以显示隐藏的工具，将光标移动到隐藏的工具上放开鼠标，即可选择该工具（见图2-6）。

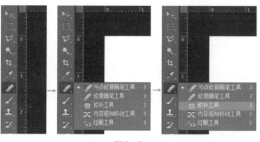

图2-6

常用工具都有相应的快捷键，将光标指向某工具并停留，就会弹出该工具名称与快捷键信息。例如，移动工具的快捷键是"V"，魔棒工具的快捷键是"W"。

按下Shift+工具快捷键，可在一组隐藏的工具中循环选择各个工具。

2.2.3 工具选项栏

工具选项栏位于菜单栏下方，可设置当前所选工具的参数。根据所选工具的不同而改变选项的内容。如图2-7和图2-8所示分别为文本工具选项栏与魔棒工具选项栏。

图2-7

图2-8

选择"窗口"菜单→"选项"选项，可以隐藏或显示工具选项栏。

单击并拖曳工具选项栏最左侧，可以将它从停放栏中拖出，成为浮动选项栏，停放在窗口任意处。将其拖回菜单栏下面，当出现蓝色条时放开鼠标，可停放至原处。

在工具选项栏中，单击工具图标右侧的向下小灰三角按钮，可以打开一个下拉面板，其中包含各种工具预设。可以将常用的工具参数设为工具预设保存起来，方便下次使用。

2.2.4 标题栏

标题栏位于工具选项栏下方，显示文档名称、文件格式、窗口缩放比例和颜色模式等信息，如果文档中包含多个图层，则标题栏中还会显示当前工作的图层名称。

2.2.5 文档窗口

Photoshop CC中每打开一个图像，便会创建一个文档窗口。同时打开多个图像时，文档窗口就会以选项卡的形式显示。

单击选项卡上任一文档的名称，即可将该文档设置为当前操作窗口。

2.2.6 面板组

Photoshop CC包含26个面板，在"窗口"菜单中选择需要的面板将其打开，默认在工作界面右侧显示。可单击面板右上角的双三角按钮，将其折叠；单击面板的名称，即可展开该面板。拖曳面板的边界，可以调整面板的宽度与高度。

如图2-9所示从上到下显示的分别是"导航器"面板，"调整"面板，通道面板。

各个面板可以任意组合，只需拖曳标题栏到另一个面板的标题栏上，出现蓝框时放开鼠标。

单击面板右上角的小灰三角按钮，可以打开对应的面板菜单（见图2-10）。

图2-9　　　　　　　图2-10

2.2.7 状态栏

状态栏位于窗口底部，默认显示文档窗口的缩放比例、文档大小。

如果单击状态栏，则可以显示图像的宽度、高度和通道等信息。

单击状态栏上向右的小三角，可以得到更多图像信息（见图2-11）。

图2-11

2.3.1 使用预设工作区

Photoshop 是一款功能非常强大的图像处理软件，应用领域非常广泛，为方便广大用户操作，Photoshop提供了适合不同任务的预设工作区，如绘画、摄影、3D等，窗口根据选项不同，显示此选项常用的面板，隐藏不常用的面板。如图2-12所示显示摄影工作区。

图2-12

2.3.2 实战：创建自定义工作区（*视频）

如果Photoshop预设的工作区不能满足应用要求，可以自定义工作区，将常用面板组合放置。

01 选择"窗口"菜单，单击下方所需面板选项，将需要的面板打开，将不需要的面板关闭，再将打开的面板按需要重新组合（见图2-13）。

图2-13

02 选择"窗口"菜单→"工作区"→"新建工作区…"选项，在对话框中输入新工作区的名称，如果选中复选框可同时保存"键盘快捷键"和"菜单"的当前状态，然后单击"存储"按钮（见图2-14）。

图2-14

03 如果想调用自定义工作区，选择"窗口"菜单→"工作区"选项；或者单击窗口右上部的按钮，选择所需要的工作区即可（见图2-15）。

图2-15

04 如果要删除自定义的工作区，选择"窗口"菜单→"工作区"→"删除工作区…"选项即可，或者单击右上角工作区名称，在弹出的菜单中选择"删除工作区"（见图2-16）。

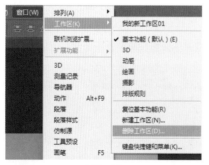

图2-16

2.4 ▶ 图像的查看

使用Photoshop处理图像时，经常需要对图像放大、缩小、移动以及切换屏幕，Photoshop提供了许多方便查看图像的工具。

2.4.1 屏幕模式

单击工具箱底部的"屏幕模式"按钮，右侧显示一组用于切换屏幕模式的按钮，包括标准屏幕模式，带有菜单栏的全屏模式，全屏模式。

（1）标准屏幕模式：默认的屏幕模式，显示菜单栏、标题栏、滚动条、面板等（见图2-17）。

图2-17

（2）带菜单栏的全屏模式：无标题栏、无滚动条的全屏模式（见图2-18）。

图2-18

（3）全屏模式：无标题栏、无菜单栏与滚动条的全屏模式（见图2-19）。

图2-19

按下F键，可在三种屏幕模式间切换；按下Tab 键，可以隐藏或显示工具箱、面板组与工具选项栏；按下 Shift+Tab快捷键，可以隐藏或显示面板。

2.4.2　多个窗口查看图像

Photoshop支持同时打开多个图像文件，可通过"窗口"菜单→"排列"选项选择各个文档窗口的排列方式。

（1）全部垂直拼贴（见图2-20）；全部水平拼贴（见图2-21）；双联水平（见图2-22）；双联垂直；三联水平；三联垂直；三联堆积；四联；六联。

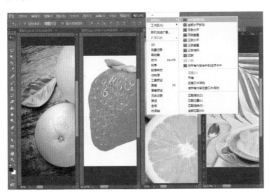

图2-20

图2-21

图2-22

（2）将所有内容全并到选项卡中（见图2-23）。

图2-23

（3）层叠：在多个打开的窗口都是活动窗口的情况下，从屏幕左上角到右下角堆叠显示（见图2-24）。

图2-24

（4）平铺：在工作区内平铺填满多个窗口，当关闭一个图像时，其他窗口会自动调整大小（见图2-25）。

图2-25

（5）在窗口中浮动：当前的一个窗口浮动在工作区。

（6）使所有内容在窗口浮动，如图2-26所示。

图2-26

（7）将所有内容合并到选项卡中：即恢复到默认状态，只显示当前窗口内容，其他窗口最小化到选项卡中（见图2-27）。

图2-27

（8）匹配缩放：打开的多个窗口全部匹配当前窗口的缩放比例。如图2-28所示，当前图像显示的缩放比例为66.67%，另一个窗口会匹配它的缩放比例也是66.67%。

图2-28

（9）匹配位置：将所有窗口中图像的显示位置都匹配到与当前窗口相同。

（10）匹配旋转：如果当前窗口中的画布做了旋转操作，就会将所有窗口中图像的旋转角度都匹配到与当前窗口相同。

（11）全部匹配：将所有窗口的缩放比例、图像显示位置、画布旋转角度与当前窗口匹配。

2.4.3 实战：调整窗口的缩放比例（*视频）

01 选择"文件"菜单→"打开"选项，或者按快捷键Ctrl+O，打开文件"第2章素材6"（见图2-29）。

图2-29

02 单击"缩放"工具，将光标放在图像上，光标变成放大镜形状，单击可以放大显示比例（见图2-30）。按下Alt键并单击，光标变成状，单击可缩小窗口的显示比例（见图2-31）。

图2-30

图2-31

03 选中工具选项栏的"细微缩放"复选框，在图像上左右拖动鼠标，可实现缩放比例的调整。

缩放工具选项栏中各选项如下（见图2-32）。

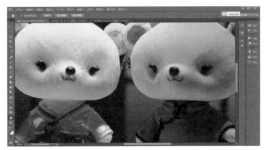

图2-32

（1）缩放所有窗口：当缩放当前窗口时，选中此选项，所打开的每个文档窗口都会随之缩放。

（2）100%：单击此按钮，图像将以实际像素即100%的比例显示。双击缩放工具🔍或者按下快捷键Ctrl+1也可实现此功能。

（3）适合屏幕：单击该按钮，可使图像最大化地完整显示在窗口中。双击抓手工具✋也可实现此功能；按Ctrl+0快捷键也可以适合屏幕显示。

（4）填充屏幕：单击该按钮，可使图像最大化地完整显示在整个屏幕中。

> **提示**
> 选择"视图"菜单→"放大"选项，或按快捷键Ctrl++，可以放大显示图像。
> 选择"视图"菜单→"缩小"选项，或按快捷键Ctrl+-，可以缩小显示图像。
> 选择"视图"菜单→"按屏幕大小缩放"选项，可使图像自动按比例在窗口中完整显示。
> 选择"视图"菜单→"100%/200%"选项，图像将以100%/200%比例显示。
> 选择"视图"菜单→"打印尺寸"选项，图像将按照实际的打印尺寸显示。

2.4.4　实战：抓手工具的使用（*视频）

当图像较大或者图像放大显示，超出窗口范围时，可以使用抓手工具✋移动画面，查看图像的不同区域。

01 打开文件"第2章素材7"（见图2-33）；选择"抓手工具"，按住Ctrl键单击可放大显示图像，按住Alt键单击可缩小显示图像。

图2-33

如果按住Ctrl键或者Alt键，向左拖曳鼠标则放大显示图像，向右拖曳鼠标可缩小显示图像。

02 图像放大显示后，拖曳鼠标即可移动画面显示。

03 按住H键单击，会出现矩形框，将矩形框移至想放大的地方松开H键和鼠标，将放大显示矩形框框住的地方（见图2-34）。

图2-34

> **提示**
> 使用其他工具时，按下空格键，可以临时切换为抓手工具。

使用除缩放、抓手工具以外的其他工具时，按住Alt键并滚动鼠标中间的滚轴也可缩放显示图像。

2.4.5　实战：使用导航器（*视频）

如果图像尺寸较大，画面中不能完全显示，可通过导航器查看图像。

01 打开文件"第2章素材8"。

02 选择"窗口"菜单→"导航器"选项，打开"导航器"对话框（见图2-35）。

图2-35

03 单击导航器右下角的"放大"按钮可以放大窗口的显示比例，单击左边的"缩小"按钮可缩小显示比例。

04 拖曳中间的滑块也可以放大或缩小显示图像。

05 在导航器左下角直接输入数值，可按比例缩放显示图像。

06 图像过大窗口中不能完全显示时，在导航器中移动红色矩形，可在窗口中显示当前矩形中的内容（见图2-36）。

图2-36

> **提示** 右击图像以外的灰色区域，在弹出的菜单中可选择灰色、黑色或其他自定义颜色的背景上显示图像，为了不影响我们对颜色的判断，一般选择默认的灰色。

2.4.6 实战：自定义彩色菜单（*视频）

当我们经常用到某一菜单命令时，可以将它设置为自定义颜色，以方便找到它。

01 选择"编辑"菜单→"键盘快捷键和菜单"选项，选择"菜单"选项卡。

02 在对话框中单击"文件"下面的"打开为"选项后面的"无"，在弹出的选项中选择"红色"，并单击"确定"按钮（见图2-37）。

图2-37

03 回到窗口，单击"文件"菜单，看到"打开为"为红色（见图2-38）。

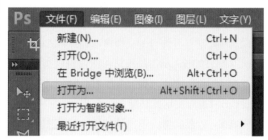

图2-38

2.4.7 实战：自定义快捷键（*视频）

在Photoshop操作中，快捷键的使用会加快操作速度，更方便快捷。但是有些工具没有设置快捷键，我们可以自定义一下。

01 选择"编辑"菜单→"键盘快捷键"选项，或者选择"窗口"菜单→"工作区"→"键盘快捷键和菜单"选项，打开"键盘快捷键和菜单"对话框。单击"快捷键用于"→"工具"选项。如果想设置菜单的快捷键，可以单击"应用程序菜单"选项（见图2-39）。

图2-39

02 在"工具"选项下选择"转换点工具"，单击"添加快捷键"，在文本框中输入字母"K"，单击"接受"选项，则转换点工具的快捷键被设定为"K"。

03 如果要删除快捷键，则选定某工具，选择"删除快捷键"即可。

如果要恢复自定义的工具快捷键、菜单颜色、菜单命令为Photoshop默认值，选择"编辑"菜单→"键盘快捷键和菜单"选项，在打开的对话框中单击"组"按钮，在下拉列表中选择"Photoshop默认值"选项。

在拖曳的过程中按下Shift键将会自动对齐标尺刻度。

03 在标尺左上角处双击，即可恢复原点到默认位置。

04 如果要改变标尺单位，可右击标尺刻度，在弹出的快捷菜单中选择。或者选择"编辑"菜单→"首选项"→"单位与标尺"选项，在弹出的对话框中进行设置。

05 如果要隐藏标尺，可按下快捷键Ctrl+R或使用"视图"菜单。

2.5 ▶ 辅助工具

在使用Photoshop处理图像的过程中，需要用到一些辅助工具，例如标尺、参考线、网格、注释工具等，能够帮助我们更方便、更快捷地完成工作。

2.5.1 实战：使用标尺（*视频）

01 打开文件"第2章素材9"；按下快捷键Ctrl+R，或者选择"视图"菜单→"标尺"选项，显示标尺。并且当光标移动时，标尺栏会有虚线显示当前光标的位置。

02 默认情况下，标尺的原点在左上角，如果想改变原点的位置，可用鼠标按住左上角向右下拖曳，在合适的地方松开鼠标，就是新原点的位置（见图2-40、图2-41）。

2.5.2 实战：使用参考线（*视频）

01 打开文件"第2章素材10"，按下快捷键Ctrl+R，显示标尺。用鼠标在刻度栏上拖曳，即可拖出一根参考线（见图2-42）。

图2-42

02 选择"视图"菜单→"新建参考线"选项，弹出对话框，可以创建数值精确的参考线（见图2-43）。

图2-43

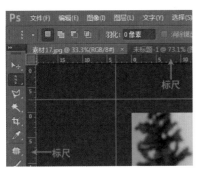

图2-40

03 选择"移动"工具，可以移动参考线，当选中其他工具时，按下Ctrl键拖曳参考

图2-41

线，也可以移动参考线。

04 创建或者移动参考线时按下Shift键，可使参考线对齐标尺上的刻度。

05 选择"视图"菜单→"锁定参考线"选项，可防止参考线被移动。

06 将参考线拖曳回标尺，可删除参考线；或者选择"视图"菜单→"清除参考线"选项，可以删除所有参考线。

2.5.3 智能参考线

选择"视图"菜单→"显示"→"智能参考线"选项，打开智能参考线。对图层对象进行移动操作时，该对象能自动与页面的边缘、中心点与其他图层对象的边缘、中心点对齐。

移动时如果当前层距离其他层的中间点相近时，或与其他对象相同距离时，会出现一条对齐线并自动贴齐，或者等距离对齐（见图2-44）。

图2-44

2.5.4 网格

选择"视图"菜单→"显示"→"网格"选项，或按Ctrl+'快捷键，可在图像窗口中显示网

格，辅助操作（见图2-45）。

图2-45

选择"视图"菜单→"对齐"→"网格"选项，当移动图层对象时，对象将自动贴齐网格线。

2.5.5 对齐

选择"视图"菜单→"对齐"选项，然后选择"视图"菜单→"对齐到"选项，出现下级菜单，有多种选择可进行对齐（见图2-46）。

图2-46

2.5.6 显示额外内容

额外内容指不会被打印出来的内容，包括参考线、网格、路径、切片的定界框、选区边缘、图层边缘、注释。

选择"视图"菜单→"显示额外内容"选项，使之成为选中状态，然后选择"视图"菜单→"显示"选项的下拉菜单中的一个项目，该项前面出现"√"，即可显示该项目。再次单击该项目，取消"√"，即可取消显示，隐藏该项目（见图2-47）。

图2-47

的内容（见图2-49）。

图2-48

图2-49

2.5.7　实战：添加注释（*视频）

在使用Photoshop处理图像的过程中，有些地方需要加以标记和说明，备注上有用的信息，方便以后查看或他人的操作，这时可以使用"注释"工具。

01 打开文件"第2章素材14"，选择"注释工具"（见图2-48）。

02 单击图像，出现注释图标 ，并在旁边显示一个注释框，在注释框中输入需要注释

03 保存图片，再次打开图像时，就可以看到注释。

04 拖曳注释图标，可以移动注释的位置。

05 双击注释图标，弹出注释面板，可显示注释内容。

06 右击注释图标，可在弹出的快捷菜单中选择"删除注释"或者"删除所有注释"。

> 提示 选择"文件"菜单→"导入"→"注释"选项，可以将PDF文件中包含的注释导入到图像中。

第 3 章

图像基础操作

3.1 ▶ 文件的新建

选择"文件"菜单→"新建"选项，或者按快捷键Ctrl+N，弹出"新建"对话框，在"名称"栏中输入文件名称，根据需要输入文件的宽度、高度、分辨率等，设置颜色模式与背景内容，单击"确定"按钮，即可创建一个空白文档（见图3-1、图3-2）。

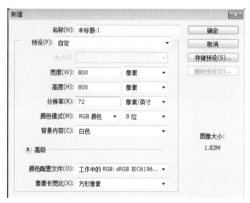

图3-1

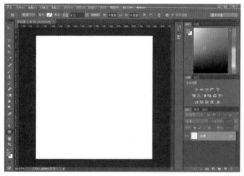

图3-2

实战：新建"A4宣传页"文件（*视频）

01 按下快捷键Ctrl+N，弹出"新建"对话框，在"名称"框中输入"A4宣传页"。

02 单击预设选项后面的小三角，选择"国际标准纸张"→A4选项，宽度、高度、分辨率将自动改变，颜色模式选择RGB（见图3-3）。

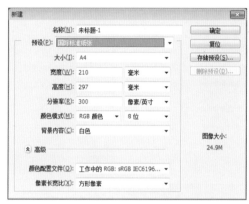

图3-3

03 单击"确定"按钮，即可创建新文档（见图3-4）。

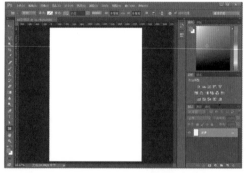

图3-4

3.2 ▶ 文件的打开

图像文件有很多种格式，打开一个图像文件也有很多种方法，选择"文件"菜单，有如图3-5所示选项。

图3-5

3.2.1　打开

选择"文件"→"打开..."选项，或按下快捷键Ctrl+O，打开"打开"对话框，双击图像文件，或者按下Ctrl键选择多个文件，然后单击"打开"按钮即可打开文件（见图3-6）。

图3-6

"打开"对话框右下角有选择文件格式的列表，默认为"所有格式"。如果希望只显示一种类型的文件，可以选择该文件的格式。例如，如果希望只显示PNG格式的文件，可在列表框中选择"PNG"（见图3-7）。

图3-7

3.2.2　通过Bridge和Mini Bridge打开

在Photoshop CC中，内置了Bridge和Mini Bridge功能，可以高效地预览与管理各种图像文件，并可以通过它打开文件。

选择"文件"菜单→"在Bridge中浏览"选项，在打开的Adobe Bridge窗口中选择图像文件并双击，即可在Photoshop中打开。

3.2.3　打开为

当一个图像文件的后缀名丢失或错误，用"打开"命令不能打开时，可以使用"打开为"选项，然后指定一个正确的文件格式，即可打开该文件。

如果希望将图像文件以其他格式打开，也可以使用"打开为"命令，然后选择合适的文件格式打开。例如，将.JPEG格式的文件用"打开为"命令→Camera Raw方式打开。

3.2.4　打开为智能对象

如果希望所处理的对象能够保留原数据，即能够对对象执行非破坏性编辑，可以将其打开为智能对象。

3.2.5　打开最近使用过的文件

选择"文件"菜单→"最近打开的文件"选项，弹出的下级菜单中包含10个最近打开过的文件，单击其中一个即可打开（见图3-8）。

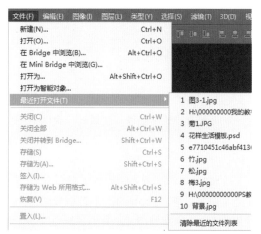

图3-8

> "最近打开的文件"列表数量默认为10，如果希望显示更多，可以在"编辑"菜单→"首选项"→"文件处理"选项卡中设置。

3.2.6 用快捷方式打开文件

将图像文件直接拖曳到桌面显示的Photoshop CC的快捷方式上，即可用Photoshop打开此文件。

3.3 ▸ 文件的置入

3.3.1 置入嵌入的智能对象

在Photoshop中，按下快捷键Alt+F+L，或者选择"文件"菜单→"置入嵌入的智能对象..."选项（见图3-9），可以将矢量文件如AI、PDF、EPS等作为智能对象置入到当前打开的文档中。

图3-9

对置入的智能对象进行编辑时，会保留图像的源数据，不会因为编辑操作而改变对象的原始特性。

通过Photoshop置入命令置入的图层，是一个智能图层对象，Photoshop中有些普通图层能使用的命令，在智能图层对象中不能使用。如果希望转换为普通图层对象，可选择"图层"菜单→"栅格化"→"智能对象"选项，将其栅格化为普通图层对象。

3.3.2 置入嵌入的链接对象

选择"文件"菜单→"置入链接的智能对象"选项，可以将置入的智能对象与源文件进行链接（见图3-10），当源文件内容有更改变动时，置入的对象也会随之改变。

图3-10

如果取消与源文件之间的链接，可选择"图层"菜单→"智能对象"→"嵌入链接的智能对象"选项，将其嵌入到文档中。

3.4 ▸ 文件的导入与导出

视频帧、注释、WIA支持等格式类型的文件无法用Photoshop直接打开，可以用导入的方式直接导入到图像文件中去。

编辑好的Photoshop文件可以导出为其他格式类型，方便其他软件编辑使用。例如，选择"文件"菜单→"导出"→"路径到Illustrator..."选项，可以将Photoshop文件中的路径导出为AI格式，用Illustrator软件可以直接打开使用（见图3-11）。

图3-11

3.5▶文件的保存

应用Photoshop工作的过程中，默认每10分钟自动保存一次。也可以手动选择不同的存储方式进行保存，以防文件丢失。

> **提示** 自动保存文件间隔时间可以自行设置：选择"编辑"菜单→"首选项"→"文件处理"选项，在"自动存储恢复信息时间间隔"后面的输入框中输入时间数值即可。

3.5.1　存储

应用Photoshop对图像文件进行编辑之后，选择"文件"菜单→"存储"选项，或按下快捷键Ctrl+S，文件会直接存储。如果这是一个新建文件，则弹出"另存为"对话框，在对话框中设置保存位置、文件名、保存类型等，最后单击"保存"按钮即可保存文件（见图3-12）。

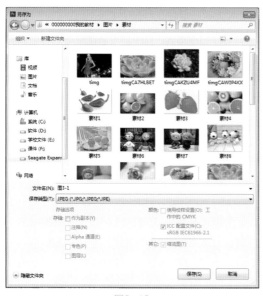

图3-12

（1）保存类型：将文件存储成下拉列表中的文件格式（见图3-13）。

（2）作为副本：在存储源文件的同时在同一位置另存一个副本。

（3）注释/Alpha通道/专色/图层：当Photoshop文档中包含注释、Alpha通道、专色与图层时，选择是否将其存储。

（4）使用校样设置障碍：可以保存打印和印刷输出用的校样设置，当文件保存格式为EPS和PDF时此项可用。

（5）ICC配置文件：可保证色彩在不同应用程序，不同电脑平台，不同图像设备之间传递的一致性。

（6）缩览图：选择后在"打开"对话框底部会显示选中图像的缩览图。

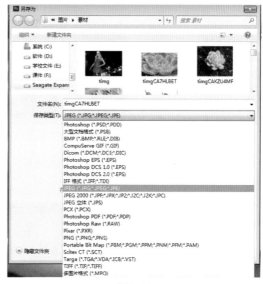

图3-13

3.5.2　存储为

选择"文件"菜单→"存储为"选项，也可弹出"另存为"对话框，可以将文件保存到其他位置，或者保存为其他名称、其他格式。

3.5.3　签入

选择"文件"菜单→"签入"选项，可以存储文件的不同版本，以及各版本的注释。

3.5.4　实战：自动生成图像资源（*视频）

用Photoshop处理图像时，里面包含的每一个图层，都可以自动生成一个图像文件，这样当我们需要从PSD文件中提取图像时，不必一个一个地转存。

01 使用Photoshop打开一个多图层的PSD格式文件"第3章素材1"。

02 选择"文件"菜单→"生成"→"图像资源"选项（见图3-14）。

图3-14

03 给图层组与图层修改名称（见图3-15）。

图3-15

04 保存文件，图像资源与PSD源文件默认保存在同一文件夹中。如果PSD文件尚未保存，图像资源默认保存在桌面上的新建文件夹中。

05 选择"文件"菜单→"生成"→"图像资源"选项，取消该选项的勾选状态，即可禁止图像资源生成的功能。

3.5.5 Photoshop常用文件格式类型

根据工作性质的不同，常用的文件格式也不一样。最常见的有Photoshop的源文件格式PSD，数码相机默认格式JPEG，以及PNG与GIF、PDF格式。

（1）PSD格式：PSD是Photoshop默认的文件格式，它可以保留文档中的所有图层、蒙版、通道、路径、未栅格化的文字、图层样式等。通常情况下，我们都是将文件保存为PSD格式，以后可以进行修改。PSD是除大型文档格式（PSB）之外支持所有Photoshop功能的格式。其他Adobe应用程序，如Illustrator、InDesign、Premiere等可以直接置入PSD文件。

（2）PSB格式：PSB格式是Photoshop的大型文档格式，可支持最高达到300 000像素的超大图像文件。它支持Photoshop所有功能，可以保持图像中的通道、图层样式和滤镜效果不变，但只能在Photoshop中打开。如果要创建一个2GB以上的PSD文件，可以使用该格式。

（3）BMP格式：BMP是一种用于Windows操作系统的图形格式，主要用于保存位图文件。该格式可以处理24位颜色的图像，支持RGB、位图、灰度和索引模式，但不支持Alpha通道。

（4）GIF格式：GIF是基于在网络上传输图像而创建的文件格式，支持透明背景和动画，被广泛地应用在网络文档中，GIF格式采用LZW无损压缩方式，压缩效果较好。

（5）DICOM（医学数字成像和通信）格式：通常应用于传输和存储医学图像，如超声波和扫描图像。DICOM文件包含图像数据和表头，其中存储了有关病人和医学的图像信息。

（6）EPS格式：EPS是为PostScript打印机上输出图像而开发的文件格式，几乎所有的图形、图表和页面排版程序都支持该格式。EPS格式可以同时包含矢量图形和位图图像，支持RGB、CMYK、位图、双色调、灰度、索引和Lab，但不支持Alpha通道。

（7）IFF格式：IFF（交换文件格式）是一种便携格式，具有支持静止图片、声音、音乐、视频和文本数据的多种扩展名的优点。

（8）JPEG格式：JPEG格式是由联合图像专家组开发的文件格式。它采用有损压缩方式，具有较好的压缩效果，但是将压缩品质数值设置得较大时，会损失掉图像的某个细节。JPEG格式支持RGB、CMYK和灰度模式，不支持Alpha通道。

（9）PCX格式：PCX格式采用RLE无损压缩方式，支持24位、256色图像，适合保存索引和线画稿模式的图像。该格式支持RGB、索引、灰度和位图模式，以及一个颜色通道。

（10）PDF格式：便携文档格式（PDF）是一种通用的文件格式，支持矢量数据和位图数据。具有电子文档搜索和导航功能，是Adobe Illustrator和Adobe Acrobat的主要格式。PDF格式支持RGB、CMYK、索引、灰度、位图和Lab模式，不支持Alpha通道。

（11）RAW格式：Photoshop Raw（.RAW）是一种灵活的文件格式，用于在应用程序与计算机之间传递图像。该格式支持具有Alpha通道的CMYK、RGB和灰度模式，以及Alpha通道的多通道、Lab、索引和双色调整模式。

（12）PXR格式：Pixar是专业为高端图形应用程序（如用于渲染三维图像和动画的应用程序）设计的文件格式。它支持具有单个Alpha通道的CMYK、RGB和灰度模式图像。

（13）PNG格式：PNG是作为GIF的无专利代替产品而开发的，用于无损压缩和在Web上显示图像。与GIF不同，PNG支持24位图像并产生无锯齿状的透明背景，但某些早期的浏览器不支持该格式。

（14）SCT格式：Scitex(CT)格式用于Scitex计算机上的高端图像处理。该格式支持CMYK、RGB和灰度模式，不支持Alpha通道。

（15）TIFF格式：TIFF是一种通用文件格式，所有的绘画、图像编辑和排版都支持该格式。而且，几乎所有的桌面扫描仪都可以产生TIFF图像。该格式支持具有Alpha通道的CMYK、RGB、Lab、索引颜色和灰度图像，以及没有Alpha通道的位图模式图像。Photoshop可以在TIFF文件中存储图层，但是如果在另一个应用程序中打不开该文件，则只有拼合图像是可见的。

（16）PBM便携位图格式：便携位图格式（PBM）文件格式支持单色位图（1位/像素），可用于无损数据传输。因为许多应用程序都支持此格式，我们甚至可以在简单的文本编辑器中编辑或创建此类文件。

（17）MPO格式：MPO是3D图片或3D照片使用的文件格式。

3.6 ▶ 关闭与退出

（1）关闭当前文档：图像编辑结束之后，选择"文件"菜单→"关闭"选项，或者按下快捷键Ctrl+W，或者单击窗口右上角的"关闭"按钮，可以关闭当前文档。

（2）关闭所有文件：Photoshop可以同时打开多个文件，选择"文件"菜单→"关闭全部"选项，或按快捷键Alt+Ctrl+W，可以将所有打开的文档全部关闭。

（3）关闭并转到Bridge：将当前文档关闭并打开Bridge界面。快捷键为Shift+Ctrl+W。

（4）退出Photoshop：选择"文件"菜单→"退出"选项。

3.7 ▶ 修改图像尺寸与画布大小

在图像处理操作中，经常需要修改图像的尺寸，或者重新设置画布的大小，使图像符合进一步处理的要求。

3.7.1　实战：制作网店店标（*视频）

01　打开文件"第3章素材2"（见图3-16）。

图3-16

02　选择"图像"菜单→"图像大小"选项，打开"图像大小"对话框（见图3-17）。

在左边的预览框内单击"+"或"-"按钮，可以放大或者缩小显示图像。在预览框内拖曳鼠标可移动显示图像。

图3-17

03 单击"限制长宽比"的小链条按钮，将"宽度"与"高度"改为80像素（见图3-18）。

图3-18

"图像大小"显示当前图像文件的大小与修改之前的文件大小。

"重新采样"复选框被选中时，如果减小图像大小，就会减少像素数量，如果增加图像大小会增加新的像素，这时图像画质会下降。

取消"重新采样"的选中状态时，减少图像宽度或高度会自动增加分辨率，增加图像宽度或高度会自动减少分辨率，使图像中的像素总数无变化。

04 单击"确定"按钮，图像尺寸修改为80像素×80像素，即可以作为淘宝店铺的店标上传。

> **提示** 增加图像的分辨率并不能让图像变得更清晰，因为Photoshop只能在图像的原始数据上进行修改，并不能生成新的数据。

3.7.2 实战：增加画布尺寸（*视频）

Photoshop处理图像时，默认图像的下方为画布。

01 打开文件"第3章素材3"，选择"图像"菜单→"画布大小"选项，打开"画布大小"对话框（见图3-19）。

图3-19

02 在"宽度""高度"输入框内输入为600像素、400像素，并将图像定位在左上角，"画布扩展颜色"设置为背景色，最后单击"确定"按钮（见图3-20）。

图3-20

03 修改后的画布大小为600像素×400像素，图像出现在画布的左上角，画布颜色为背景色白色（见图3-21）。

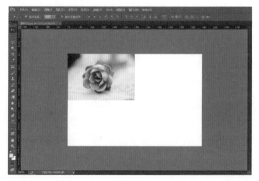

图3-21

"画布大小"对话框中的"相对"选项被选中时，画布大小的更改是指相对于原画布尺寸的增加或减少，"相对"选项取消选中时，指重新设定画布大小。

例如，原来的画布大小为300×200，选中"相对"选项，宽度输入100，高度输入60，单击"确定"按钮后，当前画布的大小为400×260。

"画布扩展颜色"可以设置成拾色器中的任意颜色。

3.7.3　图像旋转

选择"图像"菜单→"图像旋转"选项下的任意选项，是针对整个图像文件的操作，包括所有图层及样式等。

例如，选择"图像"菜单→"图像旋转"→"垂直翻转画布"选项（见图3-22），整个图像文件将进行垂直翻转（见图3-23）。

图3-22

图3-23

选择"图像"菜单→"图像旋转"→"任意角度"选项，弹出"任意角度"对话框，可以输入数值精确旋转整个图像文件。

"图像旋转"命令用于旋转整个图像文件，如果要旋转单个图层图像，需要选择"编辑"菜单→"变换"选项中的命令。

3.7.4　显示全部

在Photoshop的操作中，置入的图像文件比当前的画布大时，一些内容会在画布之外显示不出来（见图3-24）。

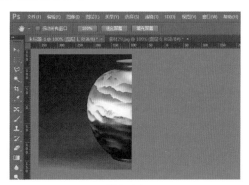

图3-24

选择"图像"菜单→"显示全部"选项，Photoshop将扩大画布显示全部图像（见图3-25）。

图3-25

3.8　撤销与恢复之前的操作

在使用Photoshop处理图像的过程中，如果出现操作失误，有多种方法撤销之前的操作，然后重新开始。

3.8.1 还原与前进一步

当上一步操作出现失误，随即按下快捷键Ctrl+Z，即可撤销上一步操作。或者选择"编辑"菜单→"还原"选项，也可以撤销对图像进行的最后一次操作。

如果想取消刚才的还原操作，可以按快捷键Shift+Ctrl+Z；或者选择"编辑"菜单→"重做"选项。

3.8.2 撤销多次操作

快捷键Ctrl+Z只能撤销上一步操作，如果想连续撤销多步操作，可多次按下快捷键Ctrl+Alt+Z；或者连续选择"编辑"菜单→"后退一步"选项。

如果想恢复被撤销的操作，可连续按下快捷键Shift+Ctrl+Z，或者选择"编辑"菜单→"前进一步"选项。

3.8.3 恢复

选择"文件"菜单→"恢复"选项，文件将恢复到最后一次被保存时的状态。

3.9▶ "历史记录"面板的使用

Photoshop处理图像的每一步操作，都会记录在"历史记录"面板中，通过该面板可以直观地恢复到其中任何一步操作的状态，也可以再次回到当前的操作状态。

> **提示** 历史记录默认记录最近20步操作，如果需要记录更多，可以选择"编辑"菜单→"首选项"→"性能"选项，在"历史记录状态"中输入数值。建议小于50，否则会影响运行速度。

3.9.1 认识"历史记录"面板

选择"窗口"菜单→"历史记录"选项，打开"历史记录"面板（见图3-26）。

图3-26

（1）设置历史记录画笔的源：使用历史记录画笔时，该图标所在的位置将作为历史画笔的源图像。

（2）快照：某一快照的图像状态。

（3）当前状态：当前所处的图像编辑状态。

（4）从当前状态创建新文档：基于当前的图像状态创建一个新文档。

（5）创建新快照：记录下当前的图像状态并生成快照，置顶在"历史记录"面板中。

（6）删除当前状态：删除被选中的某一步骤，以及后面的操作。

3.9.2 实战：用历史记录画笔与"历史记录"面板制作特效（*视频）

01 打开文件"第3章素材6"（见图3-27）。

图3-27

02 选择"滤镜"菜单→"模糊"→"动感模糊"选项，在弹出的对话框内设置"角度"为0度，"距离"为"130像素"（见图3-28）。

03 单击"历史记录"面板右下方的"创建新快照"按钮，为当前状态创建快照，并重命名为"动感模糊"（见图3-29）。

图3-28

图3-29

04 选中"历史记录画笔",将画笔"大小"
调整为175,"硬度"为0,"流量"为
4%(见图3-30)。

图3-30

05 用"历史记录画笔"在图像汽车上涂抹,
使汽车恢复动感模糊之前的状态,而周围
环境仍然是动感模糊之后的状态(见图3-31)。

图3-31

06 将"历史记录画笔的源"设在快照"动
感模糊"上(见图3-32),在汽车后部
涂抹,使汽车后半部分还原成动感模糊后的状态

(见图3-33)。

图3-32

图3-33

07 如果操作发生失误,可单击"历史记录"
面板右下角的"删除当前状态"按钮,弹
出对话框,单击"是"按钮(见图3-34);或者拖
曳最后一条历史记录到"删除"按钮上,图像将
回到上一步之前的状态。

图3-34

08 如果想回到图像刚刚打开时的状态,单击
"历史记录"面板中的"打开"项即可
(见图3-35)。此时如果继续其他操作,"打开"
项之后的各项将被新操作替代。

图3-35

> **提示** 保存文档时，快照不会被存储，关闭文档之后所有快照将会自动删除。

单击"历史记录"面板右上角的小三角按钮，在弹出的菜单中选择"新建快照"，将会弹出"新建快照"对话框（见图3-36）。

图3-36

● 自：可以选择创建快照的内容。

选择"全文档"，指创建整个文档所有图层的快照。

选择"合并的图层"，指整个文档中所有图层都会合并并形成快照。

选择"当前图层"，指只为当前状态下所选图层创建快照。

3.9.3　让历史记录更灵活

用历史记录还原之前的某一步骤的操作时，那一步骤之后的操作都会变成灰色，如果此时继续操作，灰色的历史记录将被新的操作替代。

单击"历史记录"面板右上角的小三角按钮，在弹出菜单中选择"历史记录选项"，弹出"历史记录选项"对话框（见图3-37）。

使"允许非线性历史记录"复选框处于选中状态，即可解决历史记录的应用问题。

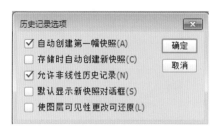

图3-37

（1）自动创建第一幅快照：打开图像的同时创建一幅快照。

（2）存储时自动创建新快照：每保存一次文件，就形成一幅快照。

（3）"允许非线性历史记录"复选框被选中后，会连续记录各个操作步骤，并且可以单独删除某一步骤。

（4）默认显示新快照对话框：使用面板上的"新建快照"按钮新建快照也会弹出"新建快照"对话框。

（5）使图层可见性更改可还原：保存对图层可见性的更改。

3.10 ▶ 图像的复制、粘贴与清除

3.10.1　给文档复制副本

如果要为当前文档创建一个副本，选择"图像"菜单→"复制"选项，弹出"复制图像"对话框，在"为"输入框中输入副本名称；如果选中"仅复制合并的图层"选项，则副本的所有图层将会合并（见图3-38）。

图3-38

3.10.2　图像的复制、剪切与粘贴

1. 复制

在图像中创建选区，按下快捷键Ctrl+C，或者选择"编辑"菜单→"拷贝"选项，可将当前图

层上选中的图像复制到剪贴板（见图3-39）。

2. 粘贴

在另一打开的文档中按下快捷键Ctrl+V，或者选择"编辑"菜单→"粘贴"选项，即可把选区内的图像复制过来（见图3-40）。

図3-39　　　　　図3-40

3. 剪切

在图像中创建选区，按下快捷键Ctrl+X，或者选择"编辑"菜单→"剪切"选项，可将选中的图像从画面中剪切掉，并保存到剪贴板中（见图3-41）。之后同样可以粘贴到另一打开的文档中。

图3-41

4. 选择性粘贴

复制好图像之后，选择"编辑"菜单→"选择性粘贴"选项，出现三个子选项（见图3-42）。

图3-42

（1）原位粘贴：将图像按原来的位置粘贴到文档中。

（2）贴入：将图像粘贴到建好的选区内，并自动形成蒙版将选区外的部分隐藏。

（3）外部粘贴：与贴入相反，将图像粘贴到建好的选区外，并自动形成蒙版将选区内的部分隐藏。

3.10.3　实战：圣诞镜框（*视频）

01 打开文件"第3章素材9"，并用"魔棒工具"将白色部分创建选区（见图3-43）。

图3-43

02 打开文件"第3章素材10"，按下快捷键Ctrl+A全选图像，再按下快捷键Ctrl+C复制图像（见图3-44）。

图3-44

03 回到"第3章素材9"文件窗口，选择"编辑"菜单→"选择性粘贴"→"贴入"选项，得到结果（见图3-45）。

图3-45

3.10.4　用移动工具移动与复制图像

　　工具箱的第一个工具就是移动工具，是最常用的工具之一，快捷键是V。

　　选中需要移动的图像所在的图层，使用移动工具拖曳，即可移动将图像（见图3-46与图3-47）。

图3-46　　　　　　　　　图3-47

　　如果创建了选区，如图3-48所示，使用移动工具将移动选区内的内容（见图3-49）。

图3-48　　　　　　　　　图3-49

　　按下Alt键的同时再拖曳移动图像，可以复制所移动的内容（见图3-50）。

图3-50

3.10.5　实战：制作促销海报（*视频）

01 按下快捷键Ctrl+N，新建一个文档，命名为"促销海报"，"尺寸大小"为950像素×450像素，"分辨率"为72像素/英寸（见图3-51）。

图3-51

02 打开文件"第3章素材15"，用移动工具拖曳图像，鼠标指针停放到"促销海报"标题栏并停留，然后拖曳到"促销海报"窗口中，调整位置（见图3-52）。

图3-52

03 按步骤2的方法，依次拖入素材16、素材17、素材18（见图3-53）。

图3-53

04 拖入素材19，按后按下Alt键同时拖曳鼠标，复制素材19，并移动到合适的位置。如果位置放置不精确，可用键盘上的4个方向键微调（见图3-54）。

春意盎然
爱风热销

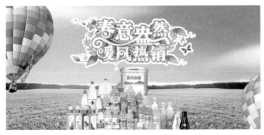

图3-54

提示 用移动工具拖曳图像到另一文档的同时按下Shift键，拖入的图像自动停放在当前文档的中心点位置。

3.10.6 清除图像

在打开的图像中建立选区（见图3-55），选择“编辑”菜单→“清除”选项，选中的图像被清除，并自动填充上背景色（见图3-56）。

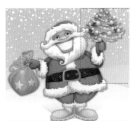

图3-55

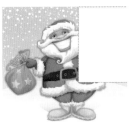

图3-56

如果当前有多个图层，被清除的图层不是背景层，被清除部分将会变透明。

3.11 图像的变换与变形

用Photoshop处理图像时，经常需要对图像进行缩放、旋转、变形等操作。Photoshop可以对图层、多个图层、选区、蒙版、路径和Alpha通道进行变换与变形操作。

3.11.1 自动选择与变换控件

单击“选择”工具，工具选项栏上出现“自动选择”与“显示变换控件”选项（见图3-57）。

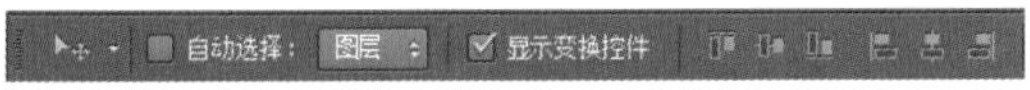
自动选择：
图层
显示变换控件

图3-57

（1）自动选择：选中此选项，然后在后面的下拉选框中选择“图层”，此时使用移动工具单击某一图像，会自动选择此图像为当前工作图层。

（2）如果“自动选择”后面的下拉选框中选择的是“组”，此时使用移动工具单击某一图像，则自动选择此图像所在图层组。

（3）显示变换控件：选中此选项，当前图层中的图像周围显示变换控件，可直接对图像进行缩放与旋转操作（见图3-58）。

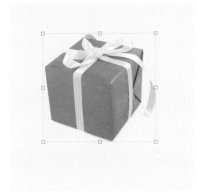

图3-58

3.11.2 实战：实验图像的各种变换（*视频）

1. 缩放

01 打开文件“第3章素材20”，选择“编辑”菜单→“变换”选项，下拉菜单中包含多个变换命令（见图3-59）。

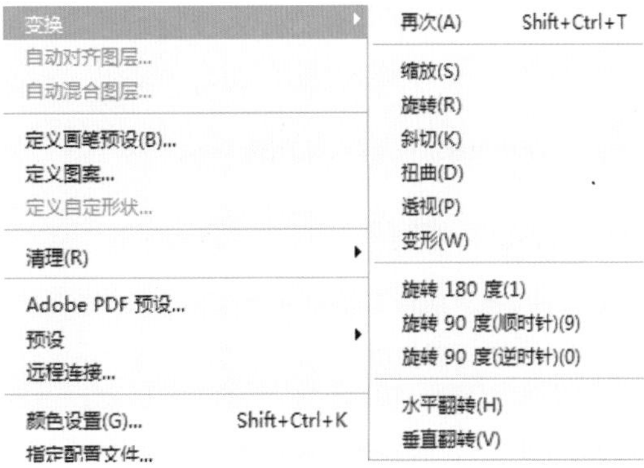
变换
自动对齐图层...
自动混合图层...
定义画笔预设(B)...
定义图案...
定义自定形状...
清理(R)
Adobe PDF 预设...
预设
远程连接...
颜色设置(G)... Shift+Ctrl+K
指定配置文件...
再次(A) Shift+Ctrl+T
缩放(S)
旋转(R)
斜切(K)
扭曲(D)
透视(P)
变形(W)
旋转 180 度(1)
旋转 90 度(顺时针)(9)
旋转 90 度(逆时针)(0)
水平翻转(H)
垂直翻转(V)

图3-59

02 在下拉菜单中选择“缩放”，或者按下自由变换的快捷键Ctrl+T，图像周围显示定界框（见图3-60）。

03 将光标放在定界框上，当光标变成双向箭头时拖动，可以改变图像的宽度与高度。

04 将光标放在定界框4个角上，当光标变成双向箭头时拖动，可以同时改变图像的宽度与高度（见图3-61）。

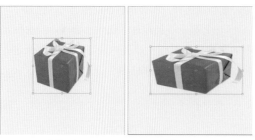

图3-60　　　　　图3-61

05 单击选中工具选项栏上的"保持长宽比"按钮（见图3-62），可以等比例缩放图像（见图3-63）。

图3-62

图3-63

06 按Enter键或者双击图像，确认操作。

2. 旋转

01 选择"编辑"菜单→"变换"→"旋转"选项，图像周围出现定界框。

02 将光标放在定界框四角稍远一点儿的地方，光标变成弯箭头时拖曳，可以旋转图像。

03 按Esc键取消操作后，按下自由变换快捷键Ctrl+T，同样可以实现旋转操作（见图3-64）。

04 按Esc键取消刚才的旋转操作，再次按Ctrl+T快捷键。

05 定界框正中间的点称为"中心控制点"，将中心控制点移动至图像的任意位置，做旋转操作，图像将以控制点为中心进行旋转（见图3-65）。

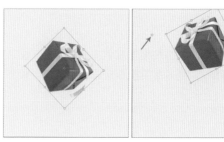

图3-64　　　　　图3-65

3. 斜切与扭曲

01 打开文件"第3章素材21"，选中上面的图层（见图3-66）。

图3-66

02 按下Ctrl+T快捷键显示定界框，将光标放在定界框中间位置的控制点上，按住Shift+Ctrl键，此时光标形状发生改变，水平方向拖动鼠标，图像横向斜切（见图3-67）。或者垂直方向拖动鼠标，图像纵向斜切（见图3-68）。

图3-67　　　　　图3-68

03 按Esc键取消操作后，再次按下Ctrl+T快捷键，四周出现定界框，按住Ctrl键的同时拖动定界框任意一个角里的控制点，图像发生扭曲（见图3-69）。

中输入数值，可垂直缩放图像（见图3-74）。

4. 透视

01 按Esc键取消刚才的操作，继续使用"第3章素材21"进行练习。

02 按下自由变换快捷键Ctrl+T，光标放在定界框任意一个角里的控制点上，按住Shift+Ctrl+Alt快捷键的同时拖动鼠标，图像进行透视变换（见图3-70）。

图3-69　　　　　　　　图3-70

03 按下Enter键确认变换操作。

3.11.3　实战：利用工具选项栏进行变换（*视频）

01 打开文件"第3章素材22"，选中上面的图层，按下快捷键Ctrl+T，或者选择"编辑"菜单→"自由变换"选项。工具选项栏显示各个参数（见图3-71）。

图3-71

02 有9个小方块组成的图标可以设置控制点位置，默认当前控制点在正中心的位置，并以白色显示。在左上角的点上单击，将控制点设置在左上角。

03 在"X："后面的输入框中输入"20像素"，可以水平方向移动图像位置。在"Y："后面的输入框内输入"20像素"，可以垂直方向移动图像位置（见图3-72）。

单击选中这两项之间的等腰三角形按钮，可进行相对定位。即在"X："与"Y："后面输入的数值是相对于当前位置而定位。

04 在"W："输入框中输入数值，可水平缩放图像（见图3-73）。在"H："输入框

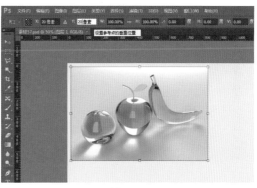

图3-72

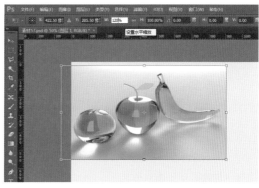

图3-73

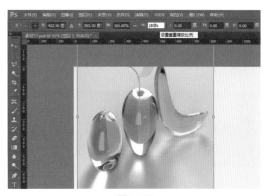

图3-74

单击"W："与"H："之间的"链条"按钮，可以锁定长宽比缩放图像（见图3-75）。

05 在工具选项栏上，实验"设置旋转""设置水平斜切""设置垂直斜切"。

06 最后，单击变换工具选项栏最右边的"提交变换"（对号）按钮，或者在图像上双击鼠标，确认操作。

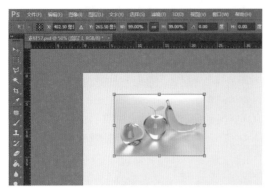

图3-75

3.11.4 实战:被选中内容的变换(*视频)

01 打开文件"第3章素材23",选中上面的一层,使用"矩形选框工具" ▦ 在图像上拖曳创建选区(见图3-76)。

02 按下快捷键Ctrl+T,选区出现变换框,可以对选中的部分进行缩放、旋转等操作(见图3-77、图3-78)。右击变换框,在弹出的快捷菜单中选择,可实现"斜切"等更多操作(见图3-79)。

图3-76   图3-77

图3-78   图3-79

3.11.5 实战:变换的孔雀羽毛(*视频)

当执行完一次变换操作之后,按下快捷键Shift+Ctrl+Alt+T,可以在再次执行上一次变换操作的同时,复制一份新的图像内容,从而形成一些有趣的有规律的艺术图形。

01 打开文件"第3章素材24",选中上面的一层,按下快捷键Ctrl+T(见图3-80)。

02 在变换工具选项栏内,将中心控制点设置在右下角,设置"保持长宽比",设置"水平缩放"为95%,设置"旋转"为15度,单击最右边的"提交变换"按钮(见图3-81)。

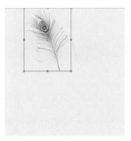 

图3-80   图3-81

03 按下快捷键Shift+Ctrl+Alt+T 30次,变换并复制图像(见图3-82)。

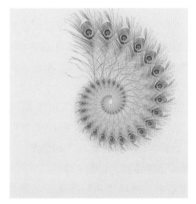

图3-82

04 选择"文件"菜单→"存储"选项，存储文件。

3.11.6　实战：处理广告素材（*视频）

网络上共享的资源很多，但是有些需要修改，比如去掉一些不必要的内容。下面是一种简单的方法。

01 打开文件"第3章素材25"，用矩形选框工具框选部分内容（见图3-83）。

图3-83

02 按下快捷键Ctrl+T，将定界框的右边框向右拖动，变换被选中的内容（见图3-84）。

图3-84

03 按下Enter键确认变换，按下快捷键Ctrl+D取消选择（见图3-85），多余内容被覆盖而去除。

图3-85

04 选择"文件"菜单→"存储"选项，存储文件。

3.11.7　实战：用变形工具美化杯子（*视频）

Photoshop可以对图像进行更加自由灵活的变形处理（见图3-86与图3-87）。

图3-86　　　　　　　图3-87

01 打开文件"第3章素材26"，选择"编辑"菜单→"变换"→"变形"选项，出现变形网格和锚点（见图3-88）。

02 拖曳左右两边的网格与锚点向中间方向变形，将杯子中间变细（见图3-89）。

图3-88　　　　　　　图3-89

03 按下Enter键确认变换。

04 打开文件"第3章素材27"，并拖入到杯子文档中（见图3-90）。

05 选择"编辑"菜单→"变换"→"变形"选项，拖动网格与锚点，将图案左上角与杯子的左上角重合，图案右上角与杯子的右上角重合；图案的左右两边与杯子的左右两边重合，图案的下边缘与杯子的下边缘重合（见图3-91）。

图3-90　　　　　　　图3-91

06 按下Enter键确认变换，按下F7键弹出"图层"面板，将"图层2"的混合模式设置为"柔光"，使图案印在杯子上（见图3-92）。

图3-92

07 选择"文件"菜单→"存储"选项，存储文件。

3.11.8 实战：内容识别比例缩放图像（*视频）

缩放图像时，如果只希望背景和环境改变大小，而人物、建筑、动物等内容不出现变形，这时可以使用"内容识别比例"缩放。

01 打开文件"第3章素材28"，并按下Alt键双击"背景"图层，使其转换为普通图层（见图3-93）。

图3-93

02 选择"编辑"菜单→"内容识别比例"选项，显示定界框，此时变换图像，背景被改变，而人物基本不产生变形（见图3-94），但效果不尽人意。

03 按下Esc键取消操作，再次选择"编辑"菜单→"内容识别比例"选项，在工具选项栏单击"保护肤色"按钮，以保护包含肤色的

图像区域不会被变形（见图3-95）。

图3-94

图3-95

04 发现模特的腿部仍有变形。按下Esc键取消操作。使用套索工具选中模特腿部（见图3-96）。

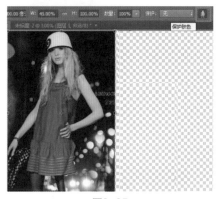

图3-96

05 单击"通道"面板中的"将选区存储为通道"按钮，将选区保存为"Alpha 1"通道（见图3-97）。按下快捷键Ctrl+D取消选择。

06 选择"编辑"菜单→"内容识别比例"选项，取消"保护肤色"按钮的选中状态。在"保护"下拉列表中选择"Alpha 1"，执行缩放变换，被保护的区域将不会变形（见图3-98）。

图3-97

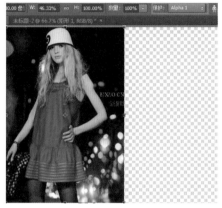

图3-98

3.11.9　实战：使用操控变形修改卡通人物形象（*视频）

操控变形工具可以灵活修改图像局部的内容，而其他区域不受影响。例如，修改大象鼻子的弯曲方向，修改人物四肢的动作姿态，修改人物表情、头发等。

例如，修改人物腿部动作时，可在膝盖处与脚踝处钉上图钉，当移动脚踝处时，膝盖处不受影响。

01 打开文件"第3章素材29"（见图3-99）。选择"编辑"菜单→"操控变形"选项，显示变形网格（见图3-100）。

图3-99

图3-100

02 在工具选项栏中，"模式"后面有三个选项（见图3-101），"刚性"变形效果精确，但是过渡不够柔和；"扭曲"专门创建透视扭曲效果；"正常"变形效果精确，过渡柔和。此处，选择"正常"。

03 在工具选项栏中，"浓度"选项后面有三个选项，"较少点""正常"与"较多点"（见图3-102），可以选择网格的疏密。这里选择"正常"。

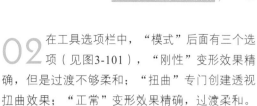

图3-101

图3-102

04 工具选项栏中，"扩展"选项可设置操控变形的范围，如图3-103所示分别是扩展0px，扩展40px，扩展-20px。这里选择扩展2px。

图3-103

05 工具选项栏中，选中"显示网格"选项显示网格，从而更清楚地预览变换效果。

06 在人物的轮廓外部单击，增加图钉，固定外部轮廓，在手部增加图钉，固定手部线条。在左侧头发上增加图钉（见图3-104）。

07 拖动左侧头发上的图钉向左移动，其他被图钉固定的地方不受影响（见图3-105）。

图3-104　　　　　图3-105

提示

如果图钉位置放置错误，可单击鼠标右键，选择"删除图钉"，或者按下Delete键。也可以单击工具选项栏上的"移去所有图钉"按钮。

如果对当前的操作不满意，可单击工具选项栏上"取消操控变形"按钮，或按Esc键取消操作。

08 变形结束，单击工具选项栏上"提交"按钮，或按Enter键确认操作。

3.12 ▶ 图像的裁剪与裁切

处理图像时经常需要裁剪多余部分，使画面构图更符合要求。裁剪图像的常用工具有工具栏的"裁剪"工具与"图像"菜单下的"裁切"命令。

3.12.1 裁剪工具

单击工具栏上的"裁剪"工具 <img>，图像四周会出现矩形定界框，拖曳定界框的4个边，或者在图像上框选出一个矩形，然后按下Enter键，即可将框外的图像裁剪掉。裁剪图像的同时也改变了画布的大小。

选中"裁剪"工具后，上面出现裁剪工具选项栏（见图3-106）。

图3-106

（1）预设：Photoshop预设了部分裁剪尺寸，可直接选择，在图像中使用（见图3-107）。

（2）比例：选择了"比例"选项后，可在后面的输入栏里设置裁剪框的长宽比。

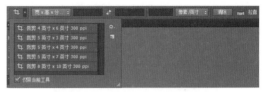

图3-107

（3）宽×高×分辨率：选择了该项后，可在后面的三个输入栏里设置图像的宽、高与分辨率。裁剪操作时将始终自动锁定长宽比，并且裁剪后的图像尺寸与分辨率绝对与设定值一致。

（4）单击宽与高输入框之间的箭头，可以互换宽度与高度的数值。

（5）清除：将之前设定的宽度、高度、分辨率值清除。

（6）拉直：可以将倾斜的图像通过裁剪矫正角度。选中拉直工具，沿海岸线从左拖动到右边，松开鼠标，双击确认操作，即可将图像角度矫正过来（见图3-108与图3-109）。

图3-108　　　　　图3-109

（7）设置裁剪工具的叠加选项 <img>：单击此选项，弹出下拉列表（见图3-110）。这些选项可以帮助用户从艺术的角度出发，更好的构图，使画面更合理，更美观。以下为6种参考线样式，如图3-111所示。一般默认为"三等分"构图。

图3-110

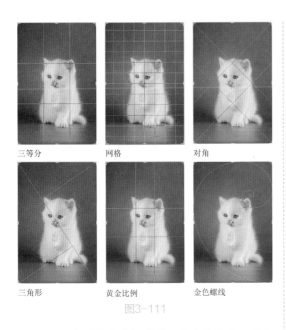

三等分　　　　网格　　　　对角

三角形　　　黄金比例　　　金色螺线

图3-111

（8）设置其他裁切选项：单击此选项，弹出下拉列表（见图3-112）。

图3-112

使用经典模式：为方便Photoshop老用户，选中后将使用Photoshop早期版本中的裁剪工具操作。

显示裁剪区域：选中后显示裁剪区域，并灰色显示裁掉的区域，取消选中则只显示裁剪后的区域。

自动居中预览：选中后裁剪框自动出现在图像中心位置。

启用裁剪屏蔽：选中此选项后，裁剪框外的内容将灰色半透明显示（见图3-113）。将颜色改为红色，将不透明度改为100%后，将如图3-114所示。

（9）删除裁剪的图像：此项未被选中的状态下，裁剪掉的图像仍然保留在文件中，用移动工具可以拖曳出来。如果选中此选项，被裁剪掉的图像将彻底删除。

（10）复位：单击该按钮，可将之前的设置复位为原始状态。

（11）提交：单击该按钮，确认裁剪操作。

（12）取消：单击该按钮，放弃此次裁剪操作。

图3-113　　　　　　　图3-114

3.12.2　实战：按尺寸裁剪图像（*视频）

01 打开文件"第3章素材32"，单击"裁剪"工具，在图像上单击，显示裁剪框（见图3-115）。

图3-115

02 在工具选项栏第二个选项单击，在弹出的菜单中选择"宽×高×分辨率"，输入"宽"为500px，"高"为400px，"分辨率"为72像素/英寸（见图3-116）。

图3-116

03 拖动裁剪框改变大小（见图3-117）。

04 双击图像确认裁剪，得到效果如图3-118所示。查看裁剪后的图像尺寸，"宽"为500px，"高"为400px，"分辨率"为72像素/英寸，与设定的值一致。

图3-117　　　　图3-118

3.12.3　实战：透视裁剪工具的应用（*视频）

用数码相机拍摄高大的建筑时，镜头会产生透视畸变，用透视裁剪工具可以矫正这种变形。

01 打开文件"第3章素材33"，由于镜头产生的透视畸变，建筑下面宽，上面窄（见图3-119）。

图3-119

02 单击裁剪工具组的"透视裁剪工具"，在图像上单击并拖曳鼠标，拖出网格，并使网格的纵线平行于建筑的纵向线条，如果位置不理想，可拖曳调整（见图3-120）。

图3-120

03 双击图像或者单击"提交"按钮，确认裁剪操作，效果如下，建筑的透视畸变已经得到矫正（见图3-121）。

图3-121

3.12.4　实战：使用"裁切"命令裁切透明像素（*视频）

有些透明背景的素材文件太大，用"裁切"命令可以直接裁切掉透明像素，只留下有像素的矩形区域。

01 打开文件"第3章素材33"（见图3-122）。

02 选择"图像"菜单→"裁切"选项，弹出"裁切"对话框（见图3-123）。

图3-122　　　　　　　图3-123

03 单击"确定"按钮，确认裁切透明像素，得到没有透明像素的矩形图像（见图3-124）。

图3-124

3.12.5 实战：裁剪并修齐照片（*视频）

家里的老照片希望更长久地保存起来，最常见的方法就是将照片扫描进电脑。如果将多张照片扫描在一个文件里，可以用"裁剪并修齐照片"功能，将文件自动裁剪为一张张单独的照片。

01 打开文件"第 3 章素材 3 5"（见图3-125）。

图3-125

02 选择"文件"菜单→"自动"→"裁剪并修齐照片"选项，照片被自动裁剪，成为两个单独的文件（见图3-126、图3-127）。

图3-126

图3-127

3.13 ▶ 用文件简介查看文件信息

无论是网络图片，还是自己拍摄的数码相片，都可以查看其文件信息。选择"文件"菜单→"文件简介"选项，弹出对话框（见图3-128）。

图3-128

单击对话框顶部的各个标签，可以查看相机数据、GPS数据、视频数据、音频数据等，也可以手动添加信息，如文档标题、作者、说明等（见图3-129）。

> **提示** 使用Photoshop处理图像的过程中，剪贴板、历史记录和视频会存储大量数据，占用内存，电脑运行速度越来越慢。
> 选择"编辑"菜单→"清理"选项，可以清理以上内容，清理内存，从而加快Photoshop的处理速度（见图3-130）。

图3-129

图3-130

3.14 ▶ 综合案例：制作"茶香四溢"海报

海报如图3-131所示。

图3-131

01 选择"文件"菜单，打开文件"第3章素材36"。

02 选择"文件"菜单→"置入"选项，置入文件"第3章素材37"，使用"移动工具"移动位置，按住Shift键缩小尺寸，最后双击鼠标确定置入（见图3-132）。

图3-132

03 用同样的方法置入素材38、素材39、素材40（见图3-133）。

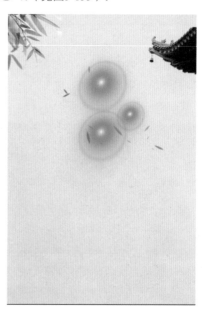

图3-133

04 用同样的方法置入素材41、素材42、素材43，并将素材43移动到合适的位置（见图3-134）。"茶香四溢"海报制作完成。

3-135）。

图3-134

图3-135

05 选择"文件"菜单→"存储"选项，在弹出的对话框中输入文件名"茶香四溢"，保存类型为".PSD"，单击"保存"按钮（见图

06 选择"文件"菜单→"存储为"选项，在弹出的对话框中输入文件名"茶香四溢"，保存类型为".JPEG"，单击"保存"按钮。

07 打开"计算机"中的文件夹查看，有两个名为"茶香四溢"的文件，分别为源文件格式".PSD"和图片格式".JPEG"。

第4章
选区的创建与应用

4.1 ▶ 什么是选区

选框工具组包含4个工具：矩形选选框工具组包含4个工具：矩形选框工具、椭Photoshop操作中，最常见的就是对图像的局部进行处理，这时就需要先指定被编辑的区域，也就是创建选区。

例如图4-1，给柠檬改变颜色，而背景不受影响，就需要先将柠檬选中，再进行修改（见图4-2）。

图4-1　　　　　　图4-2

如果不选中，改变的将是整张照片的颜色（见图4-3）。

选中图像的局部内容后，还可以将其从原图中分离出来，放进新背景，单独进行编辑（见图4-4）。

图4-3　　　　　　图4-4

4.2 ▶ 选框工具组

选框工具组包含4个工具：矩形选框工具、椭圆选框工具、单行选框工具、单列选框工具（见图4-5）。用选框工具组创建的选区都是规则的几何图形。

图4-5

4.2.1　矩形选框工具

使用"矩形选框工具"可以创建矩形选区以及正方形选区。矩形选框工具选项栏如图4-6所示。

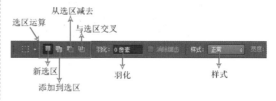

图4-6

（1）选区运算。给图像创建选区时，很难将所需对象一次选中，这就需要通过添加、减去等功能对选区进行完善。

（2）新选区：单击"矩形选框"按钮，再单击"新选区"按钮，在画布上单击并拖动，即可创建矩形选区（见图4-7）。每次拖动鼠标都会创建新的选区，已有的选区将被新创建的选区替换。

（3）添加到选区：单击该按钮，可在已有的选区上添加新的选区（见图4-8）。按Shift键拖动鼠标，也能实现添加到选区的功能。

图4-7　　　　　　图4-8

（4）从选区减去：单击该按钮，可从已有的选区中减去部分选区（见图4-9）。

（5）与选区交叉：单击该按钮，创建选区，按住Alt键拖动鼠标，也能实现从选区减去的功能。

只有新创建的与原有选区相交的选区被保留（见图4-10）。

图4-9　　　　　　图4-10

按住Shift+Alt快捷键拖动鼠标，也可以保留与原有选区交叉的选区。

（6）羽化：选区的虚化值，羽化值越高，选区的边缘越模糊，取值范围在0~1000之间。以下两张图片分别为羽化值5、羽化值50的效果（见图4-11、图4-12）。

图4-11　　　　　　图4-12

（7）样式：用来设置选区的创建方法，共三种（见图4-13）。

图4-13

①正常：可通过拖动鼠标创建任意大小的选区。

②固定比例：可在右侧的"宽度"和"高度"输入框中输入数值，设定选区的宽高比。

③固定大小：可在右侧的"宽度"和"高度"输入框中输入数值，设定选区的固定大小。设定完成后，在画布上单击，即可创建固定大小的选区。

提示　羽化值设置好之后，会一直存在到下次羽化值的设置。所以再次创建选区之前，应先将羽化值恢复为0。

如果选区较小而羽化值较大，会弹出一个警告："任何像素都不大于50%选择。选区边将不可见。"如果想继续建立选区，应当先按快捷键Ctrl+D取消选择，然后将羽化值改小，才能再次建立选区。

4.2.2　实战：利用矩形选框工具制作四季树（*视频）

01 打开文件"第4章素材4"，单击"矩形选框工具"，单击"新选区"按钮，在图像第二棵树上创建矩形选区（见图4-14）。

图4-14

02 单击"移动工具"，将选中的内容移动到第一棵树上（见图4-15）。

图4-15

03 按下快捷键Ctrl+D取消选择。

04 再次单击"矩形选框工具"，在图像第三棵树上创建矩形选区，并用移动工具移动到第一棵树上（见图4-16）。

图4-16

05 重复上一步操作，在第四棵树上做矩形选区并移动到第一棵树上（见图4-17）。

06 单击裁剪工具，裁剪图像，只留下第一棵树，完成效果如图4-18所示。

图4-17

图4-18

4.2.3 实战：用椭圆选框工具制作相框（*视频）

01 打开文件"第4章素材5"（见图4-19）。

02 单击选框工具组右下的小三角，选择"椭圆选框工具"。

03 在工具选项栏单击选中"新选区"，输入"羽化值"为20，在图像上创建椭圆选区，并移动选区到合适位置（见图4-20）。

图4-19　　　　　图4-20

04 当前选中的是图像中间的内容，但需要选中的是除图像中间以外的内容。选择"选择"菜单→"反选"选项，或按快捷键Shift+Ctrl+I实现反选（见图4-21）。

05 按下快捷键D，恢复默认前景色为黑色，背景色为白色。按下快捷键Ctrl+Delete填充背景色，得到如下效果（见图4-22）。

图4-21　　　　　图4-22

06 选择"选择"菜单→"取消选择"选项，或者按下快捷键Ctrl+D，取消选区（见图4-23）。

07 仍然选择"椭圆选框工具"，设定工具选项栏上的"羽化值"为0，再次绘制椭圆选区并移动好位置（见图4-24）。

图4-23　　　　　图4-24

08 选择"编辑"菜单→"描边"选项，弹出"描边"对话框，设置"描边"为1px，位置居中，"颜色"为黑色，"不透明度"为5%（见图4-25）。

09 单击"确定"按钮。按下快捷键Ctrl+D，取消选区（见图4-26）。

图4-25　　　　　图4-26

按下Shift键，拖动鼠标，可以创建正方形选区。按下Alt键的同时拖动鼠标，可以建立以起点为中心的矩形选区。按下Alt+Shift快捷键拖动鼠标，可以建立以起点为中心的正方形选区。

4.2.4　单行与单列选框工具

用"单行选框工具"在画布上单击，将得到一条1px高从左到右的矩形选框。用"单列选框工具"在画布上单击，将得到一条1px宽从上到下的矩形选框（见图4-27）。

图4-27

4.3 ▶ 套索工具组

应用套索工具组的工具可以创建不规则形状的选区。套索工具组包含三个工具，分别是套索工具、多边形套索工具、磁性套索工具（见图4-28）。

图4-28

"套索工具"创建选区的自由度较高，选择该工具后，按住鼠标随意拖画，即可创建选区。

"多边形套索工具"适合创建由直线构成的多边形选区。选择该工具后，在图像的不同位置单击创建折线，最后将鼠标移至起点位置，鼠标形状多一个小圆圈，单击完成选区的创建。

4.3.1　实战：用套索与多边形套索装饰客厅（*视频）

01 打开文件"第4章素材7"，用套索工具选择杂志与茶几底座部分（见图4-29）。

图4-29

02 选择"编辑"菜单→"填充"选项，弹出"填充"对话框（见图4-30）。按快捷键Ctrl+D取消选择。

图4-30

03 打开文件"第4章素材8"，选中多边形套索工具，用多边形套索工具沿茶几的边缘依次单击（见图4-31）。

04 沿外边缘的选区创建结束后，单击工具栏中的"从选区减去"按钮，选择茶几中间镂空的地方（见图4-32）。

图4-31　　　　　　　　图4-32

05 按下快捷键Ctrl+C复制茶几，打开素材78，再按下快捷键Ctrl+V粘贴。按下快捷键Ctrl+T自由变换，将茶几等比例缩小（见图4-33）。

图4-33

使用多边形套索工具的过程中，按住Alt键单击并拖动鼠标，可临时切换套索与多边形套索工具。

4.3.2 磁性套索工具

磁性套索工具可以依靠颜色的对比，自动识别对象的边缘。颜色对比越强烈，识别越清晰。单击磁性套索工具，上方出现磁性套索工具选项栏（见图4-34）。

图4-34

（1）羽化：设定选区的羽化范围。

（2）消除锯齿：选中此项可使选区看上去更光滑。

（3）宽度：设定以当前光标为基准，周围多少像素被检测到。如果对象边缘清晰，可将值设大一点儿。如果对象边缘模糊，可将值设小一点儿。

Caps Lock键灯亮起时，光标变成圈形，此时按"["与"]"键可控制"宽度"大小。

（4）对比度：设定感应图像边缘的灵敏度。较高的值只检测对比鲜明的边缘。如果对象边缘模糊，可将值设低一些。

（5）频率：设定创建选区时锚点的数量，频率越高的话锚点就会越多，捕捉的边缘越精确。频率越低的话锚点越少。

（6）钢笔压力：如果配有数位板和压感笔，单击此按钮，Photoshop会根据压力自动调节检测范围，压力越大，边缘宽度减小。若没有配备此设备，此选项无效。

（数位板，又名绘图板、绘画板、手绘板等，是计算机输入设备的一种，通常是由一块板子和一支压感笔组成，用作绘画创作方面，就像画家的画板和画笔。我们在电影中常见的逼真的画面和栩栩如生的人物，就是通过数位板一笔一笔画出来的。数位板的这项绘画功能，是键盘和手写板无法媲美之处。数位板主要面向设计、美术相关专业师生、广告公司与设计工作室以及Flash矢量动画制作者。）

4.3.3 实战：利用磁性套索工具选取花朵（*视频）

01 打开文件"第4章素材9"，单击"磁性套索工具"，在工具选项栏设定"羽化"为0，"宽度"为14，"对比度"为10%，"频率"为51。在花的边缘单击并拖动（见图4-35）。

操作过程中，如果锚点位置不精确，可以在此处单击手动增加锚点。如果锚点发生错误，可连续按Delete键删除锚点。按Esc键可取消所有锚点。

02 将光标移至起点处，光标形状多了一个小圆圈，此时单击封闭选区（见图4-36）。

图4-35　　　　　图4-36

若在选取的过程中双击，则以直线连接起点直接封闭选区。

4.4 ▶ 魔棒与快速选择工具

4.4.1 魔棒工具选项栏

魔棒工具可以在图像中选择颜色相同或相近的区域。操作方法是选中"魔棒工具"，然后在图像中单击，与单击处颜色相同或相近区域的像素都会被选中。

以下为"魔棒工具"选项栏（见图4-37）。

图4-37

（1）取样大小：用来设置取样的范围大小。选择"取样点"，则对图像单击处的像素取样；选择"3×3平均"，则对单击处三个像素区域内的平均颜色进行取样。

（2）容差：容差值的大小决定有多少相似的像素被选中。容差值越大，容许被选中的色彩范围越广；容差值越小，容许被选中的色彩范围越小。图4-38与图4-39是"容差"为10与"容差"为32的区别。

图4-38 　　　　　图4-39

（3）连续：选中此选项，则只有连续的颜色被选中。取消此选项，图像中所有与单击处颜色相近的区域都将被选中。图4-40为取消"连续"选中后的状态。

图4-40

（4）对所有图层取样：若文档中含多个图层，选中此选项，可以选择所有图层上颜色相近的区域。

4.4.2　实战：使用魔棒工具选择花朵（*视频）

01 打开文件"第4章素材11"，选择"魔棒工具"，在工具选项栏选中"新选区""取样点"，"容差"为20，选中"连续"

（见图4-41）。

图4-41

02 在图像空白处单击，选择白色部分（见图4-42）。

03 选择"选择"菜单→"反选"选项，或者按下快捷键Shift+Ctrl+I，实现反选（见图4-43）。

图4-42　　　　　图4-43

04 选中套索工具，在工具选项栏上选择"从选区减去"，然后套选绿叶部分。如图4-44所示得到只有花朵的选区。

图4-44

05 打开文件"第4章素材12"，将选好的花朵用移动工具移动至素材12上，并改变大小（见图4-45）。

图4-45

4.4.3　快速选择工具

快速选择工具，顾名思义，可以像画笔一样快速地查找图像的边缘并创建选区。快速选择工具选项栏与魔棒工具不同（见图4-46）。

图4-46

（1）新选区、添加到选区、从选区减去：与其他选区运算的按钮形状不一样，但运算方式一样。

（2）笔尖下拉面板：设置快速选择工具的大小、硬度与间距。工具的大小也可以按键盘上的"["与"]"键控制。

（3）自动增强：可以让选区向图像边缘进一步流动从而更平滑一些。

（4）调整边缘：可以对选区进行平滑、羽化、扩展等操作。

4.4.4 实战：使用快速选择工具选中宝宝（*视频）

01 打开文件"第4章素材13"与"第4章素材14"。在素材13窗口中，选中快速选择工具，在工具选项栏上设定"添加到选区"，画笔"大小"为42px，"硬度"为73%，"间距"为32%，取消勾选"自动增强"（见图4-47）。

图4-47

02 在宝宝身上和浴巾上拖动创建选区。若创建发生操作失误，可单击"从选区减去"按钮，创建选区减去；再次单击"添加到选区"继续选区的创建，直至完成（见图4-48）。

03 单击"移动工具"，将选中的内容移动至文件"第4章素材14"标题栏，停留然后移动至其图像合适位置（见图4-49）。

图4-48　　　　　　图4-49

4.5 ▸ 调整边缘

选框工具组、套索工具组及魔棒工具组的工具选项栏都包含"调整边缘"选项，"调整边缘"选项可以对选区进行更细致的调整。

选区创建好之后，选择"调整边缘"选项，弹出"调整边缘"对话框（见图4-50）。

图4-50

（1）视图模式：根据不同的图像选区选择合适的视图模式，以便更好地观察选区的调整结果。共有7种视图模式，分别为：闪烁虚线、叠加、黑底、白底、黑白、背景图层、显示图层。

例如，选区内容为黑色时适合选择"白底"，选区内容为白色时适合选择"黑底"。图4-51中选区内容为彩色，图4-52中视图模式为"黑底"。

图4-51　　　　　　图4-52

（2）边缘检测：选中"智能半径"，可使半径自动适合图像边缘。取消选中，拖动下方"半径"选项的滑块，可手动调节选区边缘的半径大小。

（3）调整边缘：可以对选区进行平滑、羽化、扩展收缩等处理。如图4-53和图4-54所示分别对矩形选区进行了平滑、羽化。

图4-53　　　　　　　　图4-54

（4）对比度：增加对比度，可锐化边缘，使选区边缘对比增强从而更清晰。

（5）移动边缘：指边界的收缩与扩展。当值为负值时收缩，为正值时扩展，如图4-55所示为收缩，如图4-56所示为扩展。

图4-55　　　　　　　　图4-56

（6）净化颜色：选中此选项后，向右拖动"数量"滑块可去除图像的彩色杂边。值越大去除范围越大。

（7）输出到：选择选区的输出方式（见图4-57）。

图4-57

单击"调整边缘"按钮后，上方出现调整边缘工具选项栏，包括"调整半径工具 ✐"和"抹除调整工具 ✐"。

用"调整半径工具 ✐"涂抹选区内容的边缘，可以扩展检测区域。

用"抹除调整工具 ✐"涂抹可以恢复原始边缘。

> **提示** 在修改选区的过程中，按下"["与"]"键可调节笔尖大小。按下Ctrl++快捷键与Ctrl+-快捷键，可放大与缩小显示图像，按下空格键切换为抓手工具移动画面，可调整图像显示区域。

实战：用调整边缘抠头发（*视频）

抠选人物时，头发的抠选是难点。在"调整边缘"对话框中，包含细化选区的工具，可以抠选出人物或动物的毛发。

01 打开文件"第4章素材18"，用快速选择工具将宝宝选中。头发部分大致选中即可，身体部分如果发生失误，可以单击"从选区减去"减去选区，然后再用"添加到选区"添加选区。耳朵部分可以用多边形套索工具辅助选择（见图4-58）。

02 单击工具选项栏中的"调整边缘"按钮，在弹出的"调整边缘"对话框中设置"视图模式"为黑底，"羽化"为0.5像素，选中"净化颜色"选项。

03 单击调整半径工具 ✐，调整半径"大小"为60，在宝宝的头发梢部分涂抹（见图4-59）。

图4-58　　　　　　　　图4-59

04 将调整半径工具的半径"大小"设置为20或者更小，涂抹墨镜半透明部分（见图4-60）。

若涂抹发生失误，可单击"抹除调整工具"将恢复原始边缘。

05 在"输出到"下拉列表中选择"新建图层"，单击"确定"按钮。

06 用"移动工具"将宝宝放进"第4章素材19"（见图4-61）。

图4-60　　　　　　　　图4-61

4.6 ▶ 色彩范围

色彩范围的原理与魔棒相似，都可以创建相同或相近颜色的选区，但是色彩范围有更多的选项，用起来更方便。

选择"选择"菜单→"色彩范围"选项，弹出"色彩范围"对话框（见图4-62）。

图4-62

（1）预览区域：在预览框向下方有两个选项，当选中"选择范围"时，被选中的区域以白色显示。未被选中的区域以黑色显示。半透明区域以灰色显示。

若选中"图像"，则预览区内显示图像。

（2）选择：右边的下拉列表用来选择选区的创建方式。

选择"取样颜色"时，可在图像中单击，对颜色取样。如图4-63所示是对蓝色取样，代表蓝色被选中。

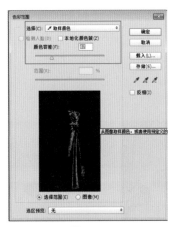

图4-63

单击"添加到取样"按钮，添加取样颜色，例如添加深蓝色。如图4-64所示代表深蓝色也被选中。

图4-64

若发生操作失误，可单击"从取样中减去"按钮，单击需要减去的区域。

此外，下拉列表中还有"红色""黄色"等选项，可以选择图像中特定的颜色（如图4-65所示选择了蓝色）。

下拉列表中还可以选择"高光""中间调""阴影"（如图4-66所示选择了"高光"）。

图4-65　　　　　　图4-66

下拉列表中选择"肤色"，可以单独选中裸露皮肤的区域。在此选项下"检测人脸"选项可选，以便更准确地选择皮肤的区域（见图4-67）。

（3）本地化颜色簇/范围：选中此选项后，"范围"变得可以调节，向左拖动，被选中的范围会变小（见图4-68）。

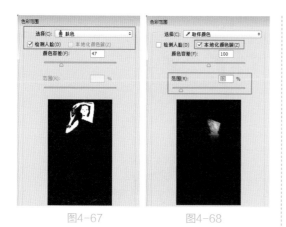

图4-67　　　　　　　图4-68

向右拖动，被选中的范围会变大（见图4-69）。

图4-69

（4）颜色容差：与魔棒中的容差同理，容差值越大，可选择的颜色区域越广。容差值越小，可选择的颜色区域越少。

（5）存储/载入：可以将选区保存与重新载入。

（6）反相：指选区的反向选择，即反选。

实战：选择美女的晚装改变颜色（*视频）

01 打开文件"第4章素材20"，选择"选择"菜单→"色彩范围"选项，弹出"色彩范围"对话框。

02 在对话框中用颜色取样工具单击裙子的蓝色部分，并改变容差。单击"添加到取样"按钮，添加多处深蓝色（见图4-70）。

03 单击"确定"按钮，得到裙子的选区，若有未选中的地方，可用多边形套索添加选

区（见图4-71）。

图4-70　　　　　　　图4-71

04 选择"图像"菜单→"调整"→"色相饱和度"选项，在弹出的对话框中设置"色相"为"+91"，单击"确定"按钮（见图4-72）。

图4-72

05 按下快捷键Ctrl+D，取消选区。

4.7 ▶ 快速蒙版

快速蒙版可以将选区转换为蒙版，然后用画笔、滤镜、钢笔等工具进行编辑后，再将蒙版区转换为选区。这样选区就可以灵活地用多种方式编辑修改。

4.7.1 实战：用快速蒙版编辑选区制作产品主图（*视频）

01 打开文件"第4章素材21"。用快速选择工具选取背景，然后按下快捷键Shift+Ctrl+I反选，发现模特袖子、帽子部分选区做得不准确。如图

4-73所示按下快捷键Ctrl+D取消选择。

02 选择"选择"菜单→"在快速蒙版模式下编辑"选项，或者单击工具箱下方的"⬛"按钮，进入快速蒙版编辑状态（见图4-74）。此时未被选中的区域以半透明红色显示。

图4-73　　　　　　图4-74

03 工具箱的前景色自动变为白色。选择画笔工具，适当调节画笔大小，将硬度设置为100%，在模特未被选中的细节涂抹，被涂抹的地方变成半透明红色，将会被选中为选区。如果涂抹发生失误，可将前景色更换成黑色重新涂抹。右下方模特手与裤子之间的空隙用黑色画笔涂抹，将会被排除在选区之外（见图4-75）。

04 按Q键，或者单击工具栏下方的⬛按钮，切换回正常模式。看到修改后的选区（见图4-76）。

图4-75　　　　　　图4-76

用白色涂抹的区域变成选区，用黑色涂抹的区域被排除在选区之外。

05 打开文件"第4章素材22"，使用移动工具将模特拖入该文档并改变大小（见

图4-77）。

图4-77

提示 在快速蒙版模式下，用白色画笔涂抹的区域将形成选区，用黑色画笔涂抹将从选区中去除，用灰色画笔涂抹将得到半透明的选区，如投影等。

4.7.2　快速蒙版选项

双击工具箱下方的"以快速蒙版模式编辑"按钮，弹出"快速蒙版选项"对话框（见图4-78）。

图4-78

此对话框主要设置半透明的红色蒙版覆盖哪个区域，选择"被蒙版区域"，指覆盖选区之外的内容；选择"所选区域"指覆盖选中的内容。

颜色/不透明度可以设置蒙版的颜色与不透明度，默认为不透明度50%的红色。更改此选项不会对选区产生任何影响。

4.8 ▶ 选区的编辑修改

在编辑图像的过程中，选区往往不完全符合要求，这时就需要将选区进行变换、修改等操作，以达到应用目的。

4.8.1 变换选区与变换选区内容

用"矩形选框工具"创建选区（见图4-79），选择"选择"菜单→"变换选区"选项，选区出现定界框（见图4-80）。

图4-79　　　　　图4-80

拖曳控制点可对选区进行缩放、旋转等变换操作，而选区内的内容不受影响（见图4-81）。

如果选择"编辑"菜单→"自由变换"选项，或者按下快捷键Ctrl+T，将会对选区里的内容进行变换（见图4-82）。

图4-81　　　　　图4-82

4.8.2 边界选区

用"快速选择工具"创建选区（见图4-83）。选择"选择"菜单→"修改"→"边界"选项，弹出"边界选区"对话框。例如，在对话框中输入数值"10"，将沿选区的边缘形成新的10像素的边界选区（见图4-84）。

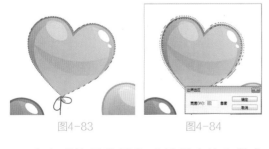

图4-83　　　　　图4-84

当在"边界选区"对话框中输入数值

"10"，原选区的边界会分别向外和向内扩展5像素，从而形成新的选区，即边界选区。

按下快捷键Alt+Delete，将给选区填充前景色（见图4-85）。

图4-85

4.8.3 平滑选区

给图像创建选区（见图4-86）。选择"选择"菜单→"修改"→"平滑"选项，弹出"平滑选区"对话框。在"取样半径"输入框中输入数值，可以让选区更平滑（见图4-87）。

图4-86　　　　　图4-87

4.8.4 扩展与收缩选区

选区创建好之后（见图4-88），选择"选择"菜单→"修改"→"扩展"选项，在"扩展选区"对话框中输入数值，可将选区进行扩展（见图4-89）。

选择"选择"菜单→"修改"→"收缩"选项，在"收缩选区"对话框中输入数值，可将选区进行收缩（见图4-90）。

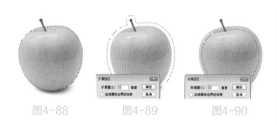

图4-88　　　　图4-89　　　　图4-90

4.8.5　羽化选区

在创建选区之前，工具选项栏上可以先设置羽化值，然后创建羽化的选区。

若选区已经创建好，可以选择"选择"菜单→"修改"→"羽化"选项，输入"羽化半径"的数值，单击"确定"按钮，可以将建立好的选区羽化（见图4-91）。

图4-91

4.8.6　扩大选取与选取相似

扩大选取与选取相似都可以扩展现有的选区，容差值大时，选取范围更广。

选择"选择"菜单→"扩大选取"选项，Photoshop自动选取与原选区相连的近似像素。

选择"选择"菜单→"选取相似"选项，Photoshop自动选取整个文档中近似的像素。

（如图4-92所示，分别为原选区，执行扩大选取的结果，执行选取相似的结果。）

图4-92

4.8.7　选区的存储与载入

选区建立好之后，不能一直存在，会影响其他操作。但在操作过程中有可能再次用到这个选区，此时，应将选区保存起来。

选择"选择"菜单→"存储选区"选项，弹出"存储选区"对话框（见图4-93）。

图4-93

（1）文档：在下拉列表中选择将选区保存在某个文档中。默认保存在当前文档。也可以保存在一个新建的文档中。

（2）通道：选择将选区保存在一个新建的通道中，还是保存在某个已经存在的通道中。

（3）名称：设置选区的名称。

（4）操作：如果要保存的目标文档中已经存在选区，在此处选择如何与已有选区合并。

①新建通道：文档默认将选区存储在新通道中。

②添加到通道：将当前选区添加到已有选区中。

③从通道中减去：从已有选区中减去当前的选区。

④与通道交叉：只存储当前的选区与已有的选区交叉的区域。

存储选区也可以单击"通道"面板右下角的"将选区存储为通道"按钮（见图4-94），自动创建Alpha 1通道存储当前选区。

图4-94

选区的载入有多种方法。

方法一：取消选择之后，若想重新载入选区，可按下 Ctrl 键的同时单击图层面板的缩略图。

方法二：若选区曾被存储，可选择"选择"菜单→"载入选区"选项，弹出"载入选区"对话框（见图4-95），选择需要载入的选区，选择载入选区的操作方式，即可载入选区。若选中"反相"，可实现原选区的反向选择。

图4-95

方法三：打开通道面板，按下 Ctrl 键的同时单击通道缩略图，即可将载入选区。

4.9 ▶ 综合案例：应用多种选区工具制作水果心卡片

01 打开文件"第4章素材30""第4章素材31"（见图4-96、图4-97）。

图4-96

图4-97

02 使用矩形选框工具框选菠萝（见图4-98）。

03 单击魔棒工具，单击工具选项栏中的"从选区减去"按钮，单击选区内的白色区

域，得到菠萝的选区（见图4-99）。

图4-98　　　　　　　图4-99

04 使用移动工具拖曳菠萝到"第4章素材31"上，按下Ctrl+T快捷键变换大小、方向；按住Alt键拖曳复制多个（见图4-100）。

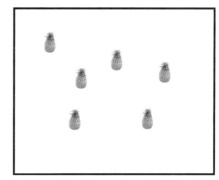

图4-100

05 在"第4章素材30"窗口按下Ctrl+D快捷键取消选择，使用"快速选择工具"选择香蕉（见图4-101）。

图4-101

06 使用移动工具拖曳香蕉到"第4章素材31"上，按下快捷键Ctrl+T变换大小、方向；按住Alt键拖曳复制多个（见图4-102）。

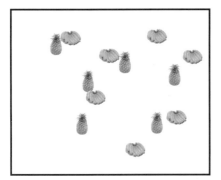

图4-102

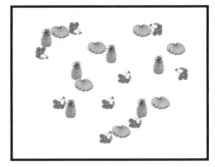

图4-105

07 在"第4章素材30"窗口按下快捷键Ctrl+D取消选择。使用快速选择工具粗略选择樱桃（见图4-103），可按快捷键Ctrl++放大显示图像；按"["键和"]"键调整快速选择工具的大小。

08 将快速选择工具调小，单击工具选项栏中的"从选区减去"按钮，将樱桃柄间的间隙从选区中减去（见图4-104）。

图4-103　　　　　图4-104

图4-106

09 使用移动工具拖曳樱桃到"第4章素材31"上，按下快捷键Ctrl+T变换大小、方向；按住Alt键拖曳复制多个（见图4-105）。

10 使用磁性套索工具选择梨子（见图4-106），并拖曳到"第4章素材31"上，变换大小，复制多个。

11 使用其他选择工具，选择多种水果，放在"第4章素材31"上，形成最终效果（见图4-107）。

图4-107

第 5 章

图像的绘制与修饰

Photoshop提供了多种功能强大的绘图工具，灵活地运用这些工具，可以充分发挥自己的创造力，绘制出精彩绚丽的图像作品。

5.1 ▶ 关于颜色

图像的绘制与填充离不开色彩，Photoshop提供了非常出色的颜色选择工具，可以帮助我们实现各种绘制与创作的要求。

5.1.1 设置前景色与背景色

Photoshop工具箱底部为前景色与背景色的图标（见图5-1），Photoshop默认的前景色为黑色，背景色为白色。

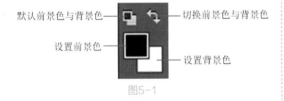

图5-1

单击"默认前景色和背景色"按钮，或者按下D键，可恢复默认颜色。

单击"切换前景色和背景色"按钮，或者按下X键，可交换前景色与背景色。

单击"设置前景色"或"设置背景色"按钮，弹出"拾色器"对话框，可在拾色器中设置颜色。

5.1.2 认识拾色器

单击"设置前景色"或"设置背景色"按钮，弹出"拾色器"对话框（见图5-2），在色域中拖曳选择颜色，单击"确定"按钮，即可设置前景色或背景色。

（1）色域：即色彩范围，在其中拖动鼠标拾取颜色。

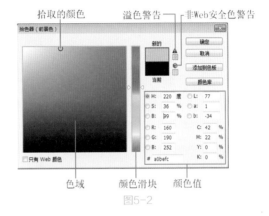

图5-2

（2）颜色滑块：上下拖动滑块调整色域的显示范围。

（3）颜色值：在HSB、Lab、RGB、CMYK这4种颜色模式下的颜色值，可手动输入数值设置颜色。

HSB：H为色相，S为饱和度，B为亮度，在这种颜色模式下，用色相环上的度数指定色相，用百分比指定饱和度与亮度。

Lab：L为亮度，a为绿色到洋红的颜色跨度，b为蓝色到黄色的颜色跨度，值为-128～+127。这种颜色模式色彩范围最广。

RGB：R为红色，G为绿色，B为蓝色，每种颜色的值在0～255之间。

CMYK：C为青色，M为洋红，Y为黄色，K为黑色，用百分比指定每种颜色的值。这种颜色模式色彩范围较小。

（4）输入框：可输入一个十六进制的值指定颜色，主要用于指定网页色彩。

（5）溢色警告：显示器的颜色模式为RGB，打印机的颜色模式为CMYK，显示器比打印机色域广，有些能显示的颜色打印不出来，那些能显示不能打印的颜色就是"溢色"。

如果出现溢色警告信息，可单击它下面的颜色块来替换溢色，这是Photoshop提供的与当前颜色最接近的可打印颜色。

（6）非Web安全色警告：为保证在我们的计算机屏幕上看到的颜色与其他系统上的Web浏览器中以同样的效果显示，制作网页时，需要使用Web安全色。如果出现非Web安全色警告，可单击下面Photoshop提供的最为接近的Web安全色进行替换。

选中拾色器左下角的"只有Web颜色"选项，色域中将只显示Web安全色。

（7）添加到色板：如果某种颜色经常用到，可将其添加到"色板"面板方便使用。

（8）颜色库：根据作品用途的不同，Photoshop提供了不同的颜色库，可根据需要选择（见图5-3）。

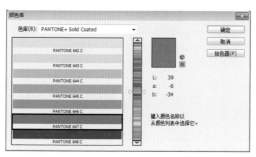

图5-3

例如，PANTONE颜色是专色重现的全球标准，其颜色指南和芯片色标簿会印在涂层、无涂层和哑面纸样上，以确保精确显示印刷结果并更好地进行印刷控制，可在 CMYK 下印刷 PANTONE 纯色。DIC颜色通常在日本用于印刷项目。

提示 打开拾色器，选择"视图"菜单→"色域警告"选项，色域框中的溢色将会以灰色显示（见图5-4）。

图5-4

5.1.3 吸管工具的使用

选择吸管工具，在图像上单击，即可将单击处的颜色设置为前景色。按住Alt键单击，即可设置为背景色。按住鼠标左键在窗口内拖曳，即可选中标题栏、菜单栏和面板的颜色。

图5-5为吸管工具选项栏。

图5-5

（1）取样大小：设置吸管工具取样的范围大小。

选择"取样点"，将拾取光标所在位置的颜色。选择"3×3平均"，将拾取光标所在位置3×3个像素的平均颜色（见图5-6），其他以此类推。

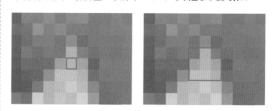

图5-6

（2）样本：可以选择是在"当前图层"取样，还是在"所有图层"上取样。

（3）显示取样环：选中此选项，用吸管工具拾取颜色时将显示取样环。

5.1.4 "颜色"面板的使用

选择"窗口"菜单→"颜色"选项，或者按F6键，显示"颜色"面板（见图5-7）。

图5-7

单击"颜色"面板上的"前景色"或"背景色"按钮，拖动R、G、B滑块，即可设置前景色或背景色。

直接在RGB后面的输入框中输入数值，也可以设置颜色。

在"颜色"面板下方的"色谱"上单击，也可以设置前景色和背景色。

单击"颜色"面板右上角的小三角，弹出菜单（见图5-8）。可选择"HSB滑块""CMYK滑块""Lab滑块""Web颜色滑块"等面板（见图5-9）。

图5-8

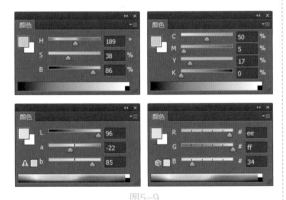

图5-9

5.1.5　色板的使用

选择"窗口"菜单→"色板"选项，即可显示"色板"面板（见图5-10）。在面板中单击一个颜色，即可设置为前景色。按住Ctrl键单击则设为背景色。

如果前景色设置了一个新颜色，单击"色板"面板右下角的"创建前景色的新色板"按钮，即可将这个新颜色添加到色板中。如果要删

除色板中的某一颜色，直接拖曳到色板右下角的"删除色板"按钮上即可。

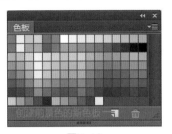

图5-10

如果作品要求用特定的色板库，可单击色板右上角的小三角按钮，弹出菜单（见图5-11）。在其中选择合适的色板库。

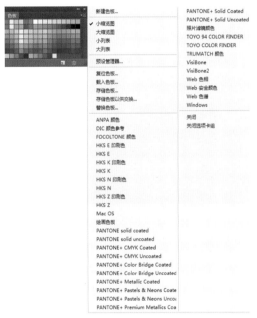

图5-11

网络上也提供一些PS色板共享资源，下载后，单击面板菜单中的"载入色板..."命令即可载入使用。

如果希望面板恢复为默认状态，可单击面板菜单中的"复位色板..."命令。

5.2 ▶ 画笔工具

Photoshop中画笔工具的应用比较广泛，它可以设置绘画工具与修饰工具的笔刷形状、画笔大小、笔刷硬度等，还可以自定义画笔，满足特殊

创作要求。

5.2.1 画笔工具选项栏

单击"画笔工具"，或者按B键，选中画笔工具，上方将出现画笔工具选项栏（见图5-12）。

画笔预设

切换画笔面板

图5-12

（1）画笔预设选取器：单击"画笔大小"后面的小三角按钮，在打开的"画笔预设选取器"中，可以设置画笔大小与硬度，以及笔尖形状（见图5-13）。单击面板右上角的按钮，会弹出快捷菜单，可以设置笔尖缩览图的显示方式，载入更多画笔笔刷。

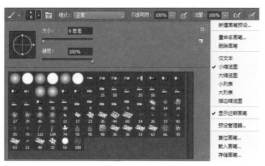

图5-13

画笔硬度指画笔边缘的羽化程度，如图5-14所示是硬度为0%与硬度为100%的区别。

（2）切换画笔面板：单击此按钮，可以打开"画笔"面板，在面板中可以对画笔进行多种样式的设置。关于"画笔"面板，将在后面的内容做详细讲解。

（3）模式：可以设置画笔的绘画模式，以及画笔笔迹与下面像素的混合模式。如图5-15所示是正常模式与透明度为80%的溶解模式。

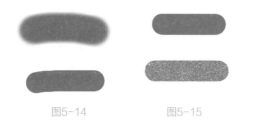

图5-14　　　　图5-15

（4）不透明度：该值越小，所绘制的颜色越淡；反之则颜色越深。如图5-16所示是不透明度为20%与100%的区别。

（5）流量：设置当鼠标移动到某个区域上方时应用颜色的速率。如果一直按着鼠标，颜色会根据速率增加。如图5-17所示是流量为20%与100%的区别。

图5-16　　　　图5-17

（6）喷枪：启用此功能后，按住鼠标左键，可持续填充色彩。颜色浓淡与流量有关，也与按下鼠标的时间有关。

（7）压力按钮：安装数位板后，单击此按钮，可使用光笔压力控制不透明度与画笔大小。

> **提示**
> 按下"["键可缩小画笔直径，按下"]"键可以放大画笔直径。
> 按下快捷键Shift+[缩小画笔硬度，按下快捷键Shift+]增加画笔硬度。
> 按下Shift键可用画笔绘制水平或垂直线，以及45°角的线。

5.2.2 认识"画笔"面板与"画笔预设"面板

单击画笔工具栏的"切换画笔面板"按钮，或者选择"窗口"菜单→"画笔"命令，都可以打开"画笔"面板（见图5-18）。打开后可以通过单击窗口右侧泊坞窗的按钮隐藏或展开。

（1）"画笔预设"面板：在"画笔"面板中单击"画笔预设"按钮，打开"画笔预设"面板（见图5-19）。

单击"画笔预设"面板右上角的按钮，弹出快捷菜单。菜单中提供了6种画笔预览模式，分别为仅文本、小缩览图、大缩览图、小列表、大列表、描边缩览图。

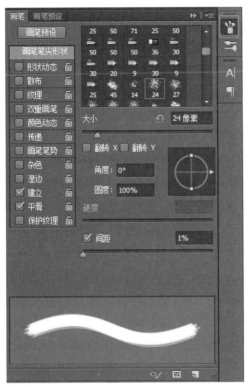

图5-18

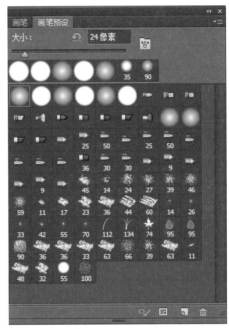

图5-20

如图5-20所示为"小缩览图"预览模式,图5-21为"大列表"预览模式。默认情况为"描边缩览图"预览模式。

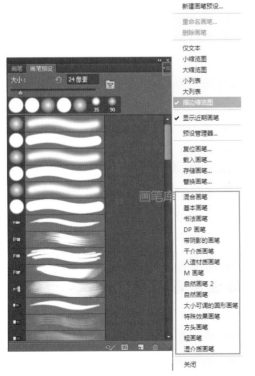

图5-19

图5-21

在"画笔预设"快捷菜单中,还提供了重命名画笔、删除画笔等功能。

当添加或删除了画笔后，可选择菜单中的"复位画笔"命令进行复位。

如果从网上下载了画笔库，可通过菜单中的"载入画笔"命令载入使用。

当前面板中的画笔，可通过"存储画笔"命令保存为一个画笔库。

通过"替换画笔"命令，可以用其他画笔库来替换当前的画笔。

（2）画笔库：如图5-19所示，菜单下方为Photoshop提供的多个画笔库，可选择其中一个载入使用。如果需要更多画笔形状，可以从网上下载资源。

5.2.3 画笔笔尖形状

单击"画笔"面板中的"画笔笔尖形状"按钮，显示画笔笔尖形状选项（见图5-22），可在这里设置画笔的大小、角度、圆度、硬度和间距等。

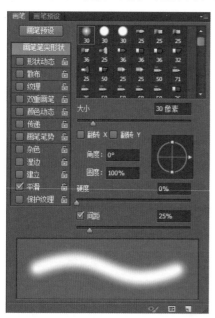

图5-22

如图5-23所示，为普通画笔笔尖效果。如图5-24所示，为修改后的笔尖效果。

图5-23

图5-24

（1）大小：用来设置画笔的直径大小，数值范围为1～5000像素。如图5-25所示是画笔大小为20像素与50像素的区别。

图5-25

（2）翻转X/翻转Y：用来设置异形画笔笔尖X轴或Y轴方向翻转方向。如图5-26所示为正常画笔。如图5-27所示为X轴翻转的效果；如图5-28所示为Y轴翻转的效果。

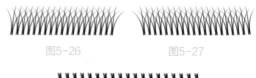

图5-26　　　　　　　　图5-27

图5-28

（3）角度：用来设置画笔笔尖的旋转角度。如图5-29所示为旋转45°；如图5-30所示为旋转90°。

图5-29　　　　　　　　图5-30

（4）圆度：设置该值会将画笔笔尖压扁。该值为笔尖长轴与短轴的比率。如图5-31所示是默认圆度为100%；如图5-32所示是圆度为50%。

图5-31　　　　　　　　图5-32

（5）硬度：用来设置画笔笔尖的羽化程度。硬度值越小，边缘越柔和。如图5-33所示是硬度为100%的效果；如图5-34所示是硬度为10%的效果。

图5-33　　　　　　　　图5-34

（6）间距：用来设置每一个笔迹之间的距离。默认值为25%。如图5-35所示是间距默认值为25%的效果；如图5-36所示是间距为130%的效果。

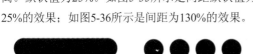

图5-35　　　　　　　　图5-36

5.2.4　形状动态

利用画笔的"形状动态"可以设置画笔笔迹的变化（见图5-37）。

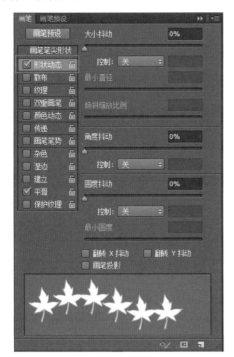

图5-37

（1）大小抖动：用来设置每一个笔迹大小不同的随机变化。抖动值越高，笔尖大小的差别越大。如图5-38所示是大小抖动值为0%的效果；如图5-39所示是大小抖动值为100%的效果。

图5-38　　　　　　　　图5-39

（2）控制：如图5-40所示，"控制"默认为关闭状态。

图5-40

选择"渐隐"，将绘制一条从大到小的淡出的图像。笔迹的大小由初始直径与最小直径决定，步长由"长度"值决定。

以下为将渐隐的长度设置为10，在画布上绘制的效果（见图5-41）。

图5-41

如果计算机配有数位板，可以选择钢笔压力、钢笔斜度、光笔轮、旋转等选项。

（3）最小直径：启用大小抖动后，用来设置最小的笔迹直径。最小直径越小，大小抖动笔迹相差越大。最小直径最大时，大小抖动无效。如图5-42所示是最小直径为0%的效果；如图5-43所示是最小直径为100%的效果。

图5-42　　　　　　　　图5-43

（4）角度抖动：用来设置笔尖角度的旋转。如图5-44所示是角度抖动为0%的效果；如图5-45所示是角度抖动为100%的效果。

图5-44　　　　　　　　图5-45

（5）圆度抖动：用来设置画笔笔尖的圆度的随机变化。如图5-46所示是圆度抖动为0%的效果；如图5-47所示是圆度抖动为100%的效果。

图5-46　　　　　　　图5-47

（6）翻转X抖动/翻转Y抖动：用来设置画笔笔尖在X轴与Y轴上的随机翻转。如图5-48所示同时启用了翻转X抖动与翻转Y抖动。

图5-48

5.2.5　散布

散布用来设置画笔笔迹向四周随机分散。如图5-49所示为散布的各个选项。如图5-50所示为散布的效果。

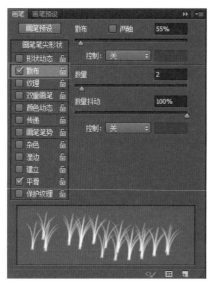

图5-49

图5-50

（1）散布：此值越大，笔迹分散范围越广。

如果选中"两轴"选项，画笔笔迹将以中间为基准向上下两侧分散。如图5-51所示是散布为90%的效果；如图5-52所示是散布为90%并选中"两轴"的效果。

图5-51　　　　　　　图5-52

（2）数量：用来设置笔尖的数量。数量值越大，笔迹越多。如图5-53所示是散布为90%，数量为1的效果；如图5-54所示是散布为90%，数量为2的效果。

图5-53　　　　　　　图5-54

（3）数量抖动：用来设置画笔笔迹的数量的随机变化。如图5-55所示是散布为0，数量抖动为0的效果；如图5-56所示是散布为0，数量抖动为100%的效果。

图5-55　　　　　　　图5-56

5.2.6　纹理

Photoshop提供了纹理效果，可以使画笔笔迹的形状像在有纹理的画布上绘制一样（见图5-57）。

（1）"图案"拾色器：单击图案缩览图右边的小三角，在打开的选项中选择一种图案。如果其中没有满足要求的图案，可以单击对话框右上角的按钮，弹出菜单，选择一种图案追加进去（见图5-58）。

（2）反相：可以将设置的图案反向应用。如图5-59所示为正常；如图5-60所示为反相效果。

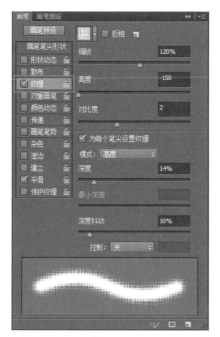

图5-57

图5-58

图5-59　　　　　　图5-60

（3）缩放：可将图案放大缩小应用。如图5-61所示为缩放为100%的效果；如图5-62所示是缩放为200%的效果。

图5-61　　　　　　图5-62

（4）为每个笔尖设置纹理：用来设置绘画时是否每次都单独渲染每个笔尖。配合下面的"深度"使用。

（5）模式：设置图案与前景色之间的混合模式（关于混合模式在今后的内容中将会讲解）。

（6）深度：用来指定油墨渗入纹理中的深度。如图5-63所示是深度为10%的效果；如图5-64所示是深度为100%的效果。

图5-63　　　　　　图5-64

（7）深度抖动：设置笔尖深度的随机变化。如图5-65所示是深度抖动为100%的效果。

图5-65

5.2.7　双重画笔

双重画笔可以应用两种笔尖描绘图案。首先在"画笔笔尖形状"中选择主笔尖，再从"双重画笔"中选择第二种笔尖。

如图5-66所示为主笔尖选择了"柔边圆"，第二种笔尖选择了Dune grass的效果。

图5-66

5.2.8　颜色动态

用来设置画笔笔迹的色相、饱和度、亮度在绘制过程中发生的改变。单击"画笔"面板中的"颜色动态"选项,弹出如下对话框(见图5-67)。

图5-67

(1)前景/背景抖动:设置画笔笔迹在前景色与背景色之间抖动。该值越大,笔迹颜色越接近背景色;该值越小,笔迹颜色越接近前景色。如图5-68所示是前景/背景抖动为0%的效果;如图5-69所示是前景/背景抖动为100%的效果。

图5-68　　　　　　　　　图5-69

(2)色相抖动:设置画笔笔迹颜色的变化。该值越大,颜色变化越丰富;该值越小,越接近前景色。如图5-70所示是色相抖动为30%的效果;如图5-71所示是色相抖动为100%的效果。

图5-70　　　　　　　　　图5-71

(3)饱和度抖动:设置画笔颜色饱和度的变化。该值越大,色彩饱和度越高,颜色越鲜艳;该值越小,色彩饱和度越低。如图5-72所示是饱和度抖动为30%的效果;如图5-73所示是饱和度抖动为100%的效果。

(4)亮度抖动:设置画笔笔迹颜色明暗的变化。该值越大,颜色越明亮;该值越小,亮度与前景色越相近。如图5-74所示是亮度抖动为30%的效果;如图5-75所示是亮度抖动为100%的效果。

图5-72　　　　　　　　　图5-73

图5-74　　　　　　　　　图5-75

(5)纯度:设置颜色的纯度。该值越大,颜色饱和度越高;该值最小时为黑白色。如图5-76所示是纯度为-100%的效果;如图5-77所示是纯度为+100%的效果。

图5-76　　　　　　　　　图5-77

5.2.9　其他选项

传递:用来设置画笔笔迹的不透明度抖动与流量抖动。

画笔笔势:用来设置画笔笔尖倾斜的角度。

杂色:为个别画笔笔尖设置随机性。

湿边:设置像水彩一样边缘色彩加重的效果。

建立:模拟喷枪绘制,并将渐变色调应用于图像。

平滑:绘制中生成更平滑的曲线,用数位板时效果更明显。

保护纹理:使用纹理画笔绘画时,保证纹理的图案与缩放比例相同。

5.2.10　实战:用画笔工具绘画(*视频)

01 新建文件(见图5-78)。

02 单击工具栏中的"画笔"工具,单击工具栏上方的"画笔预设选取器",在列表中选择"粉笔60像素";设置"前景色"为棕色,"背景色"为绿色,绘制树干(见图5-79)。

图5-78

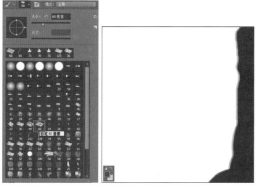

图5-79

03 单击画笔工具选项栏上的"切换画笔面板"按钮，在打开的画笔面板→画笔笔尖形状中设置树叶画笔（见图5-80）。

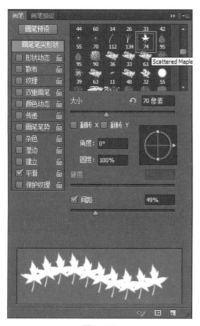

图5-80

04 在"形状动态"中做如图5-81所示设置。

图5-81

05 在"散布"中做如图5-82所示设置。

图5-82

06 在"颜色动态"中做如图5-83所示设置。

07 在画布上绘制树叶（见图5-84）。

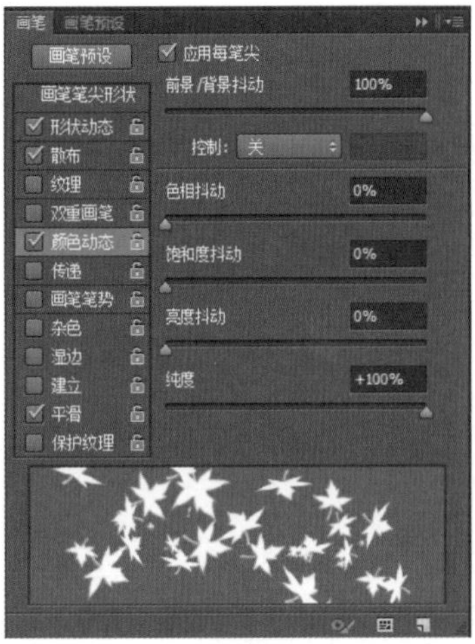

图5-83

图5-84

5.2.11 实战：自定义画笔（*视频）

01 新建文件（见图5-85）。

图5-85

02 用"椭圆选框工具"按住Shift键绘制正圆，填充R＝171、G＝171、B＝171的灰色。选择"编辑"菜单→"描边"选项，描黑色2像素的边（见图5-86）。

图5-86

03 选择"编辑"菜单→"定义画笔预设"选项，为画笔命名并单击"确定"按钮（见图5-87）。

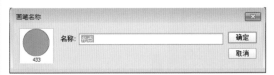

图5-87

04 打开文件"第5章素材2"，单击画笔工具，单击"切换画笔面板"按钮，设置画笔笔尖形状为刚才定义的画笔（见图5-88）。

图5-88

05 设置"形状动态"→"大小抖动"为100%；设置"散布"（见图5-89）。

06 设置"前景色"为红色，"背景色"为绿色；设置"颜色动态"（见图5-90）。

07 在文件"第5章素材2"上新建图层，并用画笔绘制，最后将图层"不透明度"改为50%，最终效果如下（见图5-91）。

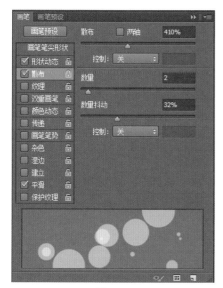

图5-89

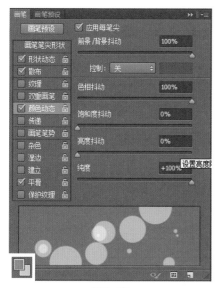

图5-90

图5-91

5.3 ▶ 铅笔工具

单击铅笔工具，也可以像画笔工具一样，使用前景色在画布上绘制线条。如图5-92所示为铅笔工具选项栏。

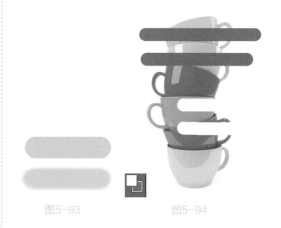

图5-92

铅笔工具与画笔工具的区别一：铅笔只能绘制硬边的线条，和我们平时所用的铅笔类似，它画出的线条边缘比较硬、实；而画笔可以用来上色、画线，画笔工具画出的线条边缘比较柔和流畅，可以绘制柔边的线条。下面分别是使用铅笔与画笔绘制的线条（见图5-93）。

铅笔工具与画笔工具的区别二：铅笔工具多了一个"自动抹除"选项。选中此选项，用铅笔工具在你先前画的东西或图像上面涂抹，先前的东西就会被抹除（见图5-94）。

图5-93   图5-94

如果开始抹除的点包含前景色，则抹除区域变成背景色。

如果开始抹除的点不包含前景色，则抹除区域变成前景色。

5.4 ▶ 颜色替换工具

在图像绘制中，如果想改变某图像的颜色，直接用画笔或铅笔绘制会很生硬，不自然，这时可以使用颜色替换工具，用前景色替换此图像的颜色。

5.4.1　实战：用颜色替换工具给玻璃球替换颜色（*视频）

01 打开文件"第5章素材4"（见图5-95）。设置前景色为R=59，G=255，B=39。

02 用"椭圆选框工具"绘制选区，将球选中（见图5-96）。

图5-95

图5-96

03 按住画笔工具在弹出的列表中选择"颜色替换工具"，在工具选项栏设置笔尖"大小"为150，"硬度"为100%；"取样"为"连续"；"限制"为"连续"；"容差"为32%（见图5-97）。在选区内涂抹。

图5-97

涂抹过程中注意细节部分，要用笔尖的中心十字一点点儿细心涂抹。

04 涂抹完成，按下快捷键Ctrl+D取消选区，得到效果（见图5-98）。

图5-98

5.4.2　颜色替换工具选项栏

如图5-99所示为颜色替换工具选项栏。

图5-99

（1）模式：设置替换颜色的"色相""饱和度""颜色"以及"明度"。默认设置为"颜色"。

（2）取样：设置取样的方式。选择"取样：连续" ，可以在绘制过程中连续取样。

选择"取样：一次" ，将只替换第一次单击时所在区域的颜色，如果想替换其他颜色，需要再次单击"取样"。

选择"取样：背景色板" ，将只替换包含背景色的区域，其他颜色不替换。

（3）限制：选择"不连续"，凡是光标指针环内的取样颜色都会替换。

选择"连续"，只替换光标指针环内连续的取样颜色，不连续的不替换。

选择"查找边缘"，与"连续"类似，但保留形状边缘的锐化程度。

（4）容差：容差值越大，可替换的颜色范围越广。

（5）消除锯齿：选中后可以得到更平滑的边缘。

5.5 ▶ 混合器画笔工具

混合器画笔工具是一个较为专业的绘画工具，可以绘制出逼真的水墨画、油画效果，通过Photoshop属性栏的设置可以调节笔触的颜色、潮湿度、混合颜色等，这些就如同我们在绘制水彩或油画的时候，随意地调节颜料颜色、浓度、颜色混合等；能画出真实绘画的效果。如图5-100所示为混合器画笔工具选项栏。

图5-100

（1）前面的"画笔预设管理器"与"切换画笔面板"按钮，可以选择调整画笔形状以及画笔大小。

（2）当前画笔载入：如图5-101所示有三个选项，可以帮助我们找到想要与图中颜色混合的颜色。

选择"载入画笔"，按下Alt键单击，可将光标环下的图像的颜色当作画笔载入。

选择"清理画笔"，可清理颜色载入板。

选择"只载入纯色"，则是选取纯色进行混合绘制。

（3）"每次描边后载入画笔" 与"每次描边后清理画笔" ，控制了每一笔涂抹结束后对画笔是否更新和清理。类似于画家在绘画时一笔过后是否将画笔在水中清洗的选项。

（4）"自定"后面的下拉列表（见图5-102），预设了不同的涂抹效果。如图5-103所示为选择"湿润，浅混合"的效果，如图5-104所示为选择"非常潮湿，浅混合"的效果。

图5-101　　　　图5-102

图5-103　　　　图5-104

（5）潮湿：可设置从画布拾取的油彩量。就像是给颜料加水，设置的值越大，画在画布上的色彩越淡。如图5-105所示左边蓝方块为潮湿值10%的绘制效果，右边蓝方块为潮湿值100%的绘制效果。

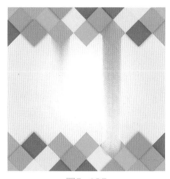

图5-105

（6）载入：设置画笔上的油彩量。

（7）混合：用于设置画布油彩量与储槽油彩量的比例。比例为0%时，所有油彩来自储槽；比例为100%时，所有油彩来自画布。当潮湿值为0时，该选项不能用。

（8）流量：设置描边的流动速率。

（9）喷枪：当画笔在一个固定的位置一直描绘时，画笔会像喷枪那样一直喷出颜色。如果不启用这个模式，则画笔只描绘一下就停止流出颜色。

（10）对所有图层取样：如果选中此项，在设置取样时，无论本文件有多少图层，将它们作为一个单独的合并的图层看待，拾取所有可见图层的颜色。

5.6 ▶ 历史记录画笔与历史记录艺术画笔

历史记录画笔与历史记录艺术画笔都属于恢复工具。历史记录画笔配合"历史记录"面板使用，可以将图像或者图像局部恢复到之前的状态。历史记录艺术画笔在恢复之前状态的同时，可以得到不同的风格。

实战：历史记录画笔与历史记录艺术画笔的使用（*视频）

01 打开文件"第5章素材6"，选择"窗口"菜单→"历史记录"选项，打开"历史记录"面板（见图5-106）。

02 选择"图像"菜单→"调整"→"去色"选项，使图像变成黑白照片（见图

5-107）。"历史记录画笔的源"放在图像初始的位置。

图5-106

图5-107

03 单击"历史记录画笔" ，选择合适的画笔大小，只涂抹人物（见图5-108）。最终效果只有喇嘛是原本的红色，其他区域内容均为黑白。

图5-108

04 单击"历史记录艺术画笔" ，设置画笔"大小"为10px，"不透明度"为5%，"画笔样式"为"轻涂"。将"历史记录画笔的源"设在"去色"阶段上（见图5-109）。

图5-109

05 在图像中山峰与草地上轻涂（见图5-110），山峰与草地在去色的基础上做艺术绘画处理。

图5-110

5.7 ▶ 橡皮擦工具

橡皮擦 ，顾名思义，就是利用它可以随意擦除图像中不需要的部分，使擦除后的区域变得透明。

（1）模式：橡皮擦可以选择使用画笔模式、铅笔模式或者块模式进行擦除（见图5-111）。其中，画笔模式的边缘可以是柔和并带有羽化效果的。

图5-111

（2）不透明度：可以将图像擦除为半透明状态，默认为100%完全擦除。

（3）流量：可以控制擦除的速率。

（4）抹到历史记录：选中此选项，与历史记录画笔的功能基本相同。

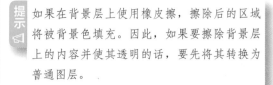

提示 如果在背景层上使用橡皮擦，擦除后的区域将被背景色填充。因此，如果要擦除背景层上的内容并使其透明的话，要先将其转换为普通图层。

5.8 ▸ 背景橡皮擦

用鼠标按住橡皮擦工具，在弹出的列表中出现背景橡皮擦工具 ![icon]。背景橡皮擦的光标中间有一个十字叉，擦物体边缘的时候，即便画笔覆盖了物体及背景，但只要十字叉是在背景的颜色上，则只有背景会被擦掉，物体不会。

背景橡皮擦有点儿类似颜色替换工具，也有"取样"与"限制"选项（见图5-112）。

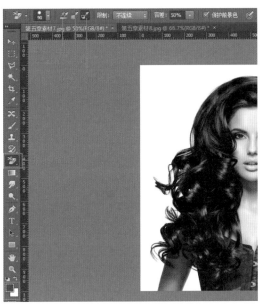

图5-112

（1）取样：取样有三种选项，第一种"连续"，与普通橡皮擦用法基本相同，只是可以"保护前景色"。第二种"一次"就是只能擦掉与第一次单击点类似的颜色。第三种"背景色板"即只擦除包含背景色的图像。

（2）限制：有三种选项，第一种"不连续"，擦除光标环内出现的样本颜色。第二种"连续"只擦除光标环内互相连接区域的样本颜色，不连接的不擦除。第三种"查找边缘"等同"连续"选项，但是能更清晰地保留图像边缘。

（3）保护前景色：选中上时，把不想删除的颜色设为前景色，与前景色相近的颜色将被保护，不被擦除。

实战：用背景橡皮擦抠选美女的长发（*视频）

01 打开文件"第5章素材7"，单击"背景橡皮擦"工具。

用吸管拾取美女的头发，设置前景色为头发颜色；按下Alt键用吸管拾取白色背景，设置为背景色（见图5-112）。

02 设置"取样"为背景色板，"限制"为"不连续"，"容差"为50%，选中"保护前景色"，前景的头发颜色将不会被擦除。

在需要擦除的地方用橡皮擦开始擦除背景（见图5-113）。

图5-113

03 将擦除好的图像拖入"第5章素材8"，并改变大小（见图5-114）。

图5-114

5.9 ▸ 魔术橡皮擦

魔术橡皮擦在作用上与背景橡皮擦类似，区别在于背景橡皮擦需要采用类似画笔的绘制涂抹操作方式，而魔术橡皮擦针对一片区域一次单击即可。

魔术橡皮擦与魔棒工具原理相似，其作用过程可以理解为三个步骤的总和：第一步魔棒创建选区，第二步删除选区内容，第三步取消选区。

魔术橡皮擦工具选项栏与魔棒工具有很多相似之处（见图5-115）。

图5-115

实战：用魔术橡皮擦抠选水果（*视频）

01 打开文件"第5章素材9"，单击"魔术橡皮擦"工具 📷 。

在工具选项栏上设置"容差"为32，选中"连续"与"消除锯齿"选项（见图5-116）

图5-116

02 在水果的背景上多次单击，擦除背景（见图5-117）。

图5-117

03 将处理好的图像拖放至"第5章素材10"上（见图5-118）。

图5-118

5.10 ▶ 渐变工具

应用渐变工具，可以实现多种颜色之间的混合过渡，或者同一种颜色不同透明度之间的过渡。渐变应用广泛，可以填充图像、选区、蒙版及通道。

5.10.1 渐变工具选项栏

单击工具箱里的"渐变工具" ▭ ，上方出现渐变工具选项栏（见图5-119）。在第一项中可以看到当前的渐变色。

图5-119

（1）渐变的类型：Photoshop可以创建5种类型的渐变，即线性渐变、径向渐变、角度渐变、对称渐变和菱形渐变。各种渐变效果如图5-120所示。

线性渐变　　径向渐变　　角度渐变　　对称渐变　　菱形渐变

图5-120

（2）模式：渐变的效果与原有图像的混合模式。

（3）不透明度：可降低渐变的不透明度值使渐变半透明显示。

（4）反向：翻转渐变中颜色的顺序，使渐变颜色反向显示。

（5）仿色：使颜色过渡更平滑，防止打印时出现条带化现象。

（6）透明区域：选中此项可创建透明效果的

渐变。

5.10.2 实战：利用渐变工具制作彩色背景（*视频）

01 按下Ctrl+N快捷键，新建文件，"尺寸"为500px×500px（见图5-121）。

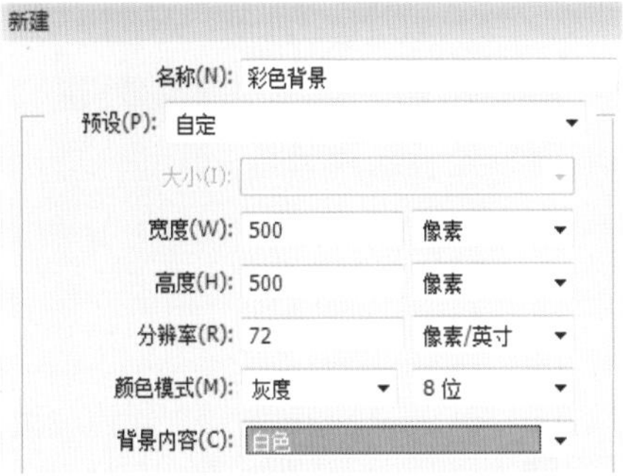

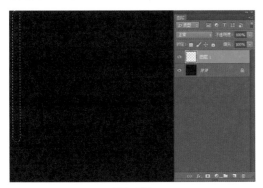

图5-121

02 按下快捷键Alt+Delete，将背景填充为黑色。按下快捷键Shift+Ctrl+N新建图层1。单击矩形选框工具，羽化值设为5，绘制矩形选框（见图5-122）。

图5-122

03 单击"渐变"工具，双击工具选项栏上的"渐变条"，打开渐变编辑器（见图5-123）。

双击第一个色标，在打开的拾色器中设置为白色。单击渐变编辑条下方，添加一个色标，也设置为白色。拖曳多余的色标向下，删除多余色标。单击渐变编辑条上方的不透明度色标，设置右边的"不透明度"为0%。

在工具选项栏上选择渐变类型为"线性渐变"，按下Shift键从上向下拖曳。

图5-123

04 按下快捷键Ctrl+D取消选区。单击"移动工具"，按住Alt键，用鼠标拖曳白色渐变条复制多次（见图5-124）。

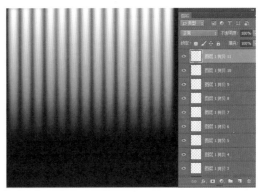

图5-124

05 在"图层"面板单击最上方的图层，然后按住Shift键单击背景层上方的图层1，选中除背景层之外的所有图层；在选中的图层上右击，在弹出的快捷菜单中选择"合并图层"。

06 按下快捷键Shift+Ctrl+N新建图层（见图5-125）。

07 单击"渐变工具"，双击渐变条，打开"渐变编辑器"，设置红、黄、蓝三种颜色的渐变，"不透明度"都是100%（见图5-126）。

图5-125　　　　　图5-126

08 在渐变工具选项栏中选择"对称渐变"，从图像中间开始向右拖曳，效果如下（见图5-127）。

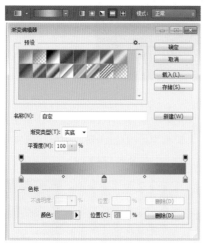

图5-127

09 在"图层"面板中设置混合方式为"叠加"（见图5-128）。

10 最终效果如下（见图5-129）。

图5-128

图5-129

5.10.3　渐变编辑器

选择"渐变工具"，在上方的工具选项栏中双击渐变框，即可打开渐变编辑器（见图5-130）。

（1）色标：可以设置渐变的颜色。单击渐变编辑条下方，即可增加一个色标。向下拖曳色标则被删除。

（2）杂色：包含指定范围内的随机颜色（见图5-131）。

图5-130

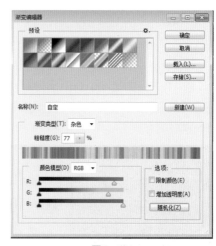

图5-131

"粗糙度"值越高颜色越丰富，但色彩过渡越粗糙。

"颜色模型"可设置某一种颜色模式，如RGB、HSB、Lab。

"限制颜色"指将颜色限制在可以打印的范围内。

"随机化"指每单击一次会重新形成一种随机的渐变颜色。

（1）新建：当设置了一种新的渐变色，例如从紫到黄，可以给这个渐变命名，并单击"新建"按钮，这个渐变就会保存在渐变列表中（见图5-132）。

（2）存储：可以将当前渐变列表中所有的渐变保存为一个渐变库。

图5-132

（3）载入：从网上下载的渐变库可以通过"载入"按钮，载入使用。

单击渐变编辑器中的"设置"按钮，可以载入更多渐变，也可以调整预览方式，以及复位初始的渐变（见图5-133）。

图5-133

5.11▸填充图像

Photoshop可以对整个图像进行填充，也可以对选区进行填充。填充内容可以是纯色，也可以是渐变色或者图案。

填充可以用油漆桶，也可以用"填充"命令。

5.11.1　实战：用油漆桶填充（*视频）

油漆桶工具可以填充选区，如果没有选区，则直接填充与单击处颜色相近的区域。

01 打开文件"第5章素材11"（见图5-134），单击"渐变工具"按钮，在弹出的列表中选择"油漆桶"工具 。窗口上方出现油漆桶工具选项栏（见图5-135）。

图5-134

图5-135

02 在"颜色"面板中设置前景色为粉色，在卡通人物面部与四肢填充前景色（见图5-136）。

图5-136

03 在"颜色"面板中设置前景色为黄色，在蝴蝶结处填充；再将前景色设置为玫红色，在蝴蝶结与鼻子处填充（见图5-137）。

图5-137

04 在工具选项栏中将"填充内容"设置为"图案"（见图5-138）。

图5-138

05 单击图案右边的小三角，打开图案列表框。单击列表框右上角的小三角，在弹出菜单中选择"图案"，将图案"追加"进来。选择"蜂窝"图案在卡通人物衣服上填充（见图5-139）。

图5-139

06 选择"拼贴-平滑"图案，"不透明度"设为50%，在图像背景处填充（见图5-140）。

图5-140

> **提示**
> 快捷键Alt+Delete用于填充前景色；快捷键Ctrl+Delete用于填充背景色。

5.11.2 实战：用"填充"命令修饰图像（*视频）

"填充"命令可以填充颜色、图案，还可以识别内容，自动填充与周围像素相似的内容。

01 打开文件"第5章素材12"，为左上角的文字内容创建矩形选区（见图5-141）。

图5-141

02 选择"编辑"菜单→"填充"选项，弹出"填充"对话框，在"使用"后面选择"内容识别"（见图5-142）。单击"确定"按钮，矩形选区的内容将被自动识别填充，与周围像素融为一体（见图5-143）。按Ctrl+D快捷键取消选区。

图5-142

图5-143

03 使用魔棒工具给小熊的围巾创建选区，选择"编辑"菜单→"填充"选项，弹出

"填充"对话框,在"使用"后面选择"颜色…"(见图5-144),在打开的拾色器中选择玫红色。在混合模式后面选择"叠加"(见图5-145)。单击"确定"按钮,颜色将以叠加的方式填充到选区中(见图5-146)。

图5-144

图5-145

图5-146

> **提示** 当图像中包含透明区域时,选中"填充"对话框中的"保留透明区域"选项,将只对有像素的区域进行填充,而不影响透明区域。

5.11.3 实战:自定义图案作背景(*视频)

Photoshop提供了自定义图案功能,可以将自定义的图案作为一个填充单位,进行重复填充,

制作成为背景。

01 打开文件"第5章素材13"(见图5-147),下面要做的操作,就是给黄色渐变图层的上方,添加斜纹,丰富整个海报的层次感。

图5-147

02 新建文件,"尺寸"为5像素×5像素,"背景"为"透明"。按下快捷键Ctrl+0放大显示。按下D键恢复默认前景色为黑色,选择铅笔工具,"大小"为1像素,绘制斜线(见图5-148)。

03 选择"编辑"菜单→"定义图案"选项,在弹出的对话框中为图案命名"斜线"(见图5-149)。

图5-148　　　　　　图5-149

04 打开"第5章素材13"文档,单击"黄色渐变"图层,按下快捷键Shift+Ctrl+N新建图层1(见图5-150)。

图5-150

05 选择"编辑"菜单→"填充"选项,在弹出的"填充"对话框中选择"图案",在图案列表中选择刚刚定义的"斜线"(见图5-151),"不透明度"设为40%,单击"确定"按钮。得到填充后的效果如图5-152所示。

图5-151

图5-152

5.12▸修复图像

Photoshop提供了多个用于处理图像的修复工具，包括"污点修复画笔工具""修复画笔工具""修补工具""内容感知移动工具"和"红眼工具"，使用这些工具，可以快速修复图像中的污点和瑕疵。

5.12.1 实战：用污点修复画笔工具修复面部瑕疵（*视频）

污点修复画笔工具可以快速去除图像中的污点、划痕以及其他不理想的部分，所修复的区域自动与周围像素相匹配。

01 打开文件"第5章素材14"（见图5-153），单击"污点修复画笔工具" 。

02 在工具选项栏设置污点修复画笔"大小"为12px，"硬度"为100%，"类型"选择"内容识别"（见图5-154），在人物面部黑点上单击，人物面部黑点被去除。

03 在工具选项栏设置污点修复画笔"硬度"为50%，"类型"为"近似匹配"，按快捷键Ctrl++放大图像，在人物眼袋上涂抹（见图

5-155）。最终效果如下（见图5-156）。

图5-153

图5-154

图5-155

图5-156

污点修复画笔工具选项栏还包括以下选项。

（1）模式：指修复效果与下面图像的混合模式。

（2）类型：类型下面有三个选项。其中，近似匹配是基于笔触外缘的像素生成目标像素；创建纹理是基于笔触范围内部的像素生成一种纹理效果。内容识别是比较附近的图像内容并不留痕迹地填充像素。

（3）对所有图层取样：选中此项时，如果当

前的文档包含多个图层，则对所有的图层都取样。

5.12.2　实战：利用修复画笔工具给模特美容（*视频）

修复画笔工具可以利用图像中的样本像素去修复有瑕疵的部分，并且将取样点的像素融入到目标图像中，并且不会改变原图像的形状、光照、纹理等属性。

操作前，先按下Alt键，在图像中需要复制的区域单击，定义一个复制的起点，也就是"取样"；然后，在希望修复的区域单击，即可把取样点的内容复制到希望修复的区域。

01 打开文件"第5章素材15"（见图5-157）。

图5-157

02 单击"污点修复画笔工具"，在弹出的列表中选择"修复画笔工具"，在工具选项栏设置画笔"大小"为40，"硬度"为0%，更有利于边缘的融合（见图5-158）。笔尖大小根据需要随时按"["与"]"键调整。

图5-158

03 按下快捷键Ctrl+J复制图层。在嘴角无雀斑处，按Alt键取样，在有雀斑处单击，将有雀斑的地方修复。一次取样可多次修复。

04 采用相同的方法，在不同部分皮肤相近处多次取样，多次单击修复雀斑。注意修复过程中，不同部位不同明暗和色彩的部分，一定要多次取样，取近似的样本。

完全去除雀斑后效果如下（见图5-159）。

图5-159

05 按下快捷键Ctrl+M，打开"曲线"对话框，将曲线向上拖曳（见图5-160），将图像调亮（见图5-161）。

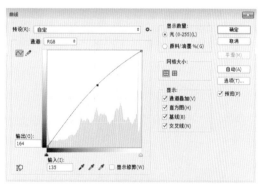

图5-160

图5-161

修复画笔工具选项栏还包括如下选项。

（1）源：设置用于修复的像素的来源。如果选择"取样"，则用在图像中取的样本来修复瑕疵部分。如果选择"图案"，则在图案下拉列表中选择图案进行修复绘制。

（2）对齐：选中此项，则在修复过程中，即使多次单击，仍以取样点为中心原样复制所有像素，与原图像一致。

如果取消选中"对齐"选项，则每一次单击修复都会重新从取样点开始。

> **提示**
> 在处理照片时，为防止操作失误，会先按快捷键Ctrl+J复制一层，在复制的图层上进行操作。

5.12.3　实战：利用修补工具添加去除内容（*视频）

修补工具可以用其他区域的内容修复选中的区域，并自动与被修复的内容相匹配。

01 打开文件"第5章素材16"（见图5-162）。按下快捷键Ctrl+J，复制背景层为图层1。

图5-162

02 选择"修补工具" 🔲，在工具选项栏将"修补"设置为"正常""源"（见图5-163）。在画面中围绕人物拖曳鼠标创建选区，将人物选中（见图5-164）。

> **提示**
> 也可以使用魔棒、套索、选框等工具创建选区，再使用修补工具修补图像。

03 将光标放在选区内，向右边干净的天空方向拖曳，一次不能完成修补可以多次拖曳（见图5-165）。按下快捷键Ctrl+D取消选择。

图5-163

图5-164

图5-165

04 用同样的方法将左边的人物去除（见图5-166）。

图5-166

05 用修补工具为热气球做选区（见图5-167）。

图5-167

06 在工具选项栏将 "修补"设置为"正常""目标"（见图5-168）。

图5-168

07 将光标放在热气球上，向左边的天空多次拖曳（见图5-169）。

图5-169

修补工具选项栏的各选项如下（见图5-170）。

图5-170

（1）选区的运算方式：新选区、添加到选区、从选区减去、与选区交叉。

（2）修补：包含三个选项。"源"指用当前光标下的图像修补选中的图像。"目标"指选中的图像复制到目标区域。"透明"修补的图像与原图像产生透明的叠加效果。

（3）使用图案：使用下拉列表中的图案修补选区内的图像。

5.12.4 实战：使用内容感知移动工具移动人物（*视频）

"内容感知移动工具" ⚒ 是一款出色的图像修复工具，可以将图像中的对象移动到图像的其他位置，移动过来的对象与周围的像素自动融合。而对象原来的位置自动填充相匹配的内容，产生出色的视觉效果。

01 打开文件 "第 5 章素材 1 7"（见图5-171），按下Ctrl+J快捷键复制背景层产生图层1。

图5-171

02 选择"内容感知移动工具"，出现工具选项栏，设置"模式"为"移动"，"结构"为3，"颜色"为0（见图5-172）。

图5-172

03 给人物创建选区（见图5-173）。

图5-173

04 光标放在人物上，向左拖曳鼠标到中间位置（见图5-174），人物被移动到左边的位置。

05 将工具选项栏上的模式改为"扩展"，向右拖曳鼠标，会复制一个人物出来（见图5-175）。

06 如果边缘有些不自然，可以放大图像，使用修复画笔工具稍微修复一下（见图5-176）。

图5-174

图5-175

图5-176

内容感知移动工具选项栏的各选项如下（见图5-172）。

（1）模式：包含两个选项。"移动"指将对象移动到新位置。"扩展"指将选区的内容复制到新位置。

（2）结构：数值从1～7，选择的数值越小，对象边缘与背景融合得越自然。

（3）颜色：数值从0～10，选择的数值越大，选取对象的颜色与背景的颜色融合得越自然。如果不希望对象颜色有变化，则设置为0。

5.12.5　实战：红眼工具（*视频）

在弱光环境中拍摄人物或动物照片时，容易出现红眼现象。"红眼"工具专门用于去除照片中的红眼，操作时只需单击红眼区域，或者拖曳鼠标框选红眼区域，即可去除红眼。

01 打开文件"第5章素材18"（见图5-177）。

图5-177

02 选择"红眼工具"，在选项栏中设置"瞳孔大小"为50%，"变暗量"为50%（见图5-178）。

图5-178

03 按下快捷键Ctrl+J复制背景图层。使用红眼工具，在图像中两只红眼处分别单击，效果如下（见图5-179）。

图5-179

去除红眼工具选项栏各选项如下。

（1）瞳孔大小：设置瞳孔（即眼睛暗色的部分）的大小。

（2）变暗量：设置瞳孔的颜色深浅。

5.13 ▶ 仿制图章工具

"仿制图章工具" ▥ 可以将图像中的像素复制到其他图像或同一图像的其他地方，也可以在同一图像的不同图层间进行复制，对于修复或覆盖图像中的缺陷十分好用。

实战：使用仿制图章工具去除杂物（*视频）

仿制图章的操作方法同修复画笔工具类似，先按住Alt键在图像上单击取样，得到仿制源，然后使用该工具在目标位置绘制。对取样得到的仿制源，可以在"仿制源"面板上进行设置。

01 打开文件"第5章素材19"（见图5-180）。

图5-180

02 选择"仿制图章工具"，在工具选项栏设置画笔"大小"为190px，"硬度"为0%（见图5-181），在人物与水果之间按下Alt键单击取样（见图5-182）。

图5-181

03 将光标向左移动放在人物上面涂抹，将人物覆盖。注意涂抹的位置与图像中的原图像吻合。如果一次不能完成可再涂抹一次（见图5-183）。

图5-182

图5-183

04 在工具选项栏设置"仿制图章工具"的画笔"大小"为30px，"硬度"为50%，在水果篮上按下Alt键取样（见图5-184）。

图5-184

05 将光标移动到左边的草地上涂抹（见图5-185）。

图5-185

06 选择"矩形选框工具"给左下角的文字创建选区（见图5-186）。

图5-186

07 选择"编辑"菜单→"填充"选项，在弹出的对话框中选择"内容识别"（见图5-187）。最终结果如图5-188所示。

图5-187

图5-188

仿制图章工具选项栏各选项如下（见图5-189）。

图5-189

（1）对齐：选中此项，会对图像进行连续取样，在仿制过程中，取样点随仿制位置的移动而变化，保持与原图像始终一致。

取消选中，在仿制过程中始终以一个取样点为起始点，每一次涂抹都从重新取样点开始。

（2）样本：样本包含三个选项，分别是"当前图层""当前和下方图层""所有图层"，用来指定取样的源在哪个图层。如果包含多个图层，可以对所有图层取样。

5.14 ▸ "仿制源"面板

无论是"仿制图章工具"还是"修复画笔工具"，都可以通过"仿制源"面板来设置。

实战：利用"仿制源"面板处理图像（*视频）

01 选择"窗口"菜单→"仿制源"选项，打开"仿制源"面板（见图5-190）。

图5-190

02 打开文件"第5章素材20（见图5-191）"，打开"仿制源"面板。

图5-191

03 选择仿制图章，在工具选项栏设置画笔"大小"为100px，"硬度"为20%，按下Alt键在树根处单击取样。

04 在"仿制源"面板设置"保持长宽比"，"缩放比例"为70%（见图5-192）。

图5-192

图5-195

05 在图像左侧空白处涂抹（见图5-193）。

图5-193

图5-196

> **提示** 在左侧涂抹时，右边的原图像上会出现一个"十字光标"随着左侧的涂抹在相应的位置移动，提示涂抹的精确位置。

"仿制源"面板中各选项如下（见图5-197）。

图5-197

06 在"仿制源"面板单击第二个"仿制源"（见图5-194），按下Alt键在小鸟上单击取样，在"仿制源"面板设置旋转角度"90"。

图5-194

07 在图像左上方涂抹（见图5-195）。

08 在"仿制源"面板设置旋转角度"180"度，在图像中涂抹（见图5-196）。

（1）仿制源：可以设置5个取样点并存储，直至关闭文档。

（2）位移：可以精确设定相对于取样点位置的X和Y位移像素值。

（3）缩放：设置宽度与高度的缩放比例，也可以约束宽高比缩放。

（4）旋转：设置仿制源的旋转角度。

（5）翻转：设置仿制源的水平或垂直翻转。

（6）重置转换：可以将取样源复位初始值。

（7）帧位移/锁定帧：修饰视频或动画中的对象时，使用与初始取样的帧相关的特定帧进行绘制。

（8）显示叠加：在"仿制源"面板底部可以设置仿制源与下面图像的叠加方式（见图5-198），如果选中"显示叠加"选项，可更好地查看叠加效果。

图5-198

图5-202

5.15 ▶ 图案图章工具

"图案图章工具" 🖼️ 可以利用Photoshop提供的图案或者自定义图案进行绘画。

实战：使用图案图章工具绘制皮包（*视频）

01 打开文件"第5章素材21"（见图5-199）。

02 使用魔棒工具选择所有白色区域，按下快捷键Shift+Ctrl+I反选，得到皮包的选区（见图5-200）。

图5-199

图5-200

03 选择"图案图章工具"，在工具选项栏设置笔尖"大小"为500px，"模式"为"叠加"，"不透明度"为61%，图案为"编织（宽）"，选中"对齐"（见图5-201）。

图5-201

04 在皮包的选区内绘制，结果如下（见图5-202）。

5.16 ▶ 模糊工具、锐化工具与涂抹工具

"模糊工具" 💧 可以通过降低图像相邻像素之间的反差，使图像的边界变得柔和，常用来修复图像中的杂点或折痕。

"锐化工具" 🔺 与"模糊工具"相反，它通过增大图像相邻像素之间的反差来锐化图像，从而使图像看起来更为清晰。

5.16.1 实战：用模糊工具与锐化工具突出照片主题（*视频）

01 打开文件"第5章素材22"（见图5-203）。

图5-203

02 选择锐化工具，在人物头发及五官上涂抹，让人物更清晰。

03 选择模糊工具，在工具选项栏设置模式为"变暗"，在四周的环境上涂抹，使周围环境模糊变暗，使人物主题突出。效果如下（见图5-204）。

图5-204

模糊工具与锐化工具选项栏相似，有如下选项。

（1）模式：设置该工具与下面图像的混合模式。

（2）强度：设置工具产生效果的力度，值越大效果越明显。

5.16.2 实战：使用涂抹工具制作烟雾（*视频）

"涂抹工具" 🔲 通过混合图像的颜色，模拟手指搅拌涂抹颜料的效果。

01 打开文件"第5章素材23"（见图5-205）。按下快捷键Shift+Ctrl+N，新建图层1。

02 选择画笔工具，设置"前景色"为白色，画笔"大小"为50px，"硬度"为0%，在杯子里绘制（见图5-206）。

图5-205　　　　　图5-206

03 选择"涂抹工具"，设置笔尖"大小"为70px，"硬度"为0%，"模式"为"正常"，"强度"为50%。在白色上涂抹，涂抹时注意弯曲（见图5-207）。

04 将图层1的"不透明度"设置为10%（见图5-208）。

图5-207

图5-208

5.17 ▶ 减淡工具、加深工具与海绵工具

"减淡工具" 🔍 与 "加深工具" 🖐 都是色调调整工具，它们分别通过增加和减少图像的曝光度使图像变亮或变暗。

"海绵工具" 🧽 的作用是改变图像局部的色彩饱和度，可以选择减少饱和度（去色）或增加饱和度（加色）。

实战：使用减淡工具、加深工具与海绵工具美化图像（*视频）

01 打开文件"第5章素材24"（见图5-209）。

图5-209

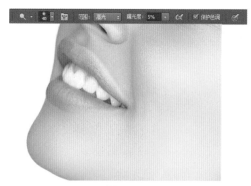

图5-211

02 选择"减淡工具",在工具选项栏设置笔尖"大小"为400px,"硬度"为0%,"范围"为"中间调","曝光度"为20%,选中"保护色调"。在人物皮肤上涂抹,不理想的地方可多次涂抹,使皮肤白皙(见图5-210)。

04 选择"加深工具",在工具选项栏设置笔尖"大小"为40px,"硬度"为0%,"范围"为"阴影","曝光度"为10%,在人物眉毛和睫毛上涂抹(见图5-212),使之颜色加深。

图5-212

图5-210

03 设置笔尖"大小"为40px,"范围"为"高光","曝光度"为5%,选中"保护色调"。按下快捷键Ctrl++放大显示图像,在人物牙齿上涂抹,使牙齿增白(见图5-211)。

05 设置笔尖"大小"为400px,"曝光度"为50%,按下快捷键Ctrl+0适合屏幕显示图像,在人物头发上涂抹,加深头发颜色(见图5-213)。

06 按下快捷键Ctrl++放大显示图像,选择海绵工具,在工具选项栏设置笔尖"大小"为40px,"硬度"为0%,"模式"为"加色","流量"为20%,在人物嘴唇上涂抹,使嘴唇红润(见图5-214)。

美化之前与美化之后的对比如下(见图5-215)。

图5-213

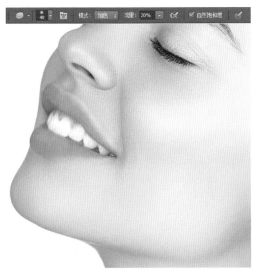

图5-214

图5-215

减淡工具与加深工具的选项栏是相同的（见图5-216）。

图5-216

（1）范围：选择要修改的色调。选择"阴影"可以处理图像中较暗的色调；选择"中间调"可以处理图像中灰色的中间范围色调；选择"高光"可以处理图像中亮部色调。

（2）曝光度：可以设置处理强度，该值越大效果越明显。

（3）保护色调：可以减少对色调的影响。

海绵工具的选项栏有如下选项（见图5-217）。

图5-217

模式：选择"加色"模式可以增加色彩的饱和度；选择"去色"可以减少色彩的饱和度。下图为原图、加色与去色的效果。

海绵工具的"流量"选项，可以设置效果强度，流量值越大效果越明显。

5.18 ▶ 综合案例：应用自定义画笔制作碎片纷飞效果

01 打开文件"第5章素材26"（见图5-218）。

02 选择"文件"菜单→"新建"选项，在弹出的对话框中设置文件"大小"为10像素×10像素，"分辨率"为"72像素/英寸"，"背景内容"为"透明"（见图5-219）。

03 按下Ctrl+0快捷键放大显示图像，使用"矩形选框工具"绘制矩形选区，按D键恢复默认前景/背景色，按下Alt+Delete快捷键填充黑色（见图5-220）。

图5-218

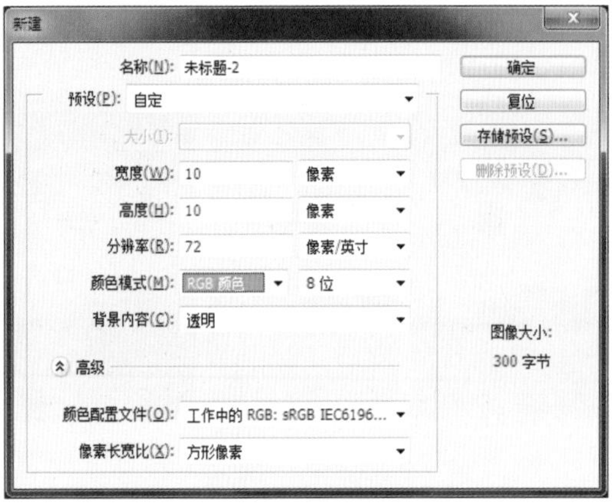

图5-221

图5-222

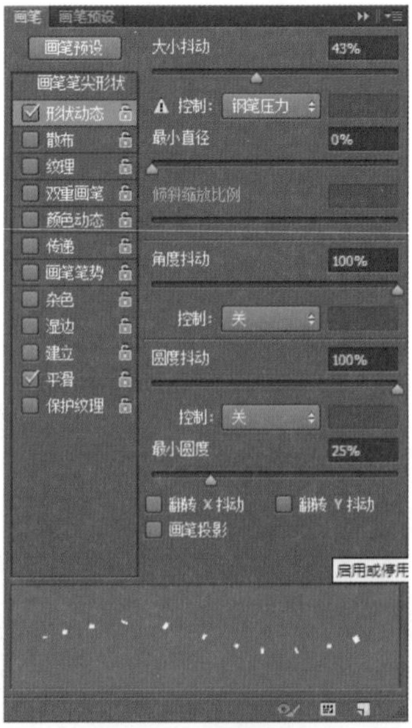

图5-219

图5-220

04 选择"编辑"菜单→"定义画笔预设"选项，弹出对话框（见图5-221），为此画笔命名为"碎片"并单击"确定"按钮。

05 单击画笔面板工具，在面板中设置笔尖"形状"为"碎片"，"大小"为6像素，"间距"为547%（见图5-222）。

06 在"画笔"面板中设置大小抖动、角度抖动、圆度抖动、最小圆度（见图5-223）。

图5-223

07 继续在"画笔"面板中设置散布、数量、数量抖动（见图5-224）。

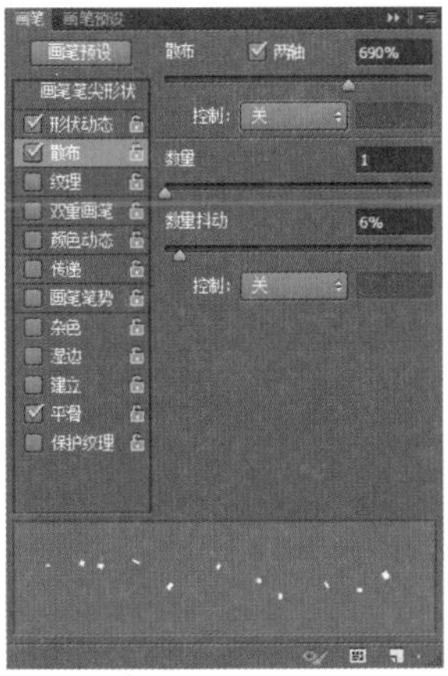

图5-224

09 使用吸管工具吸取蓝色气球的颜色，使用
画笔工具绘制。逐个使用紫色、绿色、橙
色、黄色绘制（见图5-226）。

图5-226

08 回到"第5章素材26"，使用"吸管工
具"吸取红色气球的颜色，使用画笔工具
在红气球右侧绘制（见图5-225）。注意离气球近
的地方多绘制几遍。

10 分别吸取皮肤、帽子、裙子的颜色进行绘
制（见图5-227）。

图5-225

图5-227

图层是Photoshop中最重要的组成部分，是Photoshop最重要的功能之一。图层的引入为图像的编辑带来了极大的便利。

6.1 ▶ 认识图层

6.1.1 图层的概念

图层可以看作一张张透明的纸，每一张纸上都有不同的内容，没有内容的区域是透明的，透过透明区域可以看到下面的图层（见图6-1）。

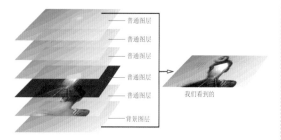

图6-1

图像中的各个图层都是自下而上叠加的，最上层的图像会遮住下层同一位置的图像。

可以更改图层的不透明度使此图层内容变成半透明，也可以给图层添加特殊效果，如投影或发光等。各个图层的内容可以单独处理，而不会影响其他图层中的内容。

6.1.2 图层的类型

Photoshop中的图层有多种类型，如普通图层、背景图层、调整图层、蒙版图层、文字图层、填充图层、中性色图层、3D图层等。不同类型的图层有不同的作用，操作方法也不同，最常用的有背景图层与普通图层。

1. 背景图层

位于各图层的最下方，是不透明图层。与普通图层不同的是，背景图层不能移动位置与改变叠放顺序，也不能更改不透明度和混合模式，如果需要进行以上操作，可按下Alt键双击背景图层，将背景图层转换为普通图层（见图6-2）。

图6-2

2. 普通图层

在隐藏背景图层的情况下，新建的图层显示为灰白方格，表示为透明区域。工具箱中的工具和菜单中的命令绝大多数可以在普通图层上使用（见图6-3）。

图6-3

6.1.3 "图层"面板

使用"图层"面板，可以创建图层、编辑图层和管理图层，以及为图层添加样式（见图6-4）。

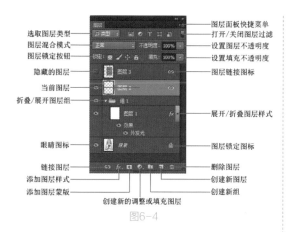

图6-4

（1）选取图层类型：当文档中存在多个图层时，可过滤显示指定属性的图层（见图6-5）。

图6-5

例如，选择"类型"，则可以指定只显示某种类型的图层。

单击T按钮（文字图层滤镜），面板中将只显示文字图层，其他图层隐藏。5个按钮分别是：像素图层滤镜、调整图层滤镜、文字图层滤镜、形状图层滤镜、智能对象滤镜。

还可以指定"名称""效果""模式""属性""颜色""选定"过滤显示图层。

（2）打开/关闭过滤图层：设置启用或者停用图层过滤功能。

（3）图层混合模式：上一图层与下一图层之间有多种混合模式，可以在这里设定。

（4）锁定：用于保护图层中全部或部分图像内容。4个锁定按钮分别是：锁定透明像素、锁定图像像素、锁定位置和锁定全部。

（5）眼睛图标：指示图层的可见性。

（6）当前图层：对某一图层进行编辑时，必须先选中该图层，使其灰蓝色显示，成为"当前图层"。

（7）链接图层：当文档中的多个图层需要一起移动或缩放编辑时，可以将其链接。

6.1.4　调整图层缩览图的大小

（1）单击"图层"面板右上角的小三角按钮，在弹出的"图层"面板快捷菜单中选择"面板选项"，弹出"图层面板选项"对话框（见图6-6），在其中可以选择缩览图的大小。

图6-6

（2）在图层缩览图上右击，在弹出的快捷菜单中也可以选择缩览图的大小（见图6-7）。

图6-7

6.2 ▶ 创建图层

Photoshop是一个功能强大，操作方便的软件。创建图层、复制图层、删除图层等操作有多种方法，下面以创建图层为例。

6.2.1 用"图层"面板创建图层

单击"图层"面板底部的"创建新图层"按钮，即可直接新建一个图层。

如果按住Alt键的同时单击"创建新图层"按钮，会弹出"新建图层"对话框，可以设置图层名称、颜色、模式及不透明度（见图6-8）。

图6-8

在"新建图层"对话框中，"颜色"下拉列表中选择一种颜色，可以使用颜色标记图层，以区别于其他图层。

6.2.2 用"新建"命令或者Shift+Ctrl+N快捷键新建图层

选择"图层"菜单→"新建"→"图层"选项，弹出"新建图层"对话框，可以新建图层。

按下Shift+Ctrl+N快捷键，也会弹出"新建图层"对话框，新建图层。

6.2.3 复制粘贴图像时自动新建图层

创建选区后按下Ctrl+C快捷键复制图像，再按下Ctrl+V快捷键粘贴图像时，会直接粘贴到一个新图层上。

用移动工具将其他文件中的图层移动到当前文件中时，也会自动创建新图层。

6.2.4 背景图层与普通图层的互相转换

"背景"图层在一个文件中只能有一个，并且永远在图层的最底层，不能设置不透明度、混合模式，也不能添加效果。

双击"背景"图层，弹出"新建图层"对话框，单击"确定"按钮即可转换为普通层。

按住Alt键双击"背景"图层，可以不打开对话框而直接转换为普通图层（见图6-9）。

图6-9

选择一个普通图层，选择"图层"菜单→"新建"→"背景图层"选项，即可将这个普通图层转换为背景图层。

6.3 ▶ 图层的编辑

应用Photoshop处理图像，离不开图层的选定、复制、删除、链接、锁定等操作。

6.3.1 选择图层

（1）选择一个图层：在操作中需要对某图层内容进行操作时，必须先在"图层"面板上单击选中该图层，使其成为当前图层。

按住Ctrl键的同时单击图像内容，可快速将该内容所在的图层变为当前图层（见图6-10）。

图6-10

单击"选择"工具，在工具选项栏上选中"自动选择"选项，在列表框中选择"图层"。当用鼠标单击图像中的内容时，自动将此内容所在的层变为当前图层（见图6-11）。如果在列表框中选择"组"，"图层"面板上将自动选择单击处内容所在的组。

图6-11

（2）选择多个图层：单击第一个图层，然后按住Shift键单击最后一个图层，即可选中第一个与最后一个之间连续的多个图层（见图6-12）。

按住Ctrl键单击多个不连续图层，即可把这些图层选中（见图6-13）。

6.3.2 复制和剪切图层

（1）选择"图层"菜单→"复制图层"选项，即可复制该图层（见图6-17）。

图6-17

（2）按下Ctrl+J快捷键，也可复制该图层。如果该图层有选区，将复制选区内容到新图层。

（3）选择"图层"菜单→"复制图层"选项，打开"复制图层"对话框（见图6-18），在"为"后面输入图层名称，在"文档"下拉列表中选择其他打开的文档，可以将图层复制到其他文档中；如果选择"新建"，可以将复制内容创建为一个新文件。

图6-12

图6-13

（3）选择链接的图层：选择"图层"菜单→"选择链接图层"选项，即可选择与该图层链接的所有图层（见图6-14）。

（4）选择所有图层：选择"图层"菜单→"所有图层"选项，可以选择"图层"面板中所有的图层（见图6-15）。

图6-18

（4）在图像中创建选区，选择"图层"菜单→"新建"→"通过剪切的图层"选项，或者按下Shift+Ctrl+J快捷键，可将选区内容从原图层剪切到一个新图层。

6.3.3 链接图层

图6-14

图6-15

（5）取消选择图层：在"图层"面板中最下方的空白处单击，即可不选择任何图层。或者选择"图层"菜单→"取消选择图层"选项（见图6-16）。

如果要对两个或两个以上图层同时编辑，比如移动、变换等，可以将这些图层链接在一起再进行操作。

选择两个或多个图层，选择"图层"面板底部的"链接图层"选项，或者选择"图层"菜单→"链接图层"选项，即可链接图层（见图6-19）。

图6-16

图6-19

6.3.4　显示与隐藏图层

（1）"图层"面板上的眼睛图标 用来控制图层的可见性。显示该图标代表该图层显示，单击眼睛不显示该图标，代表该图层隐藏。

（2）将光标放在眼睛图标上上下拖动，可快速隐藏（显示）多个相邻的图层（见图6-20）。

图6-20

（3）按住Alt键的同时单击眼睛图标，可只显示该图层而其他所有图层隐藏。

（4）选择"图层"菜单→"隐藏图层"选项，可以隐藏当前选择的一个或者多个图层。

6.3.5　修改图层与图层组的名称

一个PSD格式的文件中往往包含多个图层，为了便于查找，可以给图层或图层组设置容易识别的名称与颜色。

（1）修改图层的名称，需要选择该层，然后选择"图层"菜单→"重命名图层"选项，或者直接双击该图层的名称，然后在显示的文本框内输入新名称（见图6-21）。

（2）修改图层的颜色，需要选择该图层，然后右击，在弹出的快捷菜单中选择颜色（见图6-22）。

图6-21

图6-22

6.3.6　锁定图层

文件中包含多个图层时，为防止误操作，可以将部分图层锁定，也可以将图层中的部分内容锁定（见图6-23）。

图6-23

（1）锁定透明像素：当前图层中的透明区域被保护，使用画笔等工具无法在透明区域绘制，而不透明区域不受影响可以绘制。

（2）锁定图像像素：保护图层上所有像素不被修改，不能绘画、擦除或应用滤镜，只能移动与变换。

（3）锁定位置：锁定图层位置不被移动。

（4）锁定全部：可以将图层的以上选项全部锁定。

选择图层组之后，选择"图层"菜单→"锁

定组内的所有图层"选项,在弹出的对话框中设置各个选项,可以一次锁定组内所有图层(见图6-24)。

图6-24

6.3.7 查找与隔离图层

当文档内的图层较多时,如果想快速查看某一类型的图层,可在"图层"面板顶部"类型"按钮的右边,选择像素图层滤镜、调整图层滤镜、文字图层滤镜、形状图层滤镜或者智能对象滤镜中的一种,根据图层的类型进行过滤。例如,单击"文字图层滤镜","图层"面板将只显示所有的文字图层(见图6-25)。

图6-25

在"类型"下面的列表中,可以选择符合某一特性的图层显示,选项包括:名称、效果、模式、属性、颜色、选定(见图6-26)。例如,选择"颜色",然后在右边的列表框中指定红色,则只有标记为红色的图层显示。

图6-26

如果想找到某一个图层,可单击"类型"按钮,在下拉列表中选择"名称"选项,在右边的文本框输入要找的图层名称,"图层"面板将只显示该名称的图层(见图6-26)。

选择"选择"菜单→"查找图层"选项,在"图层"面板顶部也会出现文本框,输入要查找的图层名称,就会只显示该图层。

如果想恢复显示所有图层,可单击"图层"面板顶部右边的"打开或关闭图层过滤"按钮。

6.3.8 删除图层

删除图层的方法有多个,最快捷的方法是,将需要删除的图层拖曳到"图层"面板底部的"删除图层"按钮🗑上,即可删除该图层。

选择需要删除的图层,按Delete键,也可以删除。

选择需要删除的图层,选择"图层"菜单→"删除"选项,也可以删除该图层。

6.3.9 栅格化图层内容

文字图层、形状图层、智能对象等包含矢量数据的图层,不能直接绘制或者编辑,需先将其栅格化才能进行相应的操作。

选择需要栅格化的图层,选项"图层"菜单→"栅格化"选项下面的一种图层类型(见图6-27),即可将对应的图层栅格化,变成普通的像素图层。

图6-27

6.3.10 实战:用修边功能修饰图像边缘(*视频)

01 打开文件"第6章素材4"(见图6-28)和"第6章素材5""第6章素材6"。

02 用魔棒工具选择"第6章素材5"的白色部分，按下Shift+Ctrl+I快捷键反选（见图6-29）。

图6-28　　　　　　图6-29

03 按下Ctrl+C快捷键复制，打开"第6章素材4"，按Ctrl+V快捷键粘贴，按下Ctrl+D快捷键取消选择。按下Ctrl++快捷键放大显示，发现内容有白边（见图6-30）。

图6-30

04 选择"图层"菜单→"修边"→"移去白色杂边"选项（见图6-31）。

向下合并(E)	Ctrl+E	颜色净化(C)...
合并可见图层	Shift+Ctrl+E	去边(D)...
拼合图像(F)		移去黑色杂边(B)
修边	▶	移去白色杂边(W)

图6-31

05 查看图像的白边，已经去除（见图6-32）。如果效果不够理想，可重复上一操作。

图6-32

06 按下Ctrl+T快捷键，调整图像大小与位置。

07 打开文件"第6章素材6"，选择魔棒工具，在工具选项栏取消选中"连续"，在红色的字上单击，选取红字部分（见图6-33）。

08 按下Ctrl+C快捷键复制，打开"第6章素材4"，按Ctrl+V快捷键粘贴，按下Ctrl+D快捷键取消选择。按下Ctrl++快捷键放大显示，发现内容有黑边。

09 选择"图层"菜单→"修边"→"移动黑色杂边"选项，即可去除黑边。

或者选择"图层"菜单→"修边"→"去边"选项，在弹出的对话框中设置去边2像素（见图6-34），也可以去除黑边。

图6-33　　　　　　图6-34

10 按下Ctrl+T快捷键，调整图像大小与位置，最终结果如下（见图6-35）。

图6-35

6.4 ▶ 图层的排列与分布

在"图层"面板中，最早创建的图层自动放在最下面，最新创建的图层在最上面。如果需要，可以手动调整图层的堆叠顺序，也可以将多个图层的内容对齐和等距离排列。

6.4.1 实战：调整图层的堆叠顺序（*视频）

01 打开文件"第6章素材7"，按F7键打开"图层"面板（见图6-36）。

图6-36

02 选择"后面绿叶"图层，选择"图层"菜单→"排列"→"置为底层"选项（见图6-37），或者按下Shift+Ctrl+[快捷键，将"后面绿叶"图层放在"背景"图层的上方（见图6-38）。

图6-37

图6-38

03 选择"阴影"图层，按下Ctrl+[快捷键多次，将"阴影"图层移动至"枸杞"图层下方。或者用鼠标直接向下拖曳到"枸杞"图层的下方（见图6-39）。

图6-39

04 选择"姜"图层，按下Shift键单击"枸杞"图层，将"姜""桂圆""红枣""枸杞"图层都选中，按下Shift+Ctrl+]快捷键，将此4个图层置为顶层（见图6-40）。

图6-40

> **提示** 如果选择的图层包含在图层组内，"置为顶层"和"置为底层"将只是将图层置为当前组内的顶层与底层。

选择多个图层，选择"图层"菜单→"反向"选项，将反转它们的堆叠顺序。

6.4.2 实战：对齐图层（*视频）

当图像中包含多个图层时，需要将它们对齐

放在一条直线上时，可先选中这些图层，然后选择"图层"菜单→"对齐"选项，在其中选择一种对齐方式对齐。

也可以选择"选择工具"，在工具选项栏上单击某一种对齐方式对齐（见图6-41）。

图6-41

01 打开文件"第6章素材8"，按F7键打开"图层"面板，选择除背景层之外的三个图层（见图6-42）。

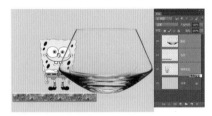

图6-42

02 选择"图层"菜单→"对齐"→"水平居中"选项（见图6-43）；或者单击工具选项栏上的"水平居中对齐"按钮，图层将实现水平居中（见图6-44）。

图6-43

图6-44

03 用同样的方法，还可以实现顶对齐、垂直居中对齐、底对齐、左对齐、右对齐。

6.4.3　实战：排列图层（*视频）

多个图层需要等距离排列时，可选中多个图层，选择"图层"菜单→"分布"选项，在其中选择一种分布方式进行等距离排列。

也可以选择"选择工具"，在工具选项栏上选择某一中排列方式等距离排列（见图6-41）。

01 打开文件"第6章素材9"，在"图层"面板中选择除背景层之外的所有图层（见图6-45）。

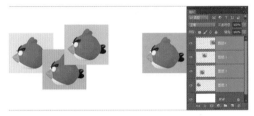

图6-45

02 选择"图层"菜单→"分布"→"水平居中"选项（见图6-46），图层将水平方向均匀分布（见图6-47）。

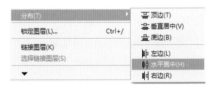

图6-46

图6-47

03 单击工具选项栏的"顶对齐"按钮，图层将顶部对齐（见图6-48）。

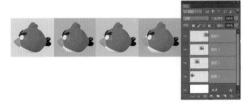

图6-48

6.4.4　实战：图层与选区对齐（*视频）

如果Photoshop提供的对齐方式不能满足操作要求，可以绘制选区，以对齐选区的方式指定对齐位置。

01 打开文件"第6章素材9"，在"图层"面板选中除背景层之外的所有图层。

02 在图像上绘制矩形选区（见图6-49）。

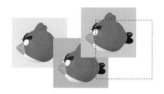

图6-49

03 选择"图层"菜单→"将图层与选区对齐"→"水平居中"选项（见图6-50），被选中的图层将与选区对齐（见图6-51）。

图6-50

图6-51

6.4.5　实战：利用自动对齐图层将多张照片拼接成全景图（*视频）

拍摄风光时，有时广角镜头也无法拍摄到整体画面。此时可以变换拍摄角度连续拍几张照片，利用Photoshop将它们拼接成全景图。

提示 拍摄时连续的两张照片时必须有10%～15%重叠的内容，Photoshop需要识别这些重叠的地方才能拼接照片。

01 打开文件"第6章素材10"，再将"第6章素材11""第6章素材12"拖进来，选中这三个图层（见图6-52）。

图6-52

02 选择"编辑"菜单→"自动对齐图层"选项；或者单击工具选项栏右边的"自动对齐图层"按钮，弹出"自动对齐图层"对话框（见图6-53）。

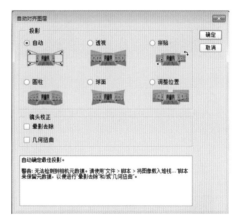

图6-53

03 "投影"选项选择"自动"，单击"确定"按钮，三张图片将进行拼接（见图6-54）。

图6-54

04 按下Ctrl+E快捷键合并图层（见图6-55）。

图6-55

05 用多边形套索工具选取图像合并后产生的空白区域，选择"编辑"菜单→"填充"选项，在弹出的对话框中选择"内容识别"（见图6-56）。

图6-56

06 单击"确定"按钮，图像空白区域被自动填充（见图6-57）。按下Ctrl+D快捷键取消选择。

图6-57

> **提示** 如果文件较大，可分多次填充；或者用"裁剪"工具将空白区域裁剪掉。

"自动对齐图层"对话框中的其他选项如下。

（1）自动：Photoshop自动分析源图像，自动选择应用"透视"或者"圆柱"，这取决于哪一种选择能更好地拼接图像。

（2）透视：分析图像中的像素，应用近大远小等透视原理拼接图像。

（3）拼贴：不修改图像中的形状，直接分析重叠内容拼贴。

（4）圆柱：在展开的圆柱上拼接图像，图像出现圆柱形变形。适用于创建宽全景图。

（5）球面：以中间的图像作为参考，对其他图像进行球面变形，以匹配360°拍摄的全景图。

（6）调整位置：只是调整位置对齐重叠内容，不会伸展或斜切内容。

（7）镜头校正：自动校正镜头缺陷造成的图像四角暗及图像失真的现象。

> **提示** 选择"文件"菜单→"自动"→Photomerge选项，打开Photomerge对话框（见图6-58），添加需要拼接的多个文件，选中"混合图像"选项，也可以自然拼接多个图像，用法与"自动对齐图层"类似。

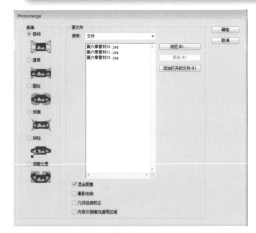

图6-58

6.5 ▸ 图层的合并与盖印

PSD格式的文档中可以包含多个图层，图层太多时，管理时会很麻烦。一些相同属性的图层可以合并成一个图层。合并图层可以减少图层数量。

6.5.1 合并图层

（1）如果想将当前图层与下面的图层2合并

（见图6-59），可以选择"图层"菜单→"向下合并"选项；或者按下Ctrl+E快捷键，即可合并图层（见图6-60）。

图6-59　　　　　　图6-60

（2）如果想合并多个图层，可将需要合并的图层选中（见图6-61），然后按下Ctrl+E快捷键，即可合并多个图层（见图6-62）。

图6-61　　　　　　图6-62

（3）如果只想合并可见图层，隐藏的图层不合并（见图6-63），可选择"图层"菜单→"合并可见图层"选项；或者按Shift+Ctrl+E快捷键，即可合并可见图层（见图6-64）。

图6-63　　　　　　图6-64

6.5.2　拼合图像

选择"图层"菜单→"拼合图像"选项，会直接把所有图层拼合到背景层上（见图6-65）。如果包含隐藏图层，会弹出询问框，单击"确定"按钮，将扔掉隐藏的图层；如果单击"取消"按钮，将取消本次拼合图像的操作。

图6-65

6.5.3　盖印图层

在图像处理过程中，有时会需要用到多个图层合并后的效果，但又不想把图层合并，这时可以用盖印图层。盖印可以在保留原图层的同时，得到图层合并后的效果。盖印图层会增加图层数量。

（1）向下盖印图层：先选择一个图层（见图6-66），按下 Ctrl+Alt+E快捷键，可将当前图层内容盖印到下方的图层中（见图6-67）。

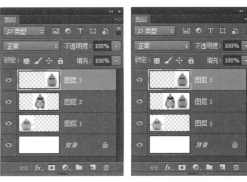

图6-66　　　　　　图6-67

（2）盖印多个图层：先选择多个图层（见图6-68），按下Ctrl+Alt+E快捷键，可将选中的多个图层内容盖印到上方的新层上（见图6-69）。

图6-68

图6-69

（3）盖印可见图层：按下Shift+Ctrl+Alt+E快捷键，可将所有可见图层的内容盖印到新图层中，而隐藏的图层不会被盖印进去，原有的图层也不会发生变化（见图6-70）。

图6-70

（4）盖印图层组：选择一个图层组（见图6-71），按下Alt+Ctrl+E快捷键，可将该组的内容合并到一个新层上（见图6-72）。

图6-71

图6-72

6.6 ▶ 图层组的管理

在图像编辑的过程中，图层数量越来越多，要在众多的图层中找到需要的图层会很麻烦。这时可以将相同属性的图层放在一个组里。各种图层放在不同的组里，分门别类地管理，结构会更加清晰。组就好像一个文件夹，可以折叠与展开，也可以像普通图层一样移动、复制、链接、对齐和分布，也可以合并与盖印，以减少文件的大小。

6.6.1 实战：利用图层组管理文件（*视频）

01 打开文件"第6章素材14"，选择"形状2"图层（见图6-73）。

图6-73

02 按下Ctrl+J快捷键复制"形状2"图层，并按下Ctrl+T快捷键变化大小与角度。按一定的方向与规律，重复刚才的操作，形成如下效果（见图6-74）。

图6-74

03 单击选中"形状2"图层，然后按下Shift键单击形状2拷贝最上面的一个图层，将所有"形状2拷贝X"图层选中（见图6-75）。

04 按下Ctrl+G快捷键；或者将选中的所有图层拖曳到"图层"面板底部的"创建新组"按钮上（见图6-76）。

图6-75　　　　图6-76

05 双击"组1"名称，更改为"小的心形"（见图6-77）。

06 单击"图层"面板底部的"创建新组"按钮，创建组1并更改名称为"所有心形"（见图6-78）。

图6-77　　　　图6-78

07 将"大心形"图层与"小的心形"图层组选中，拖曳至"所有心形"图层组上（见图6-79）。

08 选中两个文字图层，按下Ctrl+G快捷键，创建新组，并更改名称为"文字"组（见图6-80）。图层实现分组管理。

图6-79　　　　图6-80

6.6.2　组的移入、移出与取消、删除

如果想把某一图层移出组，只需拖曳该图层到组外即可。

将某一图层移入组内，可拖曳图层到组内任一位置松手，图层将被移动到该位置。

如果想取消编组，可在该组上右击，在弹出的快捷菜单中选择"取消图层编组"命令。

删除组时会弹出对话框，询问是删除"组和内容"，还是"仅组"（见图6-81）。

图6-81

6.7 ▶ 图层样式

Photoshop可以应用添加"图层样式"的方法，添加诸如投影、发光、浮雕、描边等效果，创建具有真实质感的水晶、玻璃、金属和纹理特征。图层样式可以随时修改、隐藏或删除，应用非常灵活。除了系统预设的样式外，还可以载入网络上下载的其他外部样式，功能强大而丰富。

> **提示** 为图层所添加的部分样式，可以通过选择"图层"菜单→"图层样式"→"创建图层"选项，单独创建为一个新的图层，继续编辑。

6.7.1　添加图层样式

如果要为某一图层添加图层样式，首先必须选中该图层。然后用下面的某一种方法打开"图层样式"对话框完成操作。

（1）双击该图层名称后面的空白处，可打开"图层样式"对话框（见图6-82）。

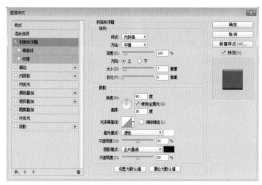

图6-82

（2）单击"图层"面板底部的"添加图层样式"按钮 *fx*，在弹出的菜单中选择需要添加的样式（见图6-83），也可以打开"图层样式"对话框。

图6-83

（3）选择"图层"菜单→"图层样式"选项，在列表中选择需要添加的样式，也可以打开"图层样式"对话框添加图层样式。

"图层样式"对话框中包含10种样式。如果添加了某种样式，则该样式名称前面的复选框内将显示选中"√"标记。

当某图层添加了样式，该图层右侧出现"图层样式图标" *fx*，单击此图标后面的小三角可以隐藏/显示样式（见图6-84）。

图6-84

> **提示** 背景图层无法添加图层样式。如果需要添加，可按住Alt键双击背景图层，将其转换为普通图层。

6.7.2　斜面与浮雕

斜面与浮雕样式可以对图层添加高光和阴影的各种组合，模拟现实生活中的各种立体浮雕效果，选择某一图层，单击"图层"面板底部的"添加图层样式"按钮，在弹出的列表里面选择"斜面和浮雕"，弹出"图层样式"对话框（见图6-85）。

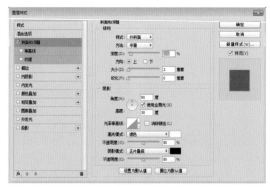

图6-85

（1）样式：该选项下面包含5种样式，能够形成5种浮雕效果（见图6-86～图6-90）。

外斜面　　　内斜面　　　浮雕效果
图6-86　　　图6-87　　　图6-88

枕状浮雕　　　描边浮雕
图6-89　　　图6-90

> **提示**　如果要为图层添加"描边浮雕"样式，必须先添加"描边"样式才可以。

（2）方法：主要用来选择创建浮雕的方法。选择"平滑"将创造边缘比较柔和的雕刻效果。选择"雕刻清晰"，可保留细节特征，消除文字的硬边与杂边。选择"雕刻柔和"不如"雕刻清晰"精确，但对较大范围的杂边更有用（见图6-91～图6-93）。

平滑　　　雕刻清晰　　　雕刻柔和
图6-91　　　图6-92　　　图6-93

（3）深度：设置浮雕斜面的阴影强度，该值越大，浮雕的立体感越强（见图6-94、图6-95）。

深度100%　　　深度1000%
图6-94　　　图6-95

（4）方向：设置高光和阴影的位置。选择"上"，高光位于上面；选择"下"，高光位于下面（见图6-96、图6-97）。

方向"上"　　　方向"下"
图6-96　　　图6-97

（5）大小：设置斜面和浮雕中阴影面积（见图6-98、图6-99）。

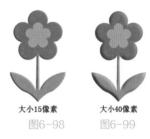

大小15像素　　　大小40像素
图6-98　　　图6-99

（6）软化：设置斜面和浮雕的柔和程度，该值越大，效果越柔和（见图6-100、图6-101）。

软化0像素　　　软化16像素
图6-100　　　图6-101

（7）角度/高度："角度"设置光源照射的角度，"高度"设置光源的高度。可以在相应文本框中输入数值，也可以拖动圆形图标内的指针来进行操作。下图为角度120°（图6-102）与角度10°（见图6-103）的比较；高度10（见图6-104）、高度100（见图6-105）的比较。

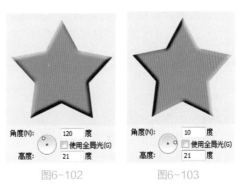

图6-102　　　图6-103

图6-104　　　　　　图6-105

 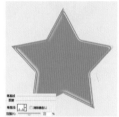

（1）等高线：提供了12种等高线样式，可以创建12种浮雕边缘效果，其中两个等高线样式如下（见图6-109、图6-110）。

图6-109　　　　　图6-110

> 提示　如果选中"使用全局光"，该文档其他图层样式中的所有光照角度可保持一致。

（8）光泽等高线：提供了12种等高线样式，可以创建具有光泽的金属外观浮雕效果，以下为其中两种（见图6-106、图6-107）。

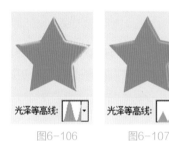

图6-106　　　　　图6-107

（9）消除锯齿：用于消除由于设置了光泽等高线而产生的锯齿。

（10）高光模式：添加了斜面与浮雕样式之后，在此设置高光部分与图层的混合模式、高光的颜色与不透明度。

（11）阴影模式：添加了斜面与浮雕样式之后，在此设置阴影部分与图层的混合模式、阴影的颜色与不透明度。

6.7.3　设置等高线与纹理

在斜面和浮雕样式下方，有"等高线"与"纹理"选项，可以设置浮雕效果凹陷和凸起部分的样式。单击"等高线"选项，弹出"等高线"对话框（见图6-108）。

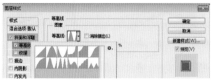

图6-108

（2）纹理：可以将各种图案应用到浮雕效果中。单击"纹理"选项，弹出"纹理"对话框（见图6-111）。选择图案后效果如下（见图6-112）。为了更好地显示纹理效果，先给图像添加了"描边"样式。

图6-111

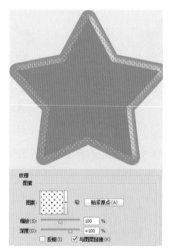

图6-112

"纹理"对话框中各选项如下。

①图案：可选择图案。如果"图案"列表框内没有合适的图案，单击"图案"右边的小三角按钮，打开"图案"列表框；单击列表框右上部的小齿轮按钮，弹出菜单，可在菜单中选择合适

的图案组（见图6-113）。

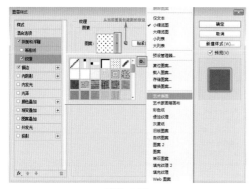

图6-113

②从当前图案创建新的预设 ：可将当前设置的图案创建为一个新的预设图案，并将此图案保存在"图案"下拉列表中。

③贴紧原点：单击"贴紧原点"按钮，可使图案的原点与文档的原点相同，从而实现图案的无缝连接（在"与图层链接"处于选定状态时），或将原点放在图层的左上角（如果取消选择了"与图层链接"）。

④缩放：拖动此按钮可控制纹理图案的大小，缩小后效果如下（见图6-114）。

图6-114

⑤深度：设置纹理图案的深度。

⑥反相：可反转图案的凹凸方向。

⑦与图层链接：可使图案在图层移动时随图层一起移动。

6.7.4 实战：为图像描边（*视频）

使用描边样式可以为图像绘制不同样式的轮廓，如颜色、渐变和图案等（见图6-115）。给图像描的边可以单独创建为一个图层，从而对它进行更多操作。

图6-115

01 打开文件"第6章素材17"（见图6-116）。

图6-116

02 单击"跳跳豆"图层，单击"图层"面板底部的"添加图层样式"按钮，在弹出的菜单中选择"描边"命令。

03 在"描边"对话框中设置描边"大小"为16像素，"位置"为"外部"，"填充类型"为"颜色"，"颜色值"为R=255，G=47，B=89。然后单击"确定"按钮（见图6-117～图6-119）。

图6-117

图6-118

图6-119

04 选择"图层"菜单→"图层样式"→"创建图层"选项，描边图层样式将形成一个名为"'跳跳豆'的外描边"的图层，位于"跳跳豆"文字图层的下方（见图6-120）。

图6-120

05 双击"图层"面板上"'跳跳豆'的外描边"图层空白处，在弹出的"图层样式"对话框中选择"描边"。在"描边"对话框中设置"大小"为30像素，"位置"为"外部"，"填充类型"为"图案"，"图案"选择"网点1"，"缩放"为184%（见图6-121）。效果如下（见图6-122）。

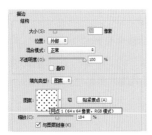

图6-121　　　　　图6-122

06 单击"样式"对话框中的"投影"选项，在"投影"对话框中做如下设置（见图6-123），效果如下（见图6-124）。

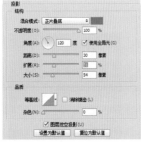

图6-123　　　　　图6-124

07 双击"图层"面板中"泡泡果出品"图层空白处，在弹出的样式面板中选择"描边"，在"描边"对话框中做如下设置（见图6-125）。最终效果如下（见图6-126）。

图6-125　　　　　图6-126

"描边"对话框中各选项如下。

（1）大小：设置描边宽度。

（2）位置：设置对齐位置，包括"内部""外部"和"居中"三个选项。

（3）填充类型：设置描边的内容，包括颜色、渐变和图案。

> **提示** 描边样式无法给选区描边。如果需要给选区描边，可选择"编辑"菜单→"描边"选项，在弹出的"描边"对话框中设置各选项（见图6-127）。

图6-127

6.7.5　内阴影

内阴影样式可以从图像边缘向内添加阴影，使图层内容产生凹陷效果。

在"内阴影"对话框中，可通过调整"阻塞"值来控制投影边缘的渐变程度。"阻塞"与"大小"相关联，"大小"值越大，"阻塞"的设置范围也越大。

下面为原图与"内阴影"对话框（见图6-128、图6-129）。

图6-128

图6-129

下面为设置不同"阻塞"值后，内阴影的效果（见图6-130、图6-131）。

图6-130

图6-131

6.7.6 内发光

内发光样式可以从图像边缘向内添加发光效果。下面为原图与"内发光"对话框（见图6-132、图6-133）。

图6-132

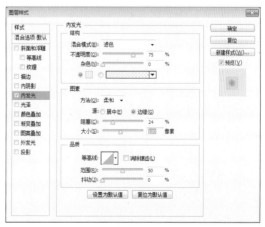

图6-133

"内发光"对话框中，需要选择"源"，来设置光源的位置。选择"居中"，表示从图像中心发出光芒（见图6-134）。选择"边缘"，表示从图像的边缘向内发出光芒（见图6-135）。

图6-134　　　　　　　图6-135

6.7.7　实战：利用光泽样式制作按钮（*视频）

光泽样式可以通过设置"等高线"选项，创建金属表面的光泽效果。如图6-136所示为原图效果，如图6-137所示为光泽对话框。

图6-136

图6-137

01 打开文件"第6章素材20"，在"图层"面板双击"圆角矩形1"图层空白处，在弹出的"样式"对话框中单击"光泽"样式。

02 在"光泽"对话框中（见图6-137）设置各选项，可得到如下效果（见图

6-138）。

图6-138

03 在"光泽"对话框中（见图6-139）设置各选项，可得到如下效果（见图6-140）。

图6-139

图6-140

6.7.8　颜色叠加

颜色叠加样式可以在图像上叠加指定的颜色。在对话框中可以设置颜色的混合模式与不透明度（见图6-141）。

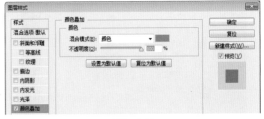

图6-141

如图6-142所示为原图，添加了"颜色叠加"样式，在"样式"对话框中设置"叠加颜色"为"蓝色"，"混合模式"为"颜色"，"不透明度"为100%，效果如图6-143所示。

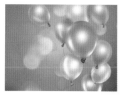

图6-142　　　　　　　图6-143

6.7.9　渐变叠加

渐变叠加样式可以在图像上叠加指定的渐变颜色，如图6-144所示为"渐变叠加"对话框。

图6-144

如图6-145所示为原图，添加了"渐变叠加"样式，在"样式"对话框中设置"叠加颜色"为"铬黄渐变"，"混合模式"为"叠加"，效果如图6-146所示。

图6-145　　　　　　　图6-146

如果PS所提供的"渐变"列表中没有合适的渐变，可自己设置新的渐变。

6.7.10　图案叠加

图案叠加样式可以在图像上叠加指定的图案，在"样式"对话框中可以设置图案的混合模式、不透明度与缩放比例（见图6-147）。

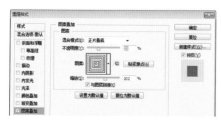

图6-147

如图6-148所示为原图，添加了"图案叠加"样式，在"样式"对话框中设置了"混合模式"为"正片叠底"，"不透明度"为35%，"图案"为"嵌套方块"，"缩放"为202%，效果如图6-149所示。

图6-148　　　　　　　图6-149

6.7.11　实战：用外发光样式制作霓虹灯效果（*视频）

外发光样式可沿图像的边缘向外创建发光效果。

01　打开文件"第6章素材24"（见图6-150）。

02　双击"图层"面板中"霓虹"图层的空白处，在打开的"样式"面板中选择"描边"，做如下设置（见图6-151）。

图6-150　　　　　　　图6-151

03　在"图层"面板上将图层"填充"设置为"0%"（见图6-152）。

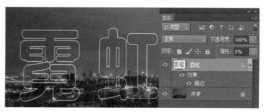

图6-152

04　在此图层上右击，在弹出的快捷菜单中选择"栅格化图层样式"。

05 双击"霓虹"图层，添加"颜色叠加"样式，各选项设置如下（见图6-153）。

06 添加"外发光"样式，各选项设置如下（见图6-154）。

图6-153　　　　　图6-154

07 按下Ctrl+J快捷键复制图层，将"填充"设置为0%，并将"外发光"样式设置如下（见图6-155）。

08 再次按下Ctrl+J快捷键复制图层，并将"外发光"样式设置如下（见图6-156）。

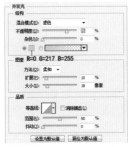　
图6-155　　　　　图6-156

最终形成霓虹灯效果（见图6-157）。

图6-157

发光样式对话框中各选项如下。

（1）混合模式：用来设置发光效果与下面图层的混合方式。

（2）不透明度：用来设置发光效果的不透明度。

（3）杂色：可以使发出的光芒呈现颗粒感。

（4）发光颜色：可以是单色，也可以是渐变色。

（5）方法：有两个选项，如果选择"柔和"，则光芒模糊，边缘柔和；如果选择"精确"，则发出的光芒有精确的边缘。

（6）扩展：用来设置发光范围的大小。

（7）大小：用来设置光晕的大小。

（8）等高线：选择不同的等高线可以使光芒呈现不同的形式，如下为其中两种形式（见图6-158、图6-159）。

图6-158　　　　　图6-159

6.7.12　投影

为图层添加"投影"样式可以为图层内容添加投影，使其产生立体感。如图6-160所示为"投影"对话框，如图6-161所示为原图，如图6-162所示为添加投影后的效果。

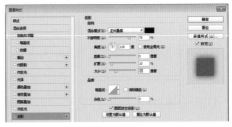
图6-160

图6-161　　　　　图6-162

"投影"对话框中各选项如下。

（1）投影颜色：单击此设置弹出"拾色器"，可以在其中选择投影的颜色。

（2）角度：可设置投影的光照角度，设置数值或者拖动指针都可以调整。当"距离"为0时投影在图像的正下方，角度不起作用。下图分别为角度是30度和120度的效果（见图6-163、图6-164）。

图6-163　　　　　　图 6-164

（3）使用全局光：选中此项时，所有图层上的光照方向将会保持一致。取消选中可以单独设置本图层样式的光照角度。

（4）距离：可设置投影与图层的距离远近。也可以直接在图像窗口拖动阴影改变距离。下图分别为距离是30与100的效果（见图6-165、图6-166）。

图6-165　　　　　　图 6-166

（5）扩展：设置投影的扩展范围。下面分别为扩展是5与100的效果（见图6-167、图6-168）。

图6-167　　　　　　图 6-168

（6）大小：设置投影的模糊范围。下面分别为大小是5与50的效果（见图6-169、图6-170）。

（7）等高线：设置不同的等高线可形成不同形状的投影，下面分别为两种不同等高线的效果

（见图6-171、图6-172）。

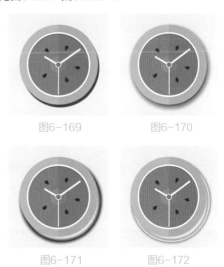

图6-169　　　　　　图6-170

（8）消除锯齿：当图像尺寸较小且投影复杂时，可使投影边缘平滑。

（9）杂色：可在投影中添加杂色（见图6-173）。

图6-173

6.8 ▶ 编辑图层样式

图层样式的应用方便灵活，可以随时隐藏、修改、复制、删除，这些操作不会对图层中的图像造成任何影响。

6.8.1 隐藏图层样式

将图层样式前面的"眼睛"关闭，图层样式将不显示。

选择"图层"菜单→"图层样式"→"隐藏所有效果"选项，将隐藏文档中所有的图层样式。

单击图层样式前面显示的眼睛图标，可重新显示图层样式。

6.8.2 修改图层样式

在"图层"面板中，双击图层右边的"样式"图标fx或者双击一个效果的名称，都会弹出"样式"面板，可以继续编辑与修改样式。

6.8.3 复制、粘贴效果

右击添加了图层样式的图层，在弹出的快捷菜单中选择"拷贝图层样式"；然后右击需要添加同样样式的图层，在弹出的快捷菜单中选择"粘贴图层样式"，即可将前一图层的样式复制到后一图层上（见图6-174、图6-175）。

图6-174　　　　　　　图6-175

按下Alt键拖曳一个样式到另一个图层，将会把此样式复制到另一个图层。

6.8.4 清除图层样式

右击添加了图层样式的图层，在弹出的快捷菜单中选择"清除图层样式"，或者选择"图层"菜单→"图层样式"→"清除图层样式"选项，即可清除图层样式。将"样式"图标fx拖曳到🗑上也可以清除图层样式。

6.8.5 缩放图层样式

图层添加了样式之后再进行缩放，将只缩放图层内容，而样式将不变，从而导致不匹配。下面为原图与放大230%的图（见图6-176、图6-177）。

图6-176　　　　　　　图6-177

选择"图层"菜单→"图层样式"→"缩放效果"选项，按图层内容的缩放比例同样缩放样式（见图6-178），达到样式与图层内容的匹配（见图6-179）。

图6-178　　　　　　　图6-179

> **提示**
> 使用"图像"→"图像大小"命令修改图像大小时，选中"缩放样式"选项，则图像中的样式将会同图像一起等比例缩放（见图6-180）。

图6-180

6.8.6 实战：应用图层样式制作随机特效字（*视频）

每一种图层样式都有各自不同的选项，不同的选项参数会形成不同的效果。在制作过程中必须注意细节，认真设置每一个选项参数。

01 打开文件"第6章素材29"（见图6-181）。

图6-181

02 双击"图层"面板中FASHION图层，在弹出的"图层样式"对话框中设置"斜面和浮雕"（见图6-182）。

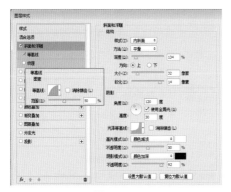

图6-182

03 在"图层样式"对话框中设置"内阴影"（见图6-183），文字效果见图6-184。

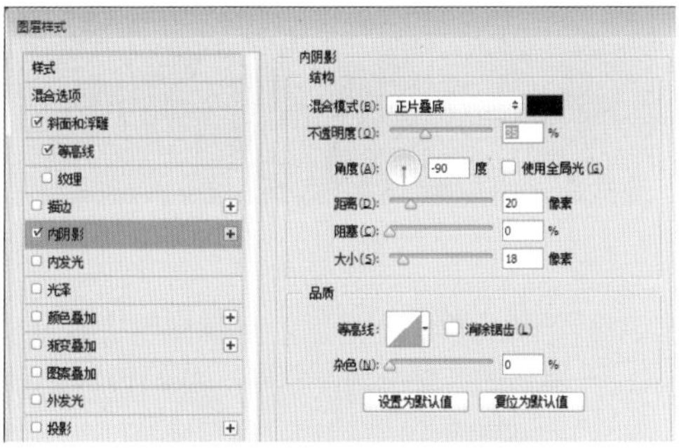

图6-183

图6-184

04 在"图层样式"对话框中设置"内发光"（见图6-185）。

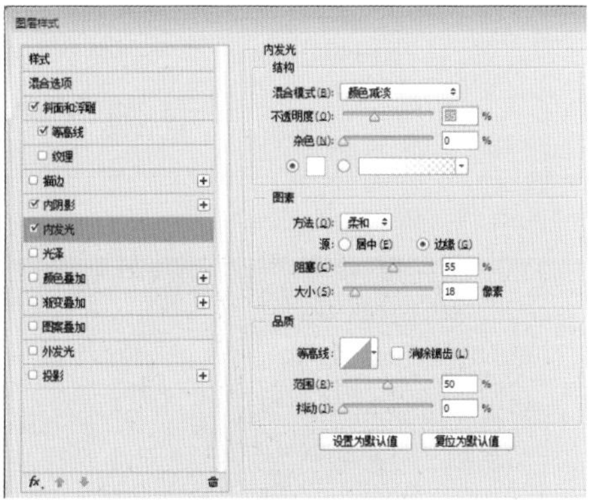

图6-185

05 在"图层样式"对话框中设置"渐变叠加"（见图6-186），其中的渐变设置为"杂色"，多次单击"随机化"按钮，每一次单击都会产生不同的渐变，选择合适的渐变颜色（见图6-187）。

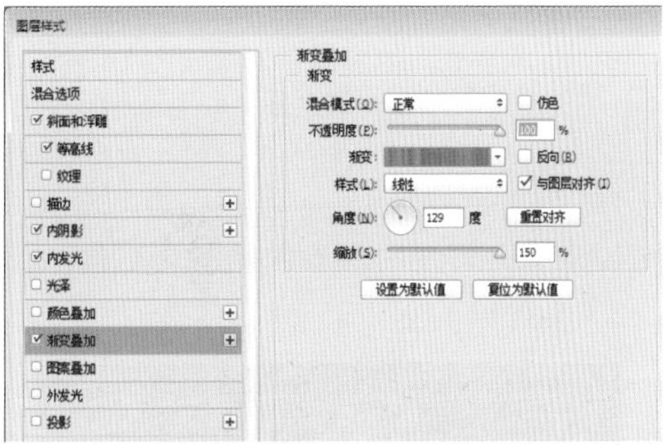

图6-186

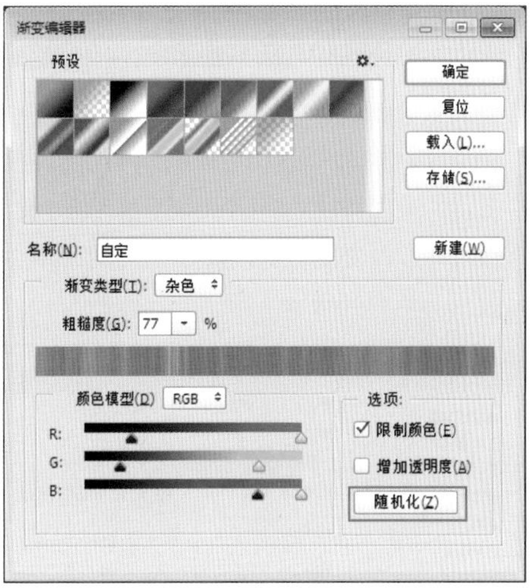

图6-187

06 在"图层样式"对话框中设置"投影"（见图6-188）。最终效果如图6-189所示。

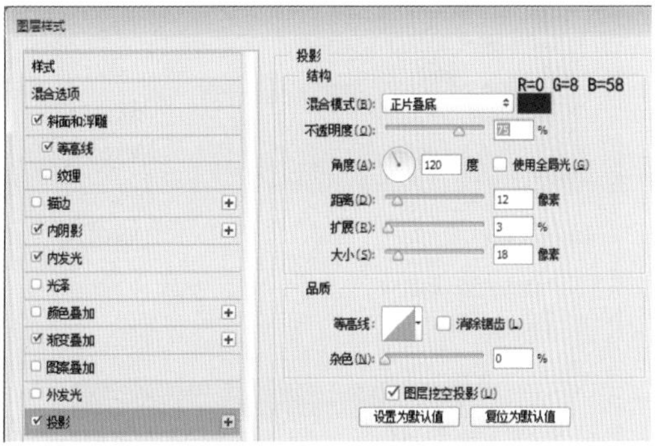

图6-188

图6-189

6.8.7 实战：应用图层样式制作亚克力质感文字（*视频）

01 打开文件"第6章素材30"（见图6-190）。

图6-190

02 双击"图层"面板中的LADAY图层，在弹出的"图层样式"对话框中设置"渐变叠加"（见图6-191），渐变颜色的设置如图6-192所示。

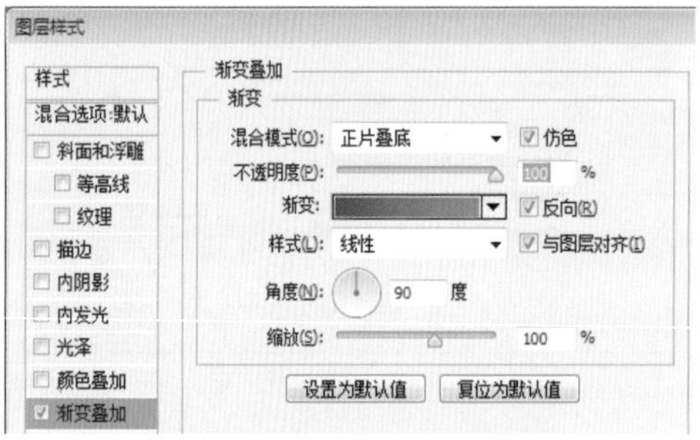

图6-191

图6-192

03 设置"图案叠加"（见图6-193），设置完成后形成如下效果（见图6-194）。

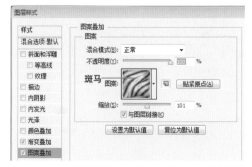

图6-193

图6-194

04 设置"斜面和浮雕"（见图6-195），设置完成后形成如下效果（见图6-196）。

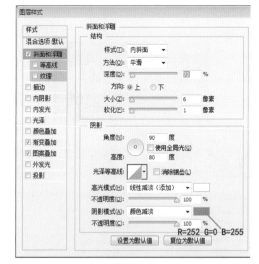

图6-195

图6-196

05 设置"描边"（见图6-197），设置"内阴影"（见图6-198）。设置完成后形成如下效果（见图6-199）。

图6-197

图6-198

图6-199

06 设置"内发光"（见图6-200），设置"投影"（见图6-201）。设置完成，形成最终效果（见图6-202）。

图6-200

图6-201

图6-202

6.9▶ "样式"面板

Photoshop在"样式"面板中提供了一些预设的样式，可以直接应用，也可以将编辑好的样式创建为"样式"面板中的新样式，方便下次使用。或者下载一些样式库，载入到"样式"面板中使用。

选中当前图层，然后单击"样式"面板中的某种样式，即可为此图层应用该样式（见图6-203、图6-204）。

图6-203

图6-204

6.9.1 实战：创建样式（*视频）

为图层添加了多种样式后，可以将这个样式保存在"样式"面板中，方便以后使用。

01 打开文件"第6章素材30最终效果"（见图6-205）。单击LADAY图层。

图6-205

02 单击"样式"面板底部的"创建新样式"按钮，弹出"新建样式"对话框，在对话框中为样式命名（见图6-206）。

图6-206

03 单击"确定"按钮，"样式"面板中将出现新创建的样式（见图6-207），以后可以方便使用。

图6-207

> **提示**
> 应用"样式"面板中的样式后，"图层"面板中将会出现各个样式名称，双击即可进行编辑，修改参数；或者追加更多样式，以及删除不需要的样式。

6.9.2 "样式"面板的操作

（1）删除样式：拖曳"样式"面板中的某个样式到面板底部的"删除样式"按钮🗑，即可删除此样式。

（2）复位样式：单击"样式"面板顶部右侧的小三角，弹出菜单（见图6-208），选择"复位样式"，即可将"样式"面板恢复为Photoshop默认的预设样式。

（3）追加样式库：如图6-208所示可以看到，Photoshop提供了多种样式库，如"抽象样式""按钮"等。在菜单中单击某种样式，弹出询问框（见图6-209），即可将其他样式追加进来。

图6-208   图6-209

（4）存储样式库：如果在"样式"面板中创建了大量的自定义样式，可以将它们保存为一个样式库，保存在Photoshop程序文件夹的"Presets>Styles"文件夹中，下次运行Photoshop时，该样式库将出现在"样式"面板菜单底部。

6.9.3 实战：使用外部样式创建透明塑胶字（*视频）

如果Photoshop提供的样式不能满足制作要求，网络上提供了很多外部样式，扩展名为ASL，下载后可以载入使用。例如，下面的透明塑胶样式。

01 打开文件"第 6 章素材 3 1"（见图 6-210）。

图6-210

02 按下Ctrl键单击"图层1""鲨鱼"、SHARK三个图层，使三个图层处于选中状态。

03 单击"样式"面板顶部的小三角按钮，在弹出的菜单中选择"载入样式"，在弹出的对话框中选择"我的外部样式"（见图 6-211），单击"载入"按钮。

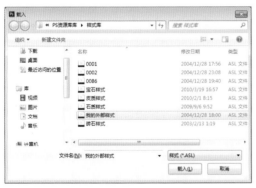

图6-211

04 在"样式"面板中找到载入的外部样式"Wow Button 41-Over"并单击，图像将应用该外部样式（见图6-212）。

图6-212

05 双击SHARK图层的"斜面和浮雕"样式，将"大小"改为"8像素"（见图 6-213）。最终效果如图6-214所示。

图6-213

图6-214

> **提示** 在"图层"面板上，"透明度"可以设置整个图层的不透明度（见图6-215、图6-216），"填充"可以只设置图层内容的不透明度，而样式不受影响（见图6-217）。

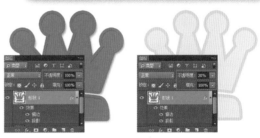

图6-215　　　　图6-216

图6-217

6.10 ▶ 综合案例：利用图层样式制作蜜糖

01 新建文件，"大小"为750像素×350像素，"分辨率"为72像素/英寸，并输入字符"蜜糖字"，字体"大小"为"220点"（见图6-218）。

蜜糖字

图6-218

02 为文字添加图层样式"颜色叠加"与"斜面浮雕"（见图6-219、图6-220），得到初步效果（见图6-221）。

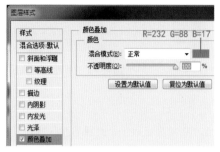

图6-219

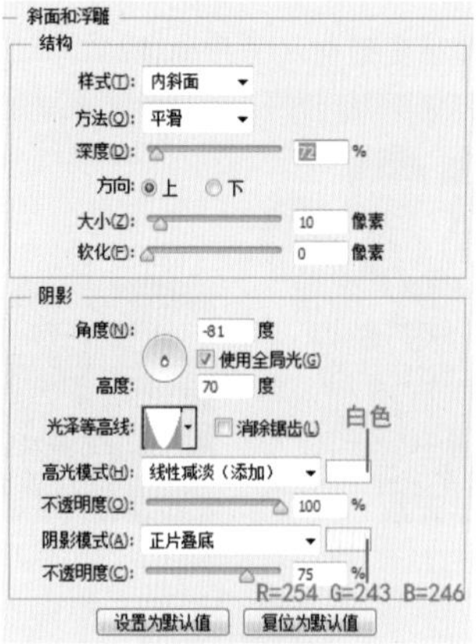

图6-220

图6-221

03 继续添加图层样式"描边"与"内阴影"（见图6-222、图6-223），得到如下效果（见图6-224）。

图6-222

图6-223

蜜糖字

图6-224

04 继续添加图层样式"内发光""光泽""外发光""投影"（见图6-225～图6-228），得到蜜糖效果，但不够逼真（见图6-229）。

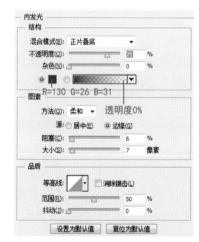

图6-225

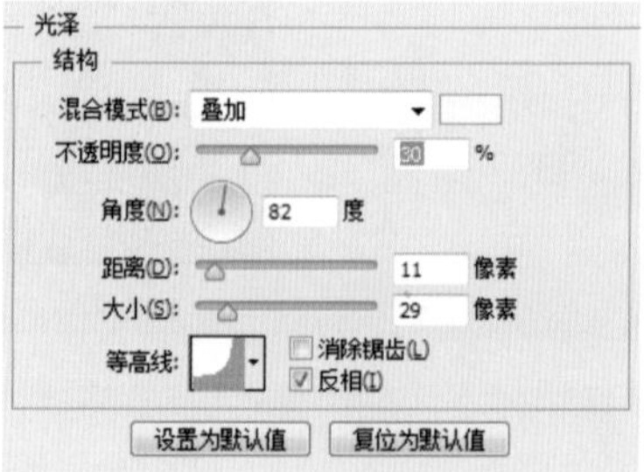

图6-226

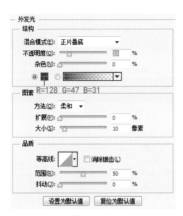

图6-227

图6-228

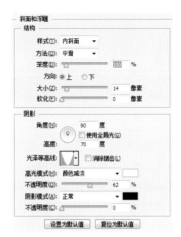

图6-231

图6-232

蜜糖字

图6-229

05 复制"蜜糖字"图层,清除图层样式,并将"填充"透明度设置为0%(见图6-230)。

图6-230

06 给复制的图层重新添加图层样式"斜面和浮雕""内阴影""投影"(见图6-231~图6-233),得到完美的蜜糖字效果(见图6-234)。

图6-233   图6-234

07 为了让蜜糖效果更形象,可添加一些滴落的糖汁(见图6-235)。

08 复制下面一层"蜜糖字"的图层样式,粘贴到糖汁图层(见图6-236)。

图6-236   图6-235

图层的高级应用，主要指对图像进行非破坏性操作，也就是以图层为依托，添加图层蒙版、矢量蒙版、剪贴蒙版、调整蒙版等操作，实现图像的合成、修图、调色等操作，而不会对源图层造成影响。这种非破坏性操作是Photoshop图像处理的重要概念，我们都应该养成非破坏性编辑的良好习惯。

7.1 ▶ 图层复合

图层复合是图层调板状态的快照（类似"历史记录"面板中的快照），它记录了当前文件中的图层可视性、位置和外观（例如图层的不透明度，混合模式以及图层样式）。通过图层复合可以快速地在文档中切换不同版面的显示状态。该功能适合展示多种设计方案的不同效果。

7.1.1 实战：用图层复合展示两种设计方案（*视频）

01 打开文件"第7章素材1"（见图7-1）。

图7-1

02 隐藏"图层0"，选择"窗口"菜单→"图层复合"选项，打开"新建图层复合"面板。

03 单击"创建新的图层复合"按钮，在弹出的对话框中"名称"为默认的"图层复合1"（见图7-2）。

图7-2

选中"可见性"，可记录图层是显示还是隐藏的状态。选中"位置"，可记录图层的位置。选中"外观"，可将添加的图层样式也记录下来。"注释"中输入"蓝背景方案"，单击"确定"按钮，将形成如图7-3所示的效果。

图7-3

04 显示"图层0"，隐藏"图层1"；单击"图层复合"面板底部的"创建新的图层复合"按钮，"注释"中输入"绿色背景方案"（见图7-4）。

图7-4

05 单击"图层复合"面板中的"图层复合1"，即可显示蓝背景方案；单击"图层复合2"即可显示绿背景方案。

7.1.2 "图层复合"面板

应用"图层复合"面板，可以创建、编辑、显示、删除图层复合（见图7-5）。

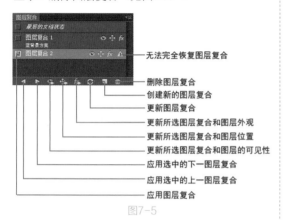

图7-5

当图层被删除或者合并，"图层复合"面板将出现"无法完全恢复图层复合"图标，可单击图标，清除警告，此时图层复合将无法正常恢复。但其余图层保持不变。

单击"更新图层复合"按钮，可将复合更新，使复合保持最新状态。但可能导致以前记录的参数丢失。

7.2 ▶ 图层的混合模式

混合模式是Photoshop中最常用的工具之一，且应用广泛，是一种将上方图层与下方图层进行混合的方法。通过更改混合模式，改变的是Photoshop的混合计算公式，不同的模式会带来不同的效果，与正常模式下更改不透明度获得的结果是不一样的。

7.2.1 混合模式组

混合模式菜单中共有27种混合模式，Photoshop将这些模式分成了6组（见图7-6）。

图7-6

（1）正常与溶解模式组需要降低不透明度才能产生作用。

（2）加深与压暗模式组的作用是使图像变暗，混合过程中，当前图层中的白色将会被底层较暗的像素代替。

（3）减淡与提亮模式组的作用是提亮图层，减淡颜色，图像中的黑色将会被较亮的像素代替。

（4）反差与对比度模式组的作用是增加对比度，形成反差。混合时任何亮度高于50%灰色的像素可能使底层的图像变亮；任何低于50%灰色的像素则可能使底层图像变暗。

（5）反相与差值模式组通常用来做反相和计算。

（6）明度与颜色模式组的作用是将色彩的三种成分（色相、饱和度、亮度）分离后再混合到图像中。

> **提示**　图层组的混合模式默认为"穿透"，相当于图层的"正常"。如果设置图层组的混合模式，Photoshop会将组内所有图层看做一层与其他图层相混合。

7.2.2 混合模式效果

上下的图层采用不同的混合模式，会产生不一样的效果。如果同时调整图层的不透明度，效果也会有变化。

（1）正常：Photoshop默认图层的混合模式，

并默认不透明度为100%。如果降低上面图层的不透明度，上下图层将会混合。

（2）溶解：只有降低图层的不透明度时，该模式才会产生效果。如图7-7和图7-8所示为溶解模式下透明度100%与50%的效果。透明度50%时的像素产生点状颗粒。

图7-7　　　　　　　图7-8

（3）变暗：当前模式下，系统会自动比较两个图层，当前图层中较亮的像素将会被下层较暗的像素代替，较暗的像素不变，于是图像整体变暗。如图7-9所示为正常模式，如图7-10所示为变暗模式。

图7-9　　　　　　　图7-10

（4）正片叠底：当前图层中白色像素与下层像素混合时将被替换，而深色将被保留。常用于去除白色背景。如图7-11所示为正常模式，如图7-12所示为正片叠底模式。

图7-11　　　　　　　图7-12

（5）颜色加深：通过增加对比度来加强深色区域。如图7-13所示为正常模式，如图7-14所示为颜色加深模式。

图7-13　　　　　　　图7-14

（6）线性加深：通过减小亮度使像素变暗，与正片叠底效果相似，但可以保留更多颜色信息。如图7-15所示为正常模式，如图7-16所示为线性加深模式。

图7-15　　　　　　　图7-16

（7）深色：比较两个图层的所有通道值的总和并显示值最小的颜色，不会生成第三种颜色。如图7-17所示为正常模式，如图7-18所示为深色模式。

图7-17　　　　　　　图7-18

（8）变亮：与"变暗"模式相反，当前图层中较亮的像素自动替换下层较暗的像素，于是整个图像变亮。如图7-19所示为正常模式，如图7-20所示为变亮模式。

图7-19　　　　　　　图7-20

（9）滤色：与"正片叠底"相反，滤色会将上方图层中的黑色过滤掉，常用来去除黑色背景，或者提高图像的明度。如图7-21所示为正常模式，如图7-22为滤色模式。

图7-21　　　　　　　　图7-22

（10）颜色减淡：与"颜色加深"相反，通过减小对比度加亮下层的图像，使颜色更加饱和。如图7-23所示为正常模式，如图7-24所示为颜色减淡模式。

图7-23　　　　　　　　图7-24

（11）线性减淡：与"线性加深"相反，通过增加亮度来减淡颜色，效果比"滤色"与"颜色减淡"都强烈（见图7-25）。

（12）浅色：比较两个图层的所有通道值的总和，并显示值较大的颜色（也就是较浅的颜色），不会生成第三种颜色（见图7-26）。

图7-25　　　　　　　　图7-26

（13）叠加：增强图像的颜色，并保持下层图像的高光与暗调。如图7-27所示为原图，如图7-28所示为将图层复制后，两个完全相同的图层改变混合模式为"叠加"的效果，增强了图像的颜色。

图7-27　　　　　　　　图7-28

（14）柔光：当前图层中的颜色决定了图像变亮或是变暗。如果当前图层中的像素比50%灰色亮，则图像变亮；如果像素比50%灰色暗，则图像变暗 （见图7-29）。

图7-29

一般用"叠加"和"柔光"模式增强照片的对比度。

如图7-30所示上方为粉色填充图层，与下方图像分别用叠加与柔光模式混合后，图像出现倾向于粉色的艺术照效果。

图7-30

（15）强光：当前图层中比50%灰色亮的像素变得更亮，比50%灰色暗的像素变得更暗。如图7-31所示为原图，如图7-32所示为强光模式。

图7-31 图7-32

（16）亮光：当前图层中比50%灰色亮的像素，通过减小对比度的方式使图像更亮；当前图层中比50%灰色暗的像素，通过增加对比度的方式使图像更暗。这种混合方式会使颜色更加饱和。如图7-33所示为亮光混合模式。

（17）线性光：当前图层中比50%灰色亮的像素，通过增加亮度使图像更亮；当前图层中比50%灰色暗的像素，通过减小亮度使图像变暗。如图7-34所示为线性光模式，与强光模式相比图像会产生更强的对比度。

图7-33 图7-34

（18）点光：当前图层中比50%灰色亮的像素会替换暗的像素；当前图层中比50%灰色暗的像素会替换亮的像素，会生成一种特殊效果。如图7-35所示为点光模式。

（19）实色混合：当前图层中比50%灰色亮的像素会使底层图像变亮；当前图层中比50%灰色暗的像素会使底层图像变暗。并且产生色调分离的特殊效果。如图7-36所示为实色混合模式。

图7-35 图7-36

（20）差值：查看每个颜色的颜色信息，从

基色中减去混合色，或者从混合色中减去基色，具体看谁的颜色数值更大，与白色混合呈反相效果，与黑色混合不产生变化。如图7-37所示为正常模式，如图7-38所示为差值模式。

图7-37 图7-38

（21）排除：与差值模式的原理类似，但能够产生对比度更低的混合效果。如图7-39所示为排除模式。

（22）减去：可以从目标通道中相应的像素上减去源通道中的像素植。与基色相同的颜色混合得到黑色；白色与基色混合得到黑色；黑色与基色混合得到基色。如图7-40所示为减去模式。

图7-39 图7-40

（23）划分：查看每个通道的颜色信息，并用基色分割混合色。基色数值大于或等于混合色数值，混合出的颜色为白色。基色数值小于混合色，结果色比基色更暗。因此结果色对比非常强。白色与基色混合得到基色，黑色与基色混合得到白色。如图7-41所示为划分模式。

图7-41

（24）色相：将当前图层的色相应用到底层的图像中，但不影响其亮度与饱和度。对于黑、白、灰色区域，该模式不起作用。如图7-42所示为正常模式，如图7-43所示为色相模式。

图7-42　　　　　　　图7-43

（25）饱和度：将当前图层的饱和度应用到底层的图像中，但不影响其色相与亮度。如图7-44所示为饱和度模式。

（26）颜色：将当前图层的色相与饱和度应用到底层图像中，但不影响底层的亮度。如图7-45所示为颜色模式。

图7-44　　　　　　　图7-45

（27）明度：将当前图层的亮度应用到底层图像中，但不影响其色相与饱和度。如图7-46所示为明度模式。

图7-46

7.2.3　背后模式与清除模式

"背后"模式与"清除"模式是绘画工具、

填充和描边命令特有的混合模式（见图7-47、图7-48）。

图7-47

图7-48

（1）背后：仅在图层的透明部分编辑或绘画，不影响图层中原有的图像，就好像绘制在了当前图层的下面一样。如图7-49所示为正常模式绘画，如图7-50所示为背后模式绘画。

图7-49　　　　　　　图7-50

（2）清除：此模式与橡皮擦工具类似。改变画笔工具的不透明度可以改变清除效果。如图7-51所示为清除模式下，画笔工具"不透明度"为100%的效果。如图7-52所示为画笔工具"不透明度"为50%的效果。

图7-51　　　　　　　图7-52

7.2.4　实战：为黑白照片上色（*视频）

01　打开文件"第7章素材4"（见图7-53）。

图7-53

02 将前景色设置为#e3c7bb，选择画笔工具，设置画笔工具（见图7-54），在人物面部涂抹。

图7-54

03 将前景色设置为#1f100d，用画笔工具在人物头发上涂抹（见图7-55）。

图7-55

04 设置合适的前景色，并用"["与"]"键随时改变画笔大小，分别涂抹人物的嘴唇、眼睛、眉毛，形成最终效果（见图7-56）。

图7-56

7.3▶填充图层

单击"图层"面板底部的"创建新的填充或调整图层"按钮，在弹出的菜单中包含三种填充图层，分别可以创建填充纯色、渐变、图案的新图层。

7.3.1 实战：用纯色填充图层改变照片色调（*视频）

01 打开文件"第7章素材05"（见图7-57）。

图7-57

02 将前景色设置为R＝0，G＝30，B＝255，单击"图层"面板底部的"创建新的填充或调整图层"按钮，在弹出的菜单中选择"纯色"（见图7-58）并将混合模式更改为"柔光"。照片整体呈现蓝色调。

图7-58

03 单击蓝色图层右边的"蒙版"，用"硬度"为0%、"流量"为12%的黑色画笔涂抹裸露的皮肤部分。照片整体呈蓝色调，而被"蒙版"上的黑色部分遮盖的皮肤区域不受影响（见图7-59）。

图7-59

7.3.2　实战：用渐变填充图层制作蓝色天空（*视频）

01 打开文件"第7章素材06"（见图7-60）。

02 用快速选择工具为天空部分创建选区（见图7-61）。

图7-60

图7-61

03 单击"图层"面板底部的"创建新的填充或调整图层"按钮，在弹出的菜单中选择"渐变"，在打开的面板中设置"径向"（见图7-62），将渐变色设置为浅蓝到深蓝（见图7-63）。在选区内拖曳，得到蓝色天空效果（见图7-64）。

图7-62

图7-63

图7-64

创建填充图层时，如果图像中有选区，蒙版将会根据选区建立，填充图层将会只影响选中的内容。

04 按下Shift+Ctrl+Alt+E快捷键盖印图层。

05 选择"滤镜"菜单→"渲染"→"镜头光晕"选项（见图7-65），为图像添加镜头光晕，最终得到以下效果（见图7-66）。

图7-65

图7-66

7.3.3 实战：用图案填充图层装饰墙壁 （*视频）

01 打开文件"第7章素材07"（见图7-67）。

图7-67

02 使用多边形套索工具为墙壁创建选区（见图7-68）。

图7-68

03 单击"图层"面板底部的"创建新的填充或调整图层"按钮，在弹出的菜单中选择"图案"，弹出"图案填充"对话框，选择"画布油彩蜡笔画"（见图7-69）。

图7-69

如果图案列表中没有"画布油彩蜡笔画"选项，可单击面板右上角的按钮，载入"艺术表面"图案库。

04 将图案填充图层的混合模式更改为"柔光"（见图7-69），形成最终墙布的效果（见图7-70）。

图7-70

7.4 ▶ 中性色图层

Photoshop中黑、白、50%灰是中性色。中性色图层就是一个辅助的操作图层。在混合模式的作用下，图层中的中性色存在但不可见。如果新建一个普通图层是没有像素的，但滤镜和样式只有在有像素的图层上才会有效，这时可以创建中性色图层，实现滤镜或样式效果。之后对滤镜效果或样式可以进行移动、缩放、更改透明度等编辑，也可以添加蒙版遮盖部分效果。

使用中性色图层还可以在不影响原图像的基础上对原图像进行操作，以达到需要的效果。

7.4.1　实战：用中性色图层添加镜头光晕滤镜（*视频）

01 打开文件"第7章素材8"（见图7-71）。

图7-71

02 按住Alt键的同时单击"创建新图层"按钮，弹出"新建图层"对话框，设置"模式"为"柔光"；选中"填充柔光中性色（50%灰）"（见图7-72、图7-73）。

图7-72

03 选择"滤镜"菜单→"渲染"→"镜头光晕"选项，在弹出的对话框中设置（见图7-74）。

图7-73

图7-74

04 使用移动工具移动滤镜效果，按下Ctrl+T快捷键自由变换，放大光晕；按下Ctrl+J快捷键复制一层光晕增强效果（见图7-75），形成最终效果（见图7-76）。

图7-75

图7-76

7.4.2　实战：用中性色图层校正照片曝光（*视频）

有些照片局部曝光不足，或者局部过曝太亮，这时可以通过加深或变浅中性色图层的色调来纠正。

01 打开文件"第7章素材9"（见图7-77）。

图7-77

02 按住Alt键的同时单击"创建新图层"按钮，弹出"新建图层"对话框，设置"模式"为"柔光"；选中"填充柔光中性色（50%灰）"（见图7-78）。

图7-78

03 单击"画笔"工具,设置"硬度"为0%,"不透明度"为50%,"流量"为1;设置"前景色"为黑色(见图7-79),在人物周围涂抹,以使过曝的区域变暗。涂抹过程中随时按"["与"]"键改变画笔大小(见图7-80)。

图7-79

图7-80

04 设置前景色为白色,在人物身体上涂抹,使局部变亮。最终结果是过曝的背景变暗,而人物变亮(见图7-81)。

图7-81

7.5▶智能对象

智能对象是嵌入到文档中的文件,可以是位图也可以是矢量图形。在Photoshop对智能对象的缩放、旋转、变形等操作中,不会破坏其原始数据,也不会降低图像的品质。这是一种非破坏性

的编辑功能。

智能对象可以生成多个副本,对原始内容进行更改后,与之链接的副本会自动更新。

应用于智能对象上的滤镜为智能滤镜,可以随时修改或者撤销,不会对图像产生影响。

智能对象的图层缩略图与普通图层不同(见图7-82)。

图7-82

7.5.1 创建智能对象

(1)选择"文件"菜单→"打开为智能对象"选项,可以选择一个文件作为智能对象打开。

(2)选择"文件"菜单→"置入"选项,可以置入一个智能对象。

(3)直接将PDF文件或Illustrator创建的AI矢量图形拖曳到Photoshop文档中,可以将其创建为智能对象。

(4)选中某一图层,选择"图层"菜单→"智能对象"→"转换为智能对象"选项,可将此图层转换为智能对象。

(5)右击PS文档中的某一图层,在弹出的菜单中选择"转换为智能对象",也可以将此图层转换为智能对象。

7.5.2 创建链接的智能对象实例

(1)选择"图层"菜单→"新建"→"通过拷贝的图层"选项,可复制出智能对象实例。

(2)将智能对象拖曳到"图层"面板底部的"创建新图层"按钮上,也可复制出智能对象实例。

实例与源智能对象为链接关系,编辑其中任意一个,与之链接的其他对象随之更新。

7.5.3 创建非链接的智能对象实例

选择"图层"菜单→"智能对象"→"通过

拷贝新建智能对象"选项，复制出的智能对象与源智能对象各自独立，编辑任意一个不会影响另一个。

7.5.4 编辑智能对象

（1）选择"图层"菜单→"智能对象"→"编辑内容"选项，如果智能对象是位图文件，可以在Photoshop中直接编辑。

（2）在智能对象上单击鼠标右键，在弹出的菜单中选择"编辑内容"命令，如果智能对象是EPS或者PDF、AI文件，会在Illustrator中打开它。

智能对象编辑修改后，凡与之有链接的智能对象实例将自动更新。

7.5.5 实战：置入并修改智能对象（*视频）

01 打开文件"第7章素材10"（见图7-83）。

图7-83

02 选择"文件"菜单→"置入"选项，置入文件"第7章素材4"（见图7-84）。

图7-84

03 在"图层"面板单击"添加图层蒙版"按钮（见图7-85）；设置"前景色"为黑色；单击画笔工具，笔尖"大小"为300px，"硬度"为0%，"流量"为0%；在人物脸部周围涂抹绘制，将其脸部以外的区域遮盖。

图7-85

7.5.6 实战：替换智能对象（*视频）

执行智能对象的替换操作之后，与此智能对象链接的所有实例也会随之被替换。

01 打开文件"第7章素材10"，选择智能对象"图形1拷贝2"（见图7-86）。

图7-86

02 选择"图层"菜单→"智能对象"→"替换内容"选项，在弹出的"置入"对话框中选择一个文件，单击"置入"按钮（见图7-87）。

图7-87

03 智能对象及其实例都被替换（见图7-88）。

图7-88

7.5.7 将智能对象栅格化为普通图层

有些操作以及滤镜不能在智能对象上完成，必须转换为普通图层。

选择智能对象所在图层，选择"图层"菜单→"智能对象"→"栅格化"选项，可以将智能对象转换为普通图层。

或者在智能对象所在图层上右击，在弹出的快捷菜单中选择"栅格化"图层即可。

7.5.8 导出智能对象

智能对象在Photoshop中编辑修改之后，可以按照其原始格式导出（PSB、JPEG、PDF、TIF、AI等）。

选择"图层"菜单→"智能对象"→"导出内容"选项即可。

7.6 ▶ 图层蒙版的应用

蒙版是Photoshop的重要功能，是一个256级色阶的灰度图像。蒙版可以将图层的局部遮住不显示，而其本身不可见。常用于图像的合成，是一种非破坏性编辑工具。

Photoshop主要提供了三种蒙版，分别是图层蒙版、剪贴蒙版和矢量蒙版。

在Photoshop中可以给图层添加蒙版，用此蒙版可以隐藏当前图层并显示下面的图层。蒙版多用于将多张照片组合成一个图像，也可以用于图像局部颜色与色调的调整。

如图7-89所示，将蒙版涂成白色，将显示图层中对应位置的图像；将蒙版涂成灰色，将半透明显示对应位置的图像；将蒙版涂成黑色，将隐藏图层中对应位置的图像，并显示下一层的内容。

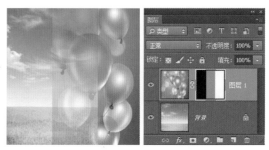

图7-89

7.6.1 实战：应用蒙版制作倒影（*视频）

给蒙版填充由深到浅渐变的灰色时，对应的图像将呈现渐渐消失的半透明效果，适合制作图像的倒影。

01 打开文件"第7章素材14"（见图7-90）。

图7-90

02 按下Ctrl+J快捷键复制"产品"图层，选择"编辑"菜单→"变换"→"垂直翻转"并调整位置（见图7-91）。

图7-91

03 单击"图层"面板底部的"添加图层蒙版"按钮，为"产品拷贝"图层添加蒙版。

04 单击渐变工具，将渐变设置为从黑色到白色，线性渐变，在蒙版上从上向下拖曳，为产品添加渐变的半透明蒙版（见图7-92），形成倒影效果。

图7-92

拖曳时可按下Shift键，以保证渐变是垂直方向的。拖曳时可从图像的中间部分开始，到图像下边缘结束。如果位置不合适，可以多次尝试。

7.6.2　实战：用选区与画笔生成和编辑蒙版（*视频）

01 打开文件"第7章素材15"（见图7-93）。

图7-93

02 选择"文件"菜单→"置入"选项，在"置入"对话框中选择"第7章素材16"置入进来。

03 按住Alt键单击"背景"图层右边的锁形图标，将"背景"层转换为普通图层。将置入的"第7章素材16"图层拖曳至底层（见图7-94）。

图7-94

04 用多边形套索工具为电视屏幕创建选区，然后按下Shift+Ctrl+I快捷键反向选择（见图7-95），单击"图层"面板底部的"添加图层蒙版"按钮，生成蒙版（见图7-96）。可以适当调节下面图层的大小。

图7-95

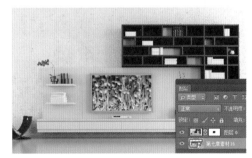
图7-96

05 置入文件"第7章素材17"并调节大小，放在合适的位置，单击"添加图层蒙版"按钮生成蒙版（见图7-97）。

图7-97

06 选择画笔工具，"笔尖形状"为"硬边圆"，"大小"为300px，"不透明度"为100%，"流量"为100%。将"前景色"设置为黑色，在蒙版上涂抹，将盆栽的绿色背景遮住。多次按下"["键将画笔笔尖调小，涂抹蒙版上对应的枝叶部分（见图7-98）。

图7-98

如果涂抹过程中发生失误，可将前景色设置为白色涂抹以恢复显示。

07 在"图层2"的蒙版上右击，在弹出的快捷菜单中选择"应用图层蒙版"（见图7-99）。

图7-99

08 双击"图层2"空白处，在打开的"图层样式"对话框中设置投影，给盆栽加上投影，形成最终效果（见图7-100）。

图7-100

7.6.3 图层蒙版的灵活应用

（1）停用与启用图层蒙版：右击图层蒙版，在弹出的快捷菜单中选择"停用图层蒙版"选项，蒙版缩略图上出现红色的"×"（见图7-101），可暂时停用蒙版。再次右击，在弹出的快捷菜单中选择"启用图层蒙版"即可启用。

图7-101

选择"图层"菜单→"图层蒙版"选项下的命令也可以实现以上功能。

（2）应用图层蒙版：选择"图层"菜单→"图层蒙版"→"应用"选项，可以将蒙版应用到图像中，并删除被蒙版遮盖的图像。

（3）删除图层蒙版：右击图层蒙版，在弹出的快捷菜单中选择"删除图层蒙版"即可。

（4）移动与复制蒙版：直接拖曳蒙版到目标图层，即可将蒙版移动到目标图层。源图层蒙版消失。

按住Alt键同时拖曳蒙版到目标图层，可以将蒙版复制到目标图层。

（5）链接蒙版：图层缩略图与蒙版缩略图之间有一个链接图标（见图7-102），如果进行变换操作，图层与蒙版将会一起变换。单击链接图标，图标消失，就取消了链接，此时可以单独变换图像或单独变换蒙版。

图7-102

7.6.4 调整蒙版

在图层蒙版上右击，在弹出的快捷菜单中选择"调整蒙版"，打开"调整蒙版"对话框（见图7-103），各选项作用与第4章中的"调整边缘"功能类似。

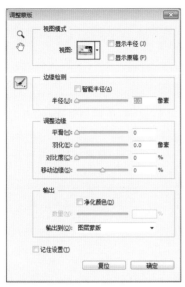

图7-103

7.6.5　实战：用属性面板中的颜色范围建立蒙版（*视频）

选择图层蒙版，选择"窗口"菜单→"属性"选择，弹出"属性"对话框（见图7-104）。在此对话框中可以添加矢量蒙版；调整蒙版边缘；以及根据"颜色范围"建立蒙版；还可以将蒙版反相。

图7-104

01　打开文件"第7章素材18"（见图7-105），打开"第7章素材19"，并按下Ctrl+A快捷键全选，按Ctrl+C快捷键复制，回到文件"第7章素材18"窗口，按下Ctrl+V快捷键粘贴（见图7-106）。

02　单击"图层"面板底部的"添加图层蒙版"按钮，选择"窗口"菜单→"属性"

命令，弹出"属性"对话框。

图7-105　　　　　　　图7-106

03　弹出"属性"面板中的"颜色范围"按钮，在"色彩范围"对话框中设置"容差"为29，选中"反相"选项，单击"添加到取样"按钮（见图7-107）；在树旁的天空单击，给天空部分作蒙版。最终效果如图7-108所示。

图7-107

图7-108

7.6.6　图层蒙版隐藏效果

一个应用了样式的图层，如果添加了蒙版，样式也会应用在添加了蒙版的区域（见图7-109）。此时选中"图层样式"面板中的"图层蒙版隐藏效果"选项，蒙版区域将不显示样式效果（见图7-110）。

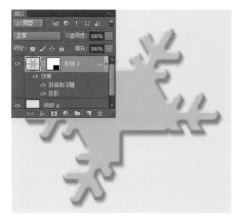

图7-109

图7-110

利用蒙版编辑图像时，一定要注意分辨当前编辑的对象是图像还是蒙版。如图7-111所示为处于图像的编辑状态，如图7-112所示为蒙版的编辑状态。

图7-111　　　　　　图7-112

7.7 ▶ 矢量蒙版的应用

矢量蒙版与分辨率无关，是由钢笔或形状工具创建的蒙版，无论怎样缩放都会保持光滑的轮廓。常用来制作Logo、按钮或其他Web设计元素。

7.7.1　实战：利用矢量蒙版制作儿童相框（*视频）

01 打开文件"第7章素材20"（见图7-113）。选择"文件"菜单→"置入"选项，置入文件"第7章素材21"并更改为合适大小（见图7-114）。

图7-113

图7-114

02 单击"自定义形状工具"，在属性栏选择"路径"，找到并选择自定义形状"红心形卡"，在图像上绘制（见图7-115）。

图7-115

03 选择"图层"菜单→"矢量蒙版"→"当前路径"选项,为智能对象添加蒙版(见图7-116)。

图7-116

04 单击图像与蒙版之间的"链接"图标取消链接,选择蒙版使蒙版处于编辑状态,用"路径选择工具"选择心形移动位置并变换大小;选择图像使图像处于编辑状态,用"移动"工具移动儿童照片到合适位置。

05 在"图层"面板上当前图层右端双击,在弹出的"图层样式"对话框中,添加深绿色"内阴影"与米白色"描边"图层样式(见图7-117)。

图7-117

7.7.2　实战:编辑矢量蒙版(*视频)

01 单击蒙版使蒙版处于编辑状态,选择自定义形状工具中的"五角星",在工具选项栏选择"合并形状",然后绘制星形(见图7-118),在蒙版中添加形状。

图7-118

可以多次绘制,添加大小不同的星形。

02 使用"路径选择工具"单击星形,可以移动星形。

03 按下Ctrl+T快捷键,可变换路径缩放星形。

04 使用"路径选择工具"选择一个星形,按下Delete键即可删除此星形。

05 选择"图层"菜单→"栅格化"→"矢量蒙版"选项,可将矢量蒙版转换为图层蒙版。

7.8 ▶ 剪贴蒙版的应用

剪贴蒙版即用下层包含像素的区域限制上层图像的显示范围。它可以用一个图层限制上面多个图层的可见内容。

7.8.1　实战:利用剪贴蒙版制作花朵文字(*视频)

01 打开文件"第7章素材22"(见图7-119)。

Flower

图7-119

02 分别置入文件"第7章素材23""第7章素材24"(见图7-120)。

图7-120

03 单击"第7章素材23"图层,选择"图层"菜单→"创建剪贴蒙版"选项;然后单击"第7章素材24"图层做同样的操作,实现剪贴蒙版效果(见图7-121)。

图7-121

单击"第7章素材24"图层,将鼠标停留在此图层与Flower图层之间,按下Alt键,鼠标指针变成向下的箭头形状时单击,也可以实现剪贴蒙版操作。

04 双击Flower图层,添加"描边"与"投影"图层样式,给图像添加白色描边与深蓝色投影效果(见图7-122)。

图7-122

7.8.2 实战:编辑剪贴蒙版(*视频)

01 单击"第7章素材24"图层,使用移动工具可移动图像;按下Ctrl+T快捷键可自由变换图像。

02 单击Flower图层,也可以用同样的方法移动与变换。

03 选择"第7章素材24"图层,选择"图层"菜单→"释放剪贴蒙版"选项,可释放全部剪贴蒙版。

按下Alt+Ctrl+G快捷键,也可以添加或者释放剪贴蒙版(见图7-123)。

图7-123

7.9 ▶ "图层样式"对话框中的混合选项

选择一个图层,选择"图层"菜单→"图层样式"→"混合选项"选项,弹出"图层样式"对话框(见图7-124)。其中各选项内容如下。

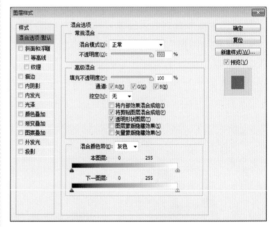

图7-124

(1)"混合模式""不透明度""填充不透明度"与"图层"面板中的对应选项功能相同。

(2)通道R、G、B:可以指定当前图层的某个通道与下方图层混合。如图7-125所示为默认的三个通道全部以"颜色"混合模式混合,如图7-126所示为只有R通道以"颜色"模式混合。

(3)挖空:指下面的图像穿透上面的图层显示出来。如图7-127所示为正常模式的状态;如图7-128所示为"挖空"模式下选择"浅"的状态。

图7-125

图7-126

图7-127

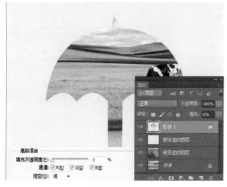

图7-128

将当前图层的"填充不透明度"改为0%，设置了挖空之后，将直接挖到背景层。如果当前没有背景层，将会直接挖成透明区域。

（4）将内部效果混合成组：添加了"内发光""光泽""三种叠加"样式的图层设置挖空时，正常情况下会显示图层样式（见图7-129）。如果选中了"将内部效果混合成组"，将不显示图层样式（见图7-130）。

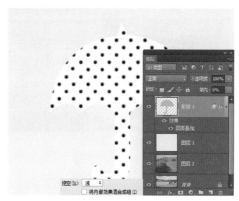

图7-129

图7-130

（5）将剪贴图层混合成组：在剪贴蒙版的应用中，如果基底图层改变了混合模式，整个剪贴蒙版组都会应用这种混合模式（见图7-131）。如果取消选中"将剪贴蒙版混合成组"，基底图层的混合模式仅影响自身（见图7-132）。

（6）透明形状图层：在图层上应用图层样式，默认只对有像素的区域有效果，对透明区域无效果（见图7-133）。如果取消选中"透明形状图层"，则对整个图层都有效果（见图7-134）。

图7-131

图7-132

图7-133

图7-134

（7）混合颜色带：包含在"混合选项"面

板中，是一种高级蒙版，它既可以隐藏当前图层中的图像内容，也可以让下面一层的内容穿透当前层显示出来，还可以同时隐藏当前图层与下方图层的部分内容。"混合颜色带"适合抠选深色背景中的对象，例如闪电、云彩、烟花、火焰等。

实战：应用混合颜色带抠闪电（*视频）

01 打开文件"第7章素材28"，并置入文件"第7章素材29"改变大小（见图7-135）。

图7-135

02 单击"图层"面板底部的"添加图层样式选项"，在弹出的菜单中选择"混合选项"，弹出"混合选项"对话框。按下Alt键单击"本图层"中的黑色滑块将它们分开，拖曳右边的滑块到右边（见图7-136）。

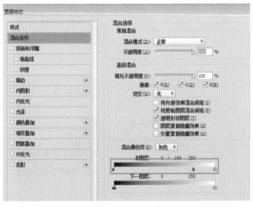

图7-136

当黑色滑块向右移，当前图层中所有比该滑块所在位置暗的像素都会隐藏，所以当前图层中较亮的闪电留下，其他内容隐藏（见图7-137）。

图7-137

　　如果将白色滑块向左移，当前图层中所有比该滑块所在位置亮的像素都会被隐藏。

03 将"下一图层"中的白色滑块向左移动，将闪电与楼宇重叠的部分隐藏（见图7-138）。

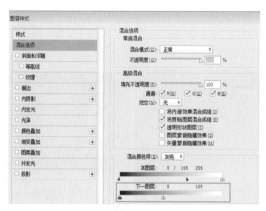

图7-138

　　将"下一图层"中白色滑块向左拖曳，可显示下面图层中较亮的元素。因为楼宇灯光较亮，所以显示（见图7-139）。

图7-139

　　如果将"下一图层"中的黑色滑块向右拖曳，会显示下面图层中较暗的元素。

04 用同样的方法将"第7章素材30"抠选好，最终效果如图7-140所示。

图7-140

7.10 ▸ 综合案例：利用图层混合模式制作海报

01 打开文件"第7章素材31"（见图7-141）。

图7-141

02 打开文件"第7章素材32"，并将其拖曳至"素材31"上，将混合模式更改为"滤色"；并按下Ctrl+T快捷键自由变换；按下Ctrl+J快捷键复制图层（见图7-142、图7-143）。

图7-142　　　　　　图7-143

03 打开文件"第7章素材33",并将其拖曳至"素材31上"将混合模式更改为"明度"（见图7-144、图7-145）。

图7-144　　　　　　　　图7-145

04 复制图层"素材33",将其混合模式改为"柔光";单击"图层"面板底部的"添加图层蒙版"按钮,使用黑色画笔工具,将流量设置为30%,在眼睛周围涂抹（见图7-146、图7-147）。

图7-146　　　　　　　　图7-147

05 再次复制图层"素材33",将其混合模式改为"滤色",并添加蒙版,将眼珠周围都遮盖住（见图7-148、图7-149）。

图7-148　　　　　　　　图7-149

06 打开文件"第7章素材34",并将其拖曳至"素材31"上。

07 输入文字"睁眼看世界""Open your eyes and see the world",添加"投影"图层样式（见图7-150、图7-151）。

图7-150　　　　　　　　图7-151

Photoshop提供了一些专门用于创建和编辑路径的工具。路径是一种可以任意编辑的矢量对象，一般是指由贝塞尔线段构成的线条或图形，不会受分辨率影响而出现锯齿。"钢笔工具"是一种非常方便、实用的路径编辑工具，可用来绘制图像，然后进行描边、填充颜色等操作，也可以与选区相互转换，常用于绘图与抠图。

在Photoshop中，路径在图像上表现为一个虚拟的轮廓，而不是真实的图形，不能被打印出来。使用PSD、TIFF、JPEG和PDF等格式存储文件时可以保存路径。

8.1 ▶ 绘图模式

选择了钢笔或者形状等矢量工具后，需要在工具选项栏上选择绘图模式"形状、路径、像素"（见图8-1），然后再进行绘制。

图8-1

8.1.1 形状绘图模式

选择了"形状"模式绘制，会生成形状图层。形状是一个矢量图形，它同时出现在"路径"面板中（见图8-1）。

使用钢笔或者形状等矢量工具后，选择"形状"模式，在工具选项栏上可设置图形的填充与描边（见图8-2）。

图8-2

图8-3所示为用纯色填充的效果；图8-4所示为用渐变填充的效果；图8-5所示为用图案填充的效果。

图8-3   图8-4

图8-5

图8-6所示为用纯色描边的效果；图8-7所示

为用渐变描边的效果；图8-8所示为用图案描边的效果。

图8-6　　　　　　图8-7

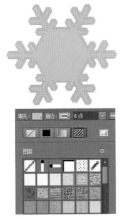

图8-8

在工具选项栏上可输入"形状描边宽度"数值，或者单击右面的小三角按钮，拖动滑块调节图形的描边宽度（见图8-9、图8-10）。

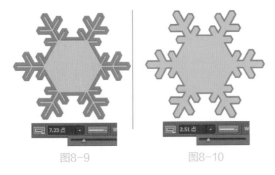

图8-9　　　　　　图8-10

在工具选项栏上单击"设置形状描边类型"按钮，弹出"描边选项"对话框（见图8-11），可

设置不同的描边样式（见图8-12）。

在"描边选项"对话框中，单击"对齐"按钮，可设置描边与路径的对齐方式，分别为内部、居中、外部（见图8-13）。

图8-11

图8-12　　　　　　图8-13

在"描边选项"对话框中，单击"端点"按钮，可设置描边端点的样式，分别为端面、圆形、方形（见图8-14）。

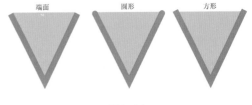

图8-14

在"描边选项"对话框中，单击"角点"按钮，可设置描边转角处的样式，分别为斜接、圆形、斜面（见图8-15）。

图8-15

在"描边选项"对话框中，单击"更多选项…"按钮，在弹出的对话框中可设置虚线的间距（见图8-16）。

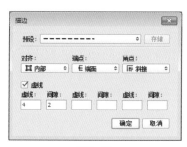

图8-16

8.1.2 路径绘图模式

使用钢笔或者形状等矢量工具后，选择了"路径"模式并绘制，可创建工作路径，出现在"路径"面板中，"图层"面板没有变化（见图8-17）。路径可以转换为选区，也可以直接填充和描边。

图8-17

8.1.3 像素绘图模式

使用钢笔或者形状等矢量工具后，选择了"像素"模式并绘制，会直接在图层上绘制图形，图形的填充颜色为前景色。由于不是矢量图形，所以"路径"面板上不会有路径（见图8-18）。

图8-18

8.2 ▶ 路径与锚点

路径是由锚点和连接锚点的直线段或曲线段构

成。路径可以是有起点和终点的开放式路径，也可以是没有起点与终点的闭合路径（见图8-19）。

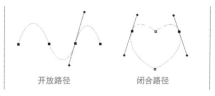

开放路径　　　闭合路径

图8-19

路径中的锚点分为平滑点与角点。曲线路径上的锚点有方向线，方向线的端点为方向点，可以控制曲线的形状（见图8-20）。

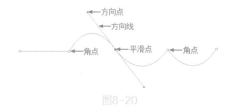

图8-20

8.3 ▶ 钢笔工具

钢笔工具是最常用的路径绘制工具，可以创建光滑而又复杂的路径。选择钢笔工具，在工具选项栏上选择"路径"，即可开始绘制。

8.3.1 绘制直线段

依次单击鼠标左键，确定直线段的起点和终点，Photoshop会自动在单击过的位置产生锚点。

如果要绘制角度为"45°"或"90°"的直线段，可在单击的同时按住Shift键（见图8-21）。按Ctrl键同时单击空白处将会结束当前绘制。

图8-21

8.3.2 绘制曲线段

在需要创建锚点的位置按住鼠标左键拖动，在拖动鼠标时会显示出方向线，鼠标指针的位置为方向点的位置。通过改变方向线的方向和长度，可以控制曲线的形状（如图8-22）。

图8-22

8.3.3 实战：绘制转角曲线（*视频）

在绘制曲线段时，如果想要绘制与上一段曲线之间出现转折的曲线，就需要在创建锚点之前转换锚点的类型。

01 在1的位置单击，在2的位置拖动鼠标（见图8-23）。

02 按住Alt键，钢笔工具暂时变成"转换点工具"，单击"锚点2"，锚点变为角点，方向线发生改变（见图8-24）。

图8-23 　　　　　　　图8-24

03 在3的位置拖动鼠标继续绘制，再次按住Alt键单击锚点3，锚点变为角点，继续向右绘制（见图8-25）。

图8-25

> **提示** 刚开始使用钢笔工具时，可选中工具选项栏上的"橡皮带"，辅助绘制。

8.3.4 实战：使用钢笔工具绘制心形（*视频）

01 按下Ctrl+N快捷键，新建400像素×400像素的文件。按下Ctrl+'快捷键显示网格。

02 选择钢笔工具，选择"路径"选项，选中"橡皮带"。单击建立第一个锚点（见图8-26）。

03 在第一个锚点的右边单击并拖动鼠标，建立第二个锚点（见图8-27）。

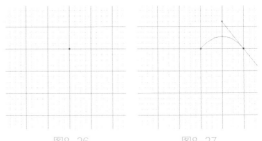

图8-26 　　　　　　　图8-27

04 在第一个锚点的正下方直接单击建立第三个锚点（见图8-28）。

05 在第一个锚点的左边单击并拖动鼠标，建立第四个锚点（见图8-29）。

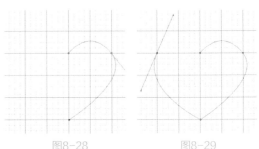

图8-28 　　　　　　　图8-29

06 回到第一个锚点上，鼠标指针下方多一个小圆圈，单击，结束绘制（见图8-30）。

绘制的心形并不理想，此时，可按住Ctrl键，鼠标指针变成 ，即临时切换成了"直接选择工具"，拖动各个锚点改变位置，也可以拖动各个方向点改变方向，直到修改满意为止（见图8-31）。

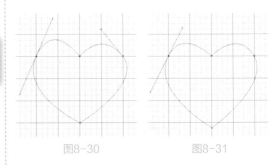

图8-30 　　　　　　　图8-31

8.3.5 自由钢笔工具

"自由钢笔工具" 的用法与"套索工具"类似，可以在文档窗口中随意绘制，Photoshop会自动为绘制的路径添加锚点（见图8-32）。

图8-32

8.3.6 磁性钢笔工具

选择"自由钢笔工具",在工具选项栏选中
"磁性的",即可成为"磁性钢笔工具",其用
法与"磁性套索工具"类似。使用时只需在图像
内容的边缘单击,然后放开鼠标沿边缘移动,便
会紧贴图像内容轮廓生成路径。如果在绘制过程
中出现偏差,可按Delete键删除上一锚点。绘制完
成双击鼠标闭合路径。

单击工具选项栏中的"设置"按钮 ⚙,弹出
下拉面板(见图8-33)。

(1)曲线拟合:该数值越小灵敏度越高,生
成的锚点就越多,路径与轮廓越贴合。该数值越
大生成的锚点越少,路径也越平滑。如图8-34所示
分别是"曲线拟合"值为2像素、"曲线拟合"值
为8像素的效果。

图8-33

图8-34

(2)磁性的:"宽度"可控制磁性钢笔工具
的检测范围,该值越大检测范围越大。"对比"
可控制识别轮廓边缘的敏感度。如果边缘与背景
颜色相近,可将该值设大些。"频率"可控制锚
点的密度,值越大锚点越多。

(3)钢笔压力:当计算机配有数位板,选中
此选项后,可通过增加减小压力控制检测宽度大
小。压力大时检测宽度减小。

8.4 ▶ 编辑路径

8.4.1 选择锚点、路径

选择某一锚点:使用"直接选择工具",或者使
用钢笔工具时按住Ctrl键切换为"直接选择工具",
单击某一锚点,即可选择该锚点(见图8-35)。

选择多个锚点:拖动鼠标框选可同时选中多
个锚点(见图8-36)。

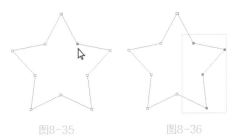

图8-35   图8-36

选择整个路径:使用"路径选择工具"单击
路径,可以选择整个路径(见图8-37)。

图8-37

取消选择路径:在空白处单击鼠标即可。

8.4.2 移动锚点、路径

移动锚点:选择锚点之后,使用直接选择工
具按住该描点拖动即可移动(见图8-38)。

图8-38

移动路径:使用路径选择工具选择路径后,
将光标放在该路径内部或者按住该路径即可拖曳
移动。

8.4.3　添加与删除锚点

添加锚点：选择"添加锚点工具"，或者直接使用钢笔工具，将光标放在路径上，光标指针下方多一个"＋"时，单击，即可添加一个锚点（见图8-39）。

删除锚点：选择"删除锚点工具"，或者直接使用钢笔工具，将光标放在锚点上，光标指针下方多一个"-"时，单击，即可删除该锚点（见图8-40）。

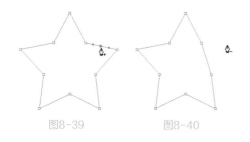

图8-39　　　　　图8-40

8.4.4　转换锚点的类型

选择"转换点工具"，将光标停放在角点上并拖动，两边出现方向线，此角点变成平滑锚点（见图8-41）。

使用"转换点工具"单击平滑锚点，此平滑锚点变为角点（见图8-42）。

图8-41　　　　　图8-42

使用钢笔工具，按下Alt键，也可以临时切换为"转换点工具"。

8.4.5　实战：编辑路径形状（*视频）

01 按下Ctrl+N快捷键新建文件，"尺寸"为400像素×400像素。

02 选择"矩形工具"，在工具选项栏上选择"路径"，绘制矩形（见图8-43）。

03 选择钢笔工具，将光标停留在矩形上，光标下方出现"＋"时单击，添加锚点。用

同样的方法共添加4个锚点（见图8-44）。

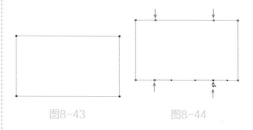

图8-43　　　　　图8-44

04 按住Ctrl键，临时切换为"直接选择工具"，依次向下拖动锚点1、2、5、6。然后继续按住Ctrl键拖动锚点3、4的方向点，形成如下旗帜形状（见图8-45）。

05 按住Ctrl键（切换为直接选择工具）拖动方向点时，方向线的另一端方向点也会随之改变。如果按住Alt键（切换为转换点工具）拖动方向点，方向线的另一端方向点不受影响（见图8-46）。

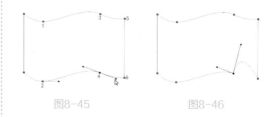

图8-45　　　　　图8-46

8.4.6　路径的运算

路径的绘制有时需要分多次完成，这时要对重叠部分进行减去、相交等运算。这时可单击工具选项栏中的"路径操作"按钮，在下拉列表中选择合适的操作（见图8-47）。

如图8-48所示先绘制了汽车路径，然后绘制了人物路径。

图8-47　　　　　图8-48

（1）新建图层：单击该按钮可创建新的路径层。

（2）合并形状：选中两个图形路径，单击此按钮，可使新绘制的图形与现有图形合并（见图8-49）。

图8-49

（3）减去顶层形状：从现有图形中减去新绘制的图形（见图8-50）。

图8-50

（4）与形状区域相交：得到现有图形与新图形相交的区域（见图8-51）。

图8-51

（5）排除重叠形状：得到除重叠区域之外的所有区域（见图8-52）。

图8-52

8.4.7 对齐与分布路径

使用路径选择工具选择多个路径，单击工具

选项栏上的"路径对齐方式"按钮■，可对齐与平均分布路径。操作方法与图层的对齐和分布相同（见图8-53）。

图8-53

8.4.8 调整路径的堆叠顺序

选择一个路径，单击工具选项栏上的"路径排列方式"按钮■（见图8-54），在下拉列表中可以设置路径的堆叠顺序。

图8-54

8.4.9 变换路径

选择一个路径，按下Ctrl+T快捷键，即可缩放变换路径。或者选择"编辑"菜单→"变换路径"选项也可以。

8.4.10 实战：使用钢笔工具抠图（*视频）

在制作一些大型海报时，素材处理一般使用钢笔工具抠图，这样细节比较平滑，不会产生锯齿。

01 打开文件"第8章素材2"和"第8章素材4"（见图8-55、图8-56）。

02 选择钢笔工具，在工具选项栏上选择"路径"，在茶杯上单击创建第一个锚点，然后在第二个锚点处拖动鼠标，创建一段路径（见图8-57）。

03 在第三个锚点处拖动鼠标，创建第二段路径（见图8-58）。

图8-55

图8-56

图8-62

图8-63

08 置入文件"第8章素材3",完成咖啡海报最终效果(见图8-63)。

（见图8-62）。

图8-57

图8-58

04 按下Alt键,临时切换为"转换点工具"单击第三个锚点(见图8-59)。

图8-59

05 依次创建其余锚点,创建完整的路径(见图8-60)。

06 按下Ctrl+Enter快捷键,将路径转换为选区。或者单击"路径"面板底部的"将路径作为选区载入"按钮(见图8-61)。

图8-60

图8-61

07 选择移动工具,将选区内容拖曳到"第8章素材2"中,并添加"投影"图层样式

8.5 ▶ "路径"面板

使用"路径"面板可以实现新建路径、存储路径等路径管理工具。

选择"窗口"菜单→"路径"选项,打开"路径"面板(见图8-64)。

用前景色填充路径
用画笔描边路径
将路径作为选区载入
从选区生成工作路径
添加蒙版
创建新路径

存储路径...
复制路径...
删除路径
建立工作路径...
建立选区...
填充路径...
描边路径...
剪贴路径...
面板选项...
关闭
关闭选项卡组

图8-64

提示 工作路径是一种临时路径,下一次路径操作会将上一次的工作路径覆盖。如果要保存工作路径,可将其拖曳到"路径"面板底部的"创建新路径"按钮上,使其变为普通路径,普通路径将会在PSD文件中一直存在。普通路径也可以直接创建并重命名。

8.5.1 选择或隐藏路径

单击"路径"面板中的路径,即可选择该路径。在空白处单击,将取消选择该路径,同时文档窗口的路径也会隐藏。

8.5.2　复制与删除路径

在"路径"面板中拖曳路径到"创建新路径"按钮上,即可复制该路径。

使用"路径选择工具"选择文档中的路径,按下Ctrl+C快捷键,在目标文件中按下Ctrl+V快捷键粘贴,即可将路径复制到目标文件中。

在"路径"面板中拖曳路径到"删除路径"按钮上;或者使用"路径选择工具"选择该路径,按下Delete键,即可删除该路径。

8.5.3　实战:使用画笔描边路径(*视频)

01 打开文件"第8章素材5"(见图8-65)。

图8-65

02 选择"自定义形状"工具,在工具选项栏选择"路径",绘制"红心形卡"(见图8-66)。

03 设置前景色为白色;选择"画笔"工具,"画笔样式"为Star 55 pixels,画笔"大小"为50像素,"间距"为48%。设置"形状动态"→"大小抖动"为100%;设置"散布"为40%,"数量"为1(见图8-67)。

图8-66　　　　　　图8-67

04 在"图层"面板创建新"图层1",在"路径"面板单击"用画笔描边路径"按

钮 ◯ 两次(见图8-68)。

图8-68

05 在"路径"面板空白处单击,取消显示路径(见图8-69)。

图8-69

8.6 ▸ 形状工具

在Photoshop中,钢笔可以绘制形状,Photoshop也提供了5种形状工具以及自定义形状工具组,分别是矩形工具、圆角矩形工具、椭圆工具、多边形工具、直线工具。

8.6.1　矩形工具

单击"矩形工具"按钮 ▢ ,在工具选项栏选择"形状"(见图8-70)。

图8-70

在工具选项栏可以设置矩形的填充、描边、描边类型、大小等(见图8-71)。

图8-71

按住Shift键可以绘制正方形;按住Alt 键可以

单击点为中心向外绘制；按住Shift+Alt快捷键，可以单击点为中心向外绘制正方形。

工具选项栏中的选项如下。

（1）不受约束：可以拖曳鼠标任意绘制矩形。

（2）方形：只能绘制任意大小的正方形。

（3）固定大小：可设定数值创建固定大小的矩形。

（4）比例：可设定宽高比，绘制出的矩形无论多大都会保持预设的比例。

（5）从中心：以鼠标的单击点为中心向外绘制矩形。

（6）对齐边缘：选中此项后，矩形的边缘与像素的边缘重合不会出现锯齿。取消选中，绘制的矩形边缘会有模糊的像素。

8.6.2 圆角矩形工具

创建圆角矩形的方法与矩形类似，但是多了"半径"选项。

选择"圆角矩形工具"，选择"窗口"菜单→"属性"选项，打开"属性"面板（见图8-72）。设置"半径"为100像素，"描边"为2点，"填充"为"铜色渐变"（见图8-73）。

图8-72

图8-73

将4个"半径"之间的"链接"取消，将左上角与右下角的"半径"改为20像素（见图8-74），效果如下（见图8-75）。

图8-74

图8-75

8.6.3 椭圆工具

创建椭圆的方法与矩形类似。单击"椭圆工具"，在工作窗口中拖曳绘制，可创建椭圆。按下Shift键，可创建正圆。按下Alt键，以鼠标的单击点为中心向外绘制椭圆。按下Shift+Alt快捷键，以鼠标的单击点为中心向外绘制正圆（见图8-76）。

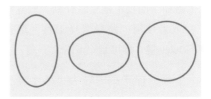
图8-76

8.6.4 多边形工具

"多边形工具"可以创建多边形与星形。单击"多边形工具"，单击工具选项栏上的"设置"按钮（见图8-77），在弹出的下拉面板中设置"半径""平滑拐角"与"星形"。

图8-77

（1）半径：可输入数值指定多边形或者星形的半径长度，即大小。

（2）平滑拐角：可设置多边形与星形拐角的平滑度。如图8-78所示为多边形未选中"平滑拐角"的状态与已选中"平滑拐角"的状态；以及星形未选中"平滑拐角"的状态与已选中"平滑拐角"的状态。

图8-78

（3）星形：可以创建多角星形。如图8-79所示为设置"缩进边依据"为40%与"缩进边依据"

为80%的状态；以及选中"平滑缩进"的状态。

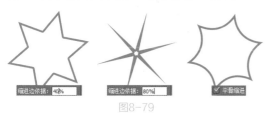

图8-79

8.6.5　直线工具

"直线工具" ✏ 可以创建直线段和带有箭头的线段。单击"直线工具"，在文档窗口拖曳鼠标即可绘制直线段。按下Shift键可绘制垂直、水平以及45°角的直线段（见图8-80）。在工具选项栏可设置线条的粗细。

图8-80

单击工具栏上的"设置"按钮 ⚙，在弹出的面板中可以设置箭头的选项（见图8-81）。

图8-81

（1）起点/终点：可以设置箭头在起点还是在终点。如图8-82所示为分别选中"起点""终点"和同时选中"起点"与"终点"的效果。

图8-82

（2）宽度：可以设置箭头宽度与直线宽度的百分比，值越大箭头越宽。取值范围为10%～1000%。如图8-83所示分别是"宽度"为100%和"宽度"为500%的效果。

图8-83

（3）长度：可以设置箭头的长度与直线宽度的百分比，值越大箭头越长。取值范围为10%～5000%。如图8-84所示分别是"长度"为100%和"长度"为500%的效果。

图8-84

（4）凹度：可以设置箭头的凹陷程度。值越大箭头越凹陷，值为负数时向外凸出，取值范围为-50%～50%。如图8-85所示是"凹度"为-50%、"凹度"为0%、"凹度"为50%的效果。

图8-85

8.6.6　自定形状工具

使用"自定形状工具" 🖼 可以创建Photoshop预设的形状，也可以创建自定义形状以及外部形状。单击"自定形状工具"，在工具选项栏单击"形状"后面的小三角按钮，在弹出的列表中选择一种形状，在文档窗口拖曳鼠标即可创建该形状（见图8-86）。拖曳的同时按住Shift键可保持形状的比例。

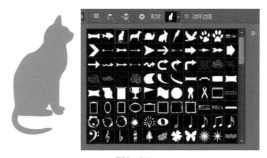

图8-86

8.6.7　实战：载入形状库及外部形状（*视频）

Photoshop提供了一些形状，需要时可以载入到形状列表中使用。

01 单击"自定形状工具"，单击工具选项栏"形状"右侧的小三角按钮，打开形状列表。单击形状列表右上部的齿轮状"设置"按钮，弹出菜单（见图8-87）。菜单底部的形状库包括"动物""箭头""艺术纹理"等。

图8-87

02 选择菜单中的"全部"命令，可载入全部形状并弹出对话框（见图8-88），询问"是否用全部中的形状替换当前的形状"，单击"确定"按钮，载入的形状会替换列表中原有的形状；如果单击"追加"按钮，会将新载入的形状添加到列表中。

图8-88

03 Photoshop也可以载入外部形状使用。单击菜单中的"载入形状"命令（见图8-89），在打开的对话框中选择"第8章素材形状库"中的"植物形状"（见图8-90），单击"载入"按钮，即可将其载入，并出现在形状列表的底部（见图8-91）。

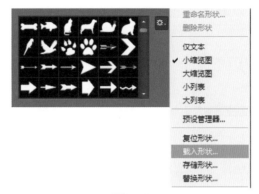

图8-89

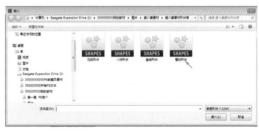

图8-90

图8-91

04 单击菜单中的"复位形状"命令，形状列表将恢复到Photoshop默认状态。

8.6.8 实战：创建自定义形状（*视频）

自己创意制作的图案，也可以定义成为形状，出现在形状列表中随时使用。

01 单击钢笔工具，单击工具选项栏上的"路径"选项，绘制树形路径（见图8-92）。

图8-92

02 选择"编辑"菜单→"定义自定形状"选项，弹出"形状名称"对话框，为此形状命名为"几何树"（见图8-93）。

图8-93

03 查看自定形状列表，"几何树"形状出现在列表中（见图8-94）。

图8-94

8.6.9 合并形状

在Photoshop中创建的多个形状图层，可以合并为一个形状图层。选择多个形状图层（见图8-95），选择"图层"菜单→"合并形状"选项下的某个命令（见图8-96），即可将所选形状按照所选运算方式合并到一个图层中（见图8-97）。

图8-95

图8-96

图8-97

8.7 ▶ 综合案例：利用形状工具制作营火标志

01 新建文件，"尺寸"为500像素×500像素，"分辨率"为72像素/英寸。

02 单击椭圆工具，在工具选项栏选择"形状"，填充选择红色，描边选择"无"，绘制红色正圆（见图8-98、图8-99）。

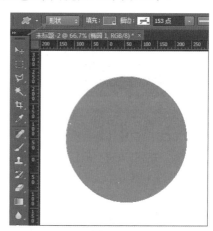

图8-98

图8-99

03 按下Ctrl+J快捷键复制红圆；按下Ctrl+T 快捷键，按住Shift+Alt快捷键以中间为圆 心等比例缩小红圆，并将其填充改为蓝色（见图 8-100、图8-101）。

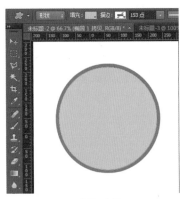

图8-100

图8-101

04 按下Ctrl+J快捷键复制蓝圆；按下Ctrl+T快 捷键，按住Shift+Alt快捷键以中间为圆心等 比例缩小蓝圆，并将其填充改为"无"，描边改为"白 色""2点""虚线"（见图8-102、图8-103）。

图8-102

图8-103

05 在自定义形状工具列表中选择"营火"， 在圆中心绘制。填充选择"红色"，描边 选择"白色""10点""外部""实线"（见图 8-104～图8-106）。营火标志制作完成。

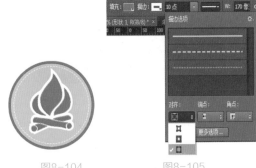

图8-104   图8-105

图8-106

第9章
文字工具

Photoshop的应用中，文字是必不可少的工具，Photoshop提供了多种方式创建文字，并且可以灵活地编辑设置文字属性。

9.1 ▶ 输入文字

Photoshop提供了4种文字工具，分别为"横排文字工具""直排文字工具""横排文字蒙版工具""直排文字蒙版工具"（见图9-1）。

图9-1

9.1.1 输入点文字

单击"文字工具" T，在文档窗口单击鼠标左键，单击处出现闪烁的"Ⅰ"形光标，即可在此处输入文字。这样输入的文字不会自动换行，如果要换行可按Enter键。点文字一般用于标题或者字数较少的文字（如图9-2）。

9.1.2 输入段落文字

单击"文字工具"，在文档窗口中拖曳鼠标定义文本框，松开鼠标框内出现闪烁的"Ⅰ"形光标，此时可输入文字。框内输入的文字会自动换行，也可以按Enter键强制换行分段。这种文字叫做段落文字，一般用于输入正文等字数较多的文字（见图9-3）。

图9-2

图9-3

拖曳鼠标定义文本框时，先按住Alt键，会弹出"段落文字大小"对话框，可定义文本框的"高度"与"宽度"。

9.1.3 实战：编辑段落文字（*视频）

文本输入完成后，可继续使用"文字工具"改变文本框的大小、角度等。

01 打开文件"第9章素材1"（见图9-3）。

02 选择"横排文字工具"，拖曳文本框上的8个控制点，可调整文本框的大小，文字会在调整后的文本框内重新排列（见图9-4）。如果文本框太小不能显示全部文字，文本框右下角的控制点变成"田"形。

图9-4

03 按住Ctrl键拖曳控制点，可缩放框内的文字（见图9-5）。按住Shift+Ctrl快捷键拖曳控制点，可等比缩放框内的文字。

04 将光标移至文本框边角外，当指针变成弯曲的双向箭头时，拖曳鼠标即可旋转文字。按住Shift键拖曳则以15°角为增量旋转（见图9-6）。

图9-5

图9-6

05 单击工具选项栏中的☑按钮（或者按下Ctrl+Enter快捷键）确认并结束文本的编辑操作。

9.1.4 转换点文字和段落文字

点文字和段落文字输入后，可根据需要进行相互转换。操作时，只需要选择文字所在的图层，然后选择"文字"菜单→"转换为点（段落）文字"选项即可。

9.1.5 转换水平文字和垂直文字

需要输入竖排文字时，可直接单击"直排文字工具"**IT**输入。如果已经完成输入的文字需要转换为竖排，可单击工具选项栏的"切换文本取向"按钮**IT**，即可将文本在横排与竖排间切换（见图9-7）。

图9-7

9.1.6 移动文字

在文字输入过程中或输入完成后，在文本框内按住Ctrl键，鼠标指针变成黑色箭头形状，直接拖曳鼠标即可移动文字。

9.2 ▶ 文字工具的类型

Photoshop将文字工具分为两种类型，一种是"横排文字工具"与"直排文字工具"，可以直接生成文字图层；另一种是"横排文字蒙版工具"与"直排文字蒙版工具"，可以创建文字选区。

9.2.1 文字图层

使用"横排文字工具"或"直排文字工具"

在文档窗口单击或拖曳，即可在光标处输入文字，同时"图层"面板产生一个新的文字图层（见图9-8）。

图9-8

文字图层中的文字可以进行编辑和修改，但不能进行绘图或修图的操作。

9.2.2 实战：使用文字蒙版（*视频）

使用"文字蒙版"工具输入的文字不会生成新的图层，只能生成选区。

01 打开文件"第9章素材4"（见图9-9）。

图9-9

02 单击"横排文字蒙版工具"，在工具选项栏上选择"方正汉真广标"字体，"大小"为"120点"，在图像上单击，此时图像被半透明红色覆盖。

03 输入文字"幸福前行"，并按住Ctrl键移动文字到合适位置（见图9-10）。

04 单击工具选项栏上的"提交"按钮☑（或者按下Ctrl+Enter快捷键），结束输入状态，文字变成选区（见图9-11）。

图9-10   图9-11

05 按下Ctrl+J快捷键，复制选区内容到新层（见图9-12）。

图9-12

06 双击图层1，添加"投影"图层样式（见图9-13）。

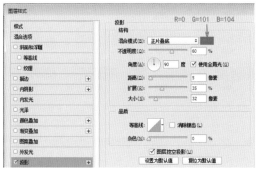

图9-13

07 单击"横排文字工具"，在工具选项栏上设置"字体"为Balqis Script，"大小"为"55点"，"颜色"为"白色"，输入文字"Bliss is always here."，并按住Ctrl键调整位置（见图9-14、图9-15）。

图9-14   图9-15

9.3 ▶ 设置字符和段落的属性

对文本进行编辑时，可以使用文字工具选项栏，也可以使用"字符"和"段落"面板设置文字属性。

9.3.1 文字工具选项栏

选择文字工具后，文档窗口上部出现文字工具选项栏，可以对文字的字体、字号、文字颜色等进行设置（见图9-16）。

图9-16

（1）切换文本取向：可以切换文本的输入方向（请参考之前图9-4）。

（2）字体：单击字体框后面的小三角，弹出"字体"下拉列表，左列是字体名称，右列是字体预览。在列表中单击即可选择字体（见图9-17）。

图9-17

　　如果预览看不清楚，可选择"文字"菜单→"字体预览大小"选项，选择更大的预览字体。

　　如果需要更多字体，可将准备好的字体文件复制后粘贴进"C:\WINDOWS\Fonts"目录下，然后重新打开Photoshop即可。

　　（3）字体样式：包括多个选项，分别为Regular（规则的）、Italic（斜体）、Bold（粗体）、Bold Italic（粗斜体）等。如图9-18所示，该选项只对部分英文字体有效。

图9-18

　　（4）设置文字大小：可以在下拉列表中选择，也可以在输入框中输入数值设置文字的大小。

　　（5）消除锯齿的方法：Photoshop中输入的文字放大后边缘会产生锯齿，选择"消除锯齿的方法"其中的一种，Photoshop会填充文字边缘的像素，使其平滑从而减少锯齿现象。

　　如图9-16所示"设置消除锯齿的方法"列表中，"无"指不进行消除锯齿处理；"锐利"指文字以最锐利的效果显示；"犀利"指文字以稍微锐利的效果显示；"深厚"指文字以厚重的效果显示；"平滑"指文字以平滑的效果显示。如图9-19所示为使用各方法之后的效果。

无　　锐利　　犀利　　浑厚　　平滑

图9-19

　　（6）设置文本对齐：当文本有两行或者两行以上时，可以对齐文本，包括左对齐、居中对齐与右对齐（见图9-20）。

左对齐文本　　居中对齐文本　　右对齐文本

图9-20

　　（7）设置文本颜色：单击颜色框，在打开的"拾色器"中选择文字的颜色。

　　（8）创建变形文字：单击此按钮，在弹出的"变形文字"对话框中，"样式"选项下有多个选项，可以创建多种变形文字（见图9-21）。各种变形产生不同的效果（见图9-22）。

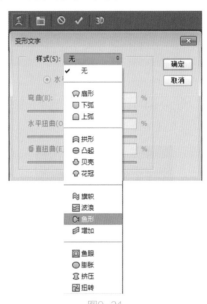

图9-21

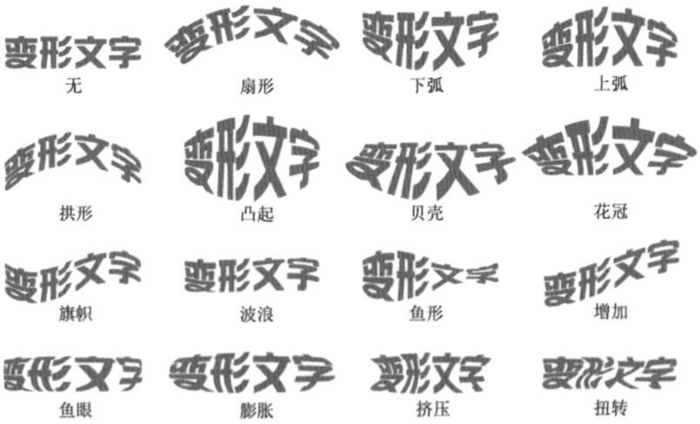

变形文字　变形文字　变形文字　变形文字
无　　　扇形　　　下弧　　　上弧

变形文字　变形文字　变形文字　变形文字
拱形　　　凸起　　　贝壳　　　花冠

变形文字　变形文字　变形文字　变形文字
旗帜　　　波浪　　　鱼形　　　增加

变形文字　变形文字　变形文字　变形文字
鱼眼　　　膨胀　　　挤压　　　扭转

图9-22

9.3.2　实战：创建变形文字（*视频）

01 打开文件"第9章素材5"（见图9-23）。

02 单击"横排文字工具"，在工具选项栏设置"字体"为"琥珀体"，"大小"为"60点"，"颜色"为"白色"。输入文字"我是一只快乐的鱼"，然后按住Ctrl键移动到合适的位置（见图9-24）。

图9-23　　　　　　图9-24

03 拖曳鼠标选中输入的文字，当文字被选中时反相显示（见图9-25）。

图9-25

04 单击文字工具选项栏右端的"创建文字变形"按钮，在"变形文字"对话框的"样式"选项中选择"鱼形"。

05 在"变形文字"对话框中，各选项设置如图9-26所示。

图9-26

其中，"水平"选项可使文本向水平方向扭曲，"垂直"则向垂直方向扭曲。"弯曲"选项可以设置文本的弯曲程度。"水平扭曲"和"垂直扭曲"可以让文本产生扭曲效果。

06 单击"确定"按钮，按下Ctrl+Enter快捷键结束文字编辑（见图9-27）。

图9-27

07 如果对文字的变形不满意，可重新用文字工具选中所有文字，然后单击"创建文字变形"按钮，在弹出的对话框中的"样式"选项下重新选择，或者选择"无"取消变形。

9.3.3　"字符"面板

对文本进行编辑时，除了使用文字工具选项栏，还可以使用"字符"面板，"字符"面板可以对文字进行更多编辑操作。

"字符"面板上除了有文字工具选项栏同样的选项之外，还有一些更细致的属性设置（见图9-28）。

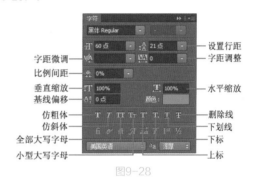

图9-28

（1）设置行距：文本为多行时，行与行之间的距离叫做行距。以下文字"大小"为20点，"行距"分别为20点与30点，如图9-29所示。

图9-29

（2）字距微调：可以调节两个字符间的间距。首先在两个文字间单击，将闪烁的光标即插入点放在两字中间，然后设置微调数值。以下是"字距"为-500与300的效果，如图9-30所示。

图9-30

（3）字距调整：可以调节所选字符间的间距（见图9-31）。如果没有选择，会调节所有字符之间的间距（见图9-32）。

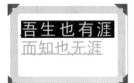

图9-31 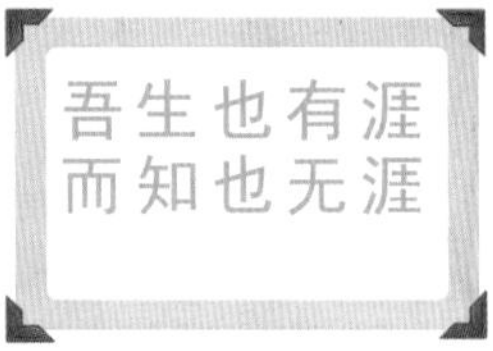　　　　图9-32

（4）比例间距：以百分比的形式设置字符间距。

（5）垂直缩放：可以单独调整字符的高度（见图9-33）。

（6）水平缩放：可以单独调整字符的宽度（见图9-34）。

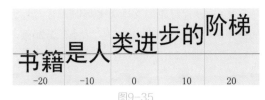

图9-33 　　　　图9-34

（7）基线偏移：可以调整同一行文字中的部分文字升高或降低，正值升高，负值降低（见图9-35）。

图9-35

（8）"字符"面板下方一排"T"型按钮，如"仿粗体""仿斜体"等，可以创建多种文字样式（见图9-36）。

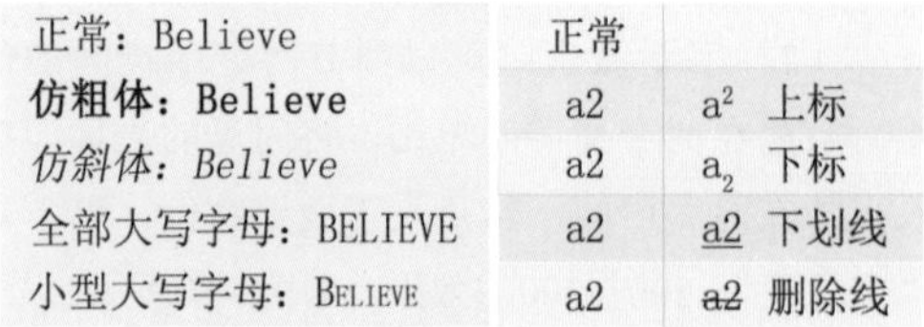

正常：Believe	正常		
仿粗体：Believe	a2	a²	上标
仿斜体：Believe	a2	a₂	下标
全部大写字母：BELIEVE	a2	a2	下划线
小型大写字母：Believe	a2	a2	删除线

图9-36

提示

①选择文字工具，拖曳鼠标选择文字后，按Shift+Ctrl+>快捷键可增加文字大小；按Shift+Ctrl+<快捷键可减小文字大小。

②拖曳鼠标选择文字后，按Alt+→快捷键可增加字符间距，按Alt+←快捷键可减少字符间距；按Alt+↑快捷键可减少行间距，按Alt+↓快捷键可增加行间距。

9.3.4　"段落"面板

如果要设置某单个段落的格式，可先使用文字工具在该段落单击，显示出文本框（见图9-37）；如果要设置多段的段落格式，可先使用文字工具选择多个段落，使其反相显示（见图9-38）；如果要设置该图层所有段落的格式，可先选中该图层（见图9-39），然后选择"窗口"菜单→"段落"选项，打开"段落"面板（见图9-40），即可设置段落对齐、左缩进、右缩进等选项。

图9-37　　　　　　　图9-38

图9-39

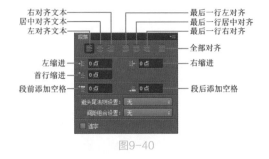

图9-40

（1）左对齐文本：文字左对齐，右端不齐（见图9-41）。

（2）居中对齐文本：文字居中对齐，两端不齐（见图9-42）。

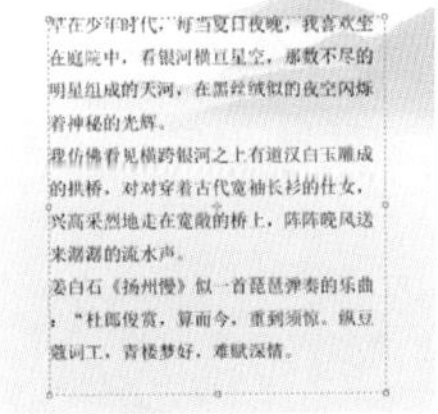

图9-41 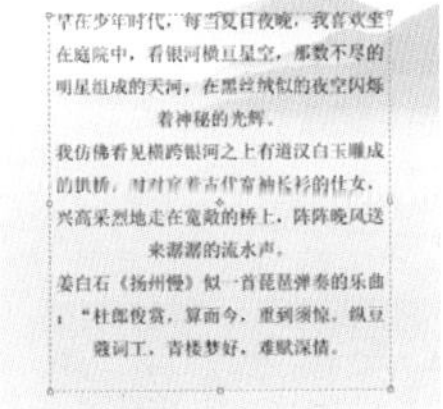　　　　　　　图9-42

（3）右对齐文本：文字右对齐，左端不齐（见图9-43）。

（4）最后一行左对齐：除最后一行左对齐之外，其他行强制两端对齐（见图9-44）。

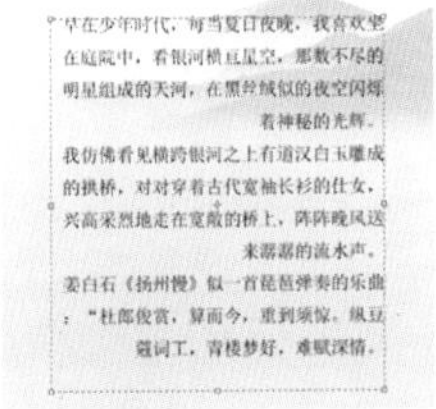

图9-43 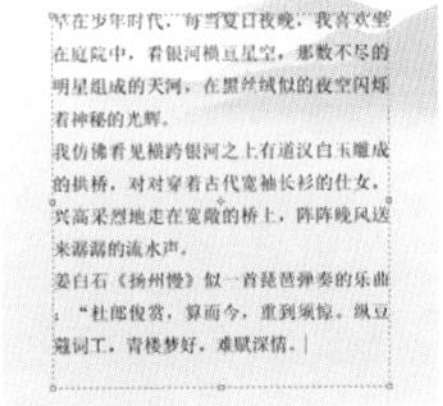　　　　　　　图9-44

（5）最后一行居中对齐：除最后一行居中对齐之外，其他行强制两端对齐（见图9-45）。

（6）最后一行右对齐：除最后一行右对齐之外，其他行强制两端对齐（见图9-46）。

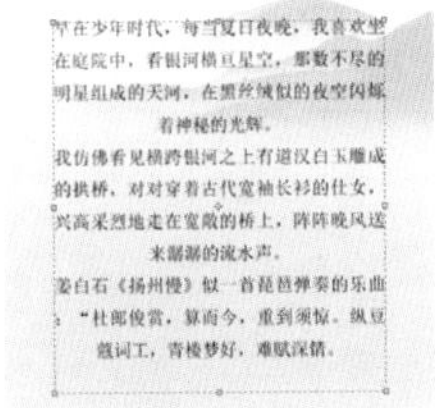

图9-45 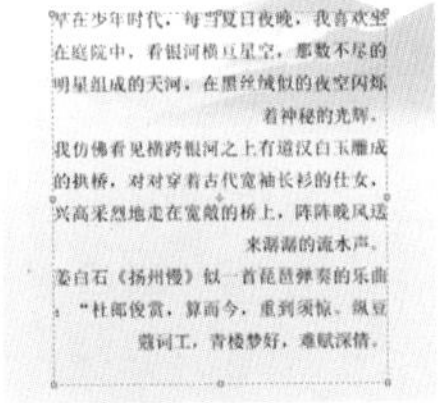　　　　　　　图9-46

（7）全部对齐：在字符间添加间距，使文本两端强制对齐（见图9-47）。

（8）左缩进：可调整文字与文本框左边界的距离，如图9-48所示为左缩进20点的效果。

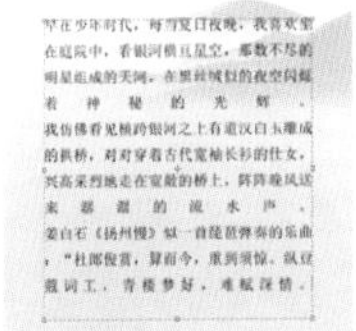

图9-47 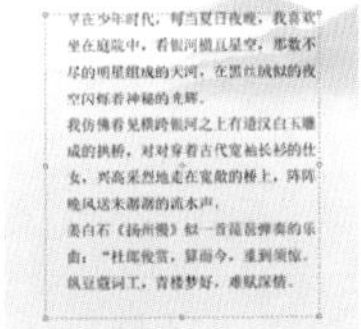　　　　　　　图9-48

（9）右缩进：可调整文字与文本框右边界的距离，如图9-49所示为右缩进20点的效果。

（10）首行缩进：可调整第一行文字与文本框左边界的距离，以符合中文每行开头空两个字的习惯。例如，文字"大小"为14点，那么"首行缩进"应为"28点"（见图9-50）。

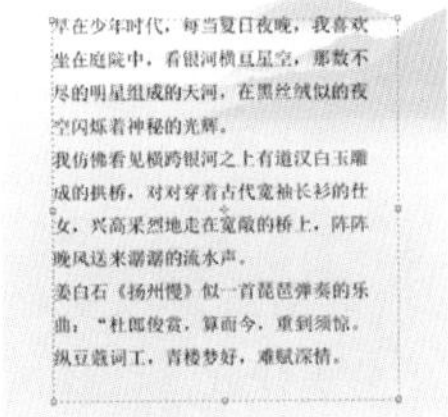

图9-49 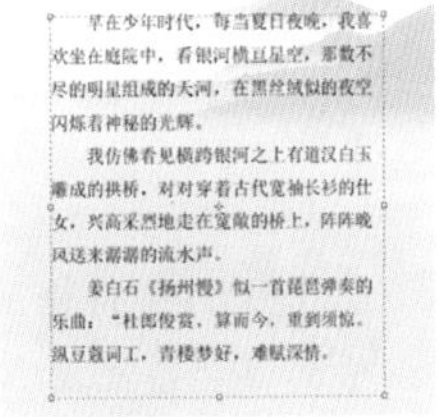　　　　　　　图9-50

（11）段前/后加空格：可调整段落之间的间距。如图9-51所示为段前添加空格20点的效果；如图9-52所示为段后加空格20点的效果。

图9-51　　　　　　　图9-52

（12）避头尾法则设置：不能出现在一行的开头或结尾的字符称为避头尾字符。Photoshop 提供了基于日本行业标准（JIS）X 4051—1995 的宽松和严格的避头尾集，其中，"JIS 宽松"设置不能用于行首的字符有'"、。》】！）），，：·；？｝等，不能用于行尾的字符有'"〈《【［（［｛等。如图9-53所示为设置了"避头尾法则"为"JIS宽松"的效果。

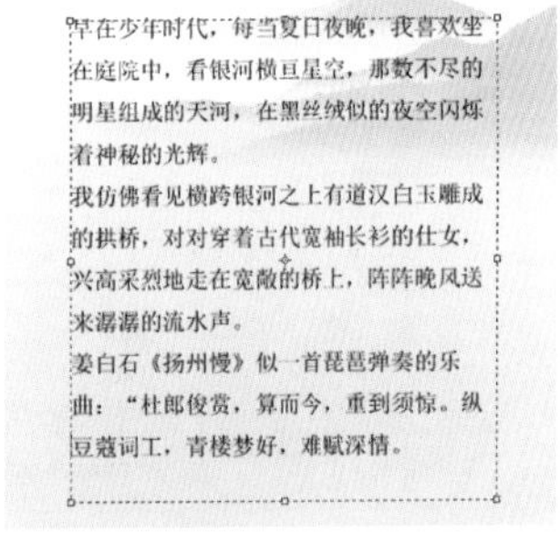

图9-53

（13）间距组合设置：设置好的间距、文字段落或行距等格式后，保存为"样式"，即可出现在"间距组合设置"下拉菜单，下次可直接选择使用，不必再次设置。

（14）连字：强制对齐文本时，文本行的末端如果有单词会被断开至下一行。选中"连字"则会在行末端字母后面添加连字标记。

9.4 ▶ 设置字符样式与段落样式

设置好的字符格式与段落格式可以保存起来，成为"字符样式"与"段落样式"，快速地应用于其他文本，从而减少工作量。也可以直接新建"字符样式"与"段落样式"。

实战：创建与应用字符样式（*视频）

01 打开文件"第9章素材8"（见图9-54）。

02 选择"窗口"菜单→"字符样式"选项，即可弹出"字符样式"面板（见图9-55）。双击面板上"字符样式1"选项，即可弹出"字符样式选项"面板，设置"字体系列"为"黑体""11点""绿色""下画线""仿斜体"（见图9-56）。

图9-54 　　　　　　　　　图9-55

图9-56

03 单击选中"图层"面板中的文字图层（见图9-57），再单击"字符样式"面板中的"字符样式1"选项，文本就会应用该字符样式（见图9-58）。

图9-57 　　　　　　　　　图9-58

提示 在段落样式中除了可以设置字体、字号、字体颜色等字符格式，还可以设置缩进、对齐等。

9.5 ▶ 创建路径文字

路径文字指建立在路径上的文字，这种文字会沿着路径排列，当路径形状发生改变时，文字的排列也会随之变化。

9.5.1 实战：创建沿路径排列的文字（*视频）

01 打开文件"第9章素材9"，使用钢笔工具沿彩虹绘制路径（见图9-59），按Ctrl键单击空白处结束绘制。

02 单击"横排文字工具"，在工具选项栏设置"字体"为"黑体"，"字号"为"60点"，"字符颜色"为"蓝色"，将鼠标移至路径上，当光标形状上多一条波浪线时单击，确定插入点，并输入文字"每个人心中，都有个孩子"，并按Ctrl+Enter快捷键确认输入（见图9-60），实现路径文字效果。

图9-59 　　　　　　　　　图9-60

9.5.2　实战：移动与翻转路径文字（*视频）

路径文字创建完成后，可以进行修改和编辑。

01 单击选择文字图层，单击选择"直接选择工具"或"路径选择工具"按钮，将鼠标移至文字上。

02 当光标形状上多一个箭头时，拖曳鼠标即可移动文字（见图9-61），或者翻转文字（见图9-62）。

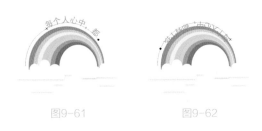

图9-61　　　　　　　　图9-62

9.5.3　编辑路径文字（*视频）

创建路径文字后，可以直接修改路径的形状，文字的排列也将随之改变。

01 使用"直接选择工具"单击路径，即可显示锚点与方向线（见图9-63）。

02 拖曳描点与方向线编辑路径，或者使用"添加锚点工具"添加锚点等，随着路径的改变，文字的排列也随之改变（见图9-64）。

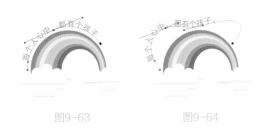

图9-63　　　　　　　　图9-64

9.5.4　创建路径内文字

做文字排版时，如果要求将文字排列在一个特殊形状内，可用路径来实现。

首先使用钢笔工具绘制路径（见图9-65），然后单击选择"横排文字工具"，当鼠标移至路径内，光标形状上多一个圆圈时，即可单击确定插入点并录入文字（见图9-66），文字将只在路径内排列。

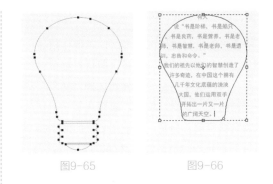

图9-65　　　　　　　　图9-66

9.6▸编辑文本

在"文字"菜单和"编辑"菜单中，也有一些关于文字的编辑操作，可以帮助我们更灵活地应用文字工具。

9.6.1　OpenType字体

OpenType字体文件可以用于Mac OS、Windows和 Linux系统，这种跨平台的字库非常方便用户的使用，不会因为不同的系统之间交换文件而出现文本重新排列问题。目前该字体格式已经成为一种业内标准，越来越多的字体厂商将自己的字库升级到OpenType字体格式。

选择"文字"菜单→OpenType选项，弹出下拉菜单，选择其中一种格式即可（见图9-67）。

图9-67

9.6.2 栅格化文字图层

文字图层与普通图层不同，不能使用滤镜，不能使用画笔工具等，选择"图层"菜单→"栅格化"→"文字"命令；或者选择"文字"菜单→"栅格化"命令，都可以栅格化文字，使其转换为普通图层。但是，栅格化之后的文字将不再具有文字图层的属性（见图9-68）。

图9-68

9.6.3 字体预览大小

在文字工具选项栏设置字体时，下拉列表中左边是字体名称，右边是字体预览（见图9-69）。如果希望改变字体预览大小，可选择"文字"菜单→"字体预览大小"选项，在弹出的列表中选择合适大小即可。

图9-69

9.6.4 语言选项

Photoshop提供了"东亚语言功能""中东语言功能""波斯语数字"等文字选项，如果需要输入中东语言，可选择"文字"菜单→"语言选项"→"中东语言功能"选项，"字符"面板中会出现中东文字选项。

9.6.5 更新所有文字图层

打开在旧版的Photoshop中创建的文件时，选择"文字"菜单→"更新所有文字图层"选项，可更新版面，使文字图层能够正常编辑。

9.6.6 替换所有欠缺字体

Photoshop文件在另外一台机器上打开时，因为缺乏同样的字体，会弹出一条警告信息，指明缺少哪些字体。这时可以选择"文字"菜单→"替换所有欠缺字体"选项，用本机器上相近的字体替换原来的字体。

9.6.7 解析缺失字体

当Photoshop文件在另外一台机器上打开而缺乏同样的字体时，选择"文字"菜单→"解析缺失字体"选项，会弹出对话框（见图9-70），解析所缺何种字体，并且提供字体列表以供选择替换。

图9-70

9.6.8 粘贴Lorem ipsum

使用Photoshop进行设计工作时，需要添加文本框，但暂时又没有文本内容，这时可使用文字工具先绘制文本框，然后选择"文字"菜单→"粘贴Lorem ipsum"选项，Lorem ipsum占位符文本将填充文本框，以方便设计布局。

9.6.9 实战：查找与替换文本（*视频）

执行"查找和替换文本"命令可以将文本中需要修改的文字、标点替换为指定的内容。注意，已经栅格化的文字不能进行查找和替换。

01 打开文件“第9章素材11”（见图9-71）。

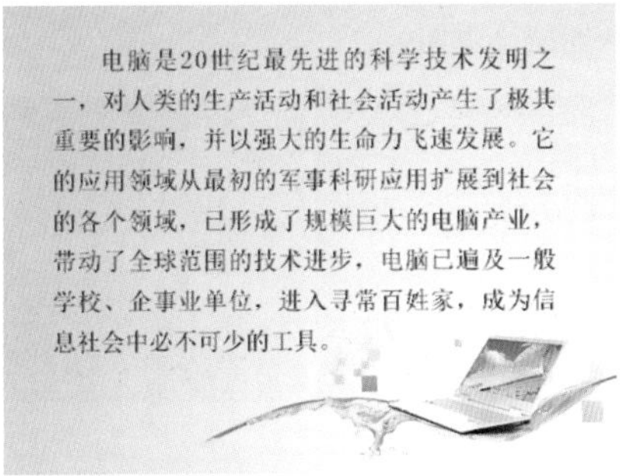

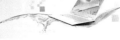

电脑是20世纪最先进的科学技术发明之一，对人类的生产活动和社会活动产生了极其重要的影响，并以强大的生命力飞速发展。它的应用领域从最初的军事科研应用扩展到社会的各个领域，已形成了规模巨大的电脑产业，带动了全球范围的技术进步，电脑已遍及一般学校、企事业单位，进入寻常百姓家，成为信息社会中必不可少的工具。
图9-71

02 选择“编辑”菜单→“查找和替换文本”选项，弹出对话框。在“查找”框中输入“电脑”；在“更改为”框中输入“计算机”，单击“更改全部”按钮（见图9-72），即可把文本中所有“电脑”二字替换为“计算机”（见图9-73）。

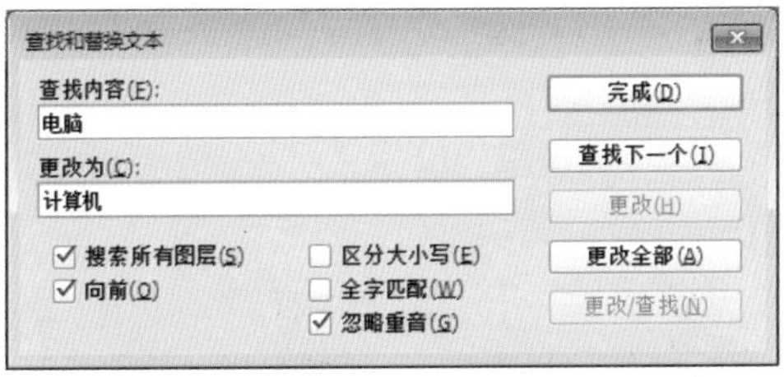

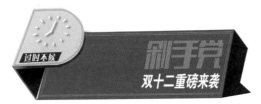

查找和替换文本
查找内容(E):
电脑
更改为(C):
计算机
完成(D)
查找下一个(I)
更改(H)
更改全部(A)
更改/查找(N)
搜索所有图层(S)
向前(O)
区分大小写(E)
全字匹配(W)
忽略重音(G)
图9-72

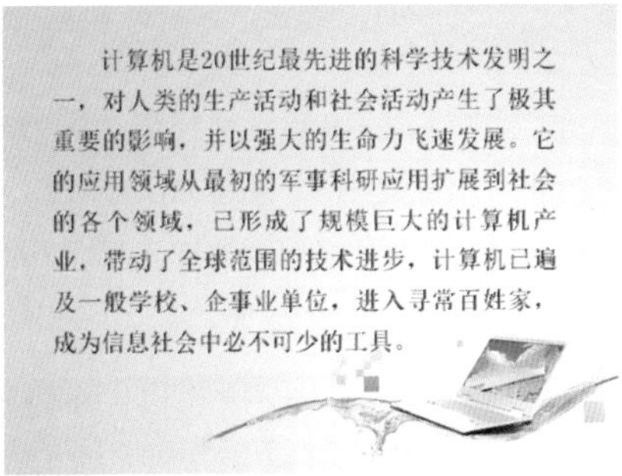

计算机是20世纪最先进的科学技术发明之一，对人类的生产活动和社会活动产生了极其重要的影响，并以强大的生命力飞速发展。它的应用领域从最初的军事科研应用扩展到社会的各个领域，已形成了规模巨大的计算机产业，带动了全球范围的技术进步，计算机已遍及一般学校、企事业单位，进入寻常百姓家，成为信息社会中必不可少的工具。
图9-73

9.6.10 拼写检查

Photoshop中，可选择“编辑”菜单→“拼写检查”选项，弹出“拼写检查”对话框，检查英文单词拼写是否正确，并提供修改建议。

9.7 将文字转换为路径和形状

在Photoshop中可以将文字转换为路径和形状，转换后虽然不再具有文本属性，但是可以进行变形、填充等编辑操作。

9.7.1 实战：将文字转换为路径并变形（*视频）

01 打开文件“第9章素材12”（见图9-74）。

过时不候
剁手党
双十二重磅来袭
图9-74

02 隐藏“图层2”，选择“横排文字工具”，输入文字“秒杀”，并按Ctrl+Enter快捷键确认输入。在“字符”面板中设置“字体”为“迷你简菱心”，“大小”为“135点”，“水平缩放”为75%，“文本颜色”为“黄色”“仿斜体”（见图9-75、图9-76）。

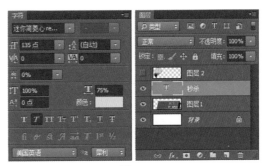

字符
135 点
(自动)
75%
颜色：
美国英语
犀利
图层
正常
不透明度：100%
填充：100%
图层 2
秒杀
图层 1
背景
图9-75

秒杀
剁手党
双十二重磅来袭
图9-76

03 右击“秒杀”图层，在弹出的快捷菜单中选择“创建工作路径”命令（见图9-77）。

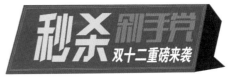

图9-77

04 隐藏"秒杀"图层,使用"删除锚点工具"删除多余锚点（见图9-78），使用"直接选择工具"移动锚点（见图9-79）。

图9-78

图9-79

05 新建图层3；设置前景色为R=244，G=231，B=39；在"路径"面板单击底部的"用前景色填充路径"按钮（见图9-80）。

图9-80

06 设置显示图层2，单击"路径"面板空白处隐藏路径；显示被隐藏的"图层2"，最终效果如图9-81所示。

图9-81

9.7.2 将文字转换为形状

单击选择文字图层，选择"文字"菜单→"转换为形状"选项，即可将原文字图层转换为形状图层（见图9-82）。

图9-82

9.8 ▶ 综合案例：为水果海报添加文字

海报效果如图9-83所示。

01 打开文件"第9章素材13"，置入文件"第9章素材14"（见图9-84）。

图9-83

图9-84

02 置入文件"第9章素材15""第9章素材16"；并选择"素材16"图层，按下Alt+Ctrl+G快捷键，创建剪贴蒙版（见图9-85、图9-86）。

图9-85

图9-86

03 使用"矩形工具"绘制绿色矩形。单击文字工具,在"字符"面板中设置"幼圆""24点""白色";输入文字"绿/色/天/然/--健/康/新/鲜/"(见图9-87)。

图9-87

04 输入文字"优质·便捷·平价·新鲜",并设置字体、字体大小、颜色(见图9-88)。

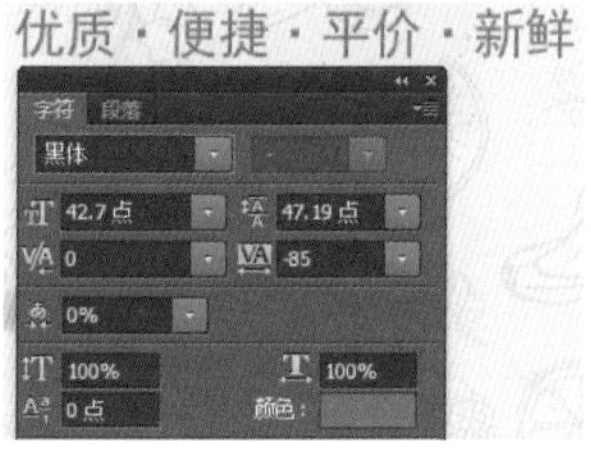

图9-88

05 输入文字"High quality Convenient Parity Fresh",并设置字体、大小、颜色(见图9-89)。

图9-89

06 输入文字"城市快体验 鲜果即时送",并设置"字体"为"方正细圆","大小"为59点,"颜色"为"绿色"(见图9-90)。

图9-90

07 用文字工具选中文字"城市快体验 鲜果即时送",在工具选项栏单击"创建文字变形"按钮,在弹出的对话框中设置为"扇形","水平弯曲"为18%(见图9-91)。

08 使用钢笔工具绘制路径,并按住Ctrl键在空白处单击结束绘制(见图9-92)。

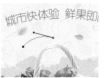

图9-91　　　　　　图9-92

09 新建图层;设置"前景色"为绿色;选择画笔工具;设置笔尖"大小"为5像素,"硬度"为100%,单击"路径"面板上的"描边路径"按钮(见图9-93),用画笔描边路径后效果如下(见图9-94)。

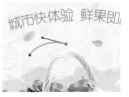

图9-93　　　　　　图9-94

10 将文字工具停放在路径上,当光标变形后单击,输入文字"绿色健康"(见图9-95)。如果位置不合适,可使用直接选择工具调整。新鲜水果海报完成(见图9-96)。

图9-95 　　　　　　图9-96

Photoshop是当之无愧的色彩处理大师。在"图像"→"调整"菜单中，提供了多种工具调整图像的色相、亮度、对比度和饱和度等，还可以营造独特的氛围和意境，改善照片的效果，为黑白照片上色等。

10.1 ▶ 图像颜色模式

在Photoshop中处理的色彩鲜艳的图像，打印时却变得灰暗，这是因为图像的颜色模式不同。颜色模式是一个非常重要的概念，只有了解了不同的颜色模式，才能精确地描述、修改和处理图像与照片的色调。

选择"图像"菜单→"模式"选项，弹出列表（见图10-1），各种颜色模式的原理与用途都是不同的。

图10-1

10.1.1 RGB模式

RGB模式是由红、绿、蓝三种色光构成，主要应用于显示器屏幕的显示。每一种颜色的光线从0到255被分成256阶，0表示这种光线没有，255就是最饱和的状态，由此就形成了RGB这种色光模式。黑色是由于三种光线都不亮，白色是由于三种光线的最高阶加在一起，所以RGB模式被称为加色法。三种光线的特定状态两两相加，又形成青、洋红、

黄色（见图10-2）。

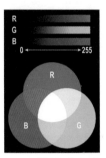

图10-2

> **提示** 显示器中所有颜色都是由R（红）、G（绿）、B（蓝）三种颜色的256种亮度值混合而成。在Photoshop中一般首选RGB颜色模式，在这种模式下可以使用所有Photoshop工具和命令，而使用其他模式则会受到限制。

10.1.2 CMYK模式

CMYK模式是由青、洋红、黄、黑4种颜色的油墨构成的，主要应用于印刷品，因此也被称为色料模式。每种油墨的使用量从0%到100%，由C（青）、M（洋红）、Y（黄）三种油墨混合而产生了更多的颜色，两两相加形成的正好是红、绿、蓝三色。由于CMY三种油墨在印刷中并不能形成纯正的黑色，因此需要单独的黑色油墨K，由此形成CMYK这种色料模式（见图10-3）。

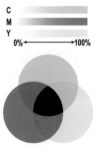

图10-3

当油墨量越大，颜色越重、越暗，油墨量越少，颜色越亮。当没有油墨时，是什么都没有印上的白纸，所以CMYK模式被称为减色法。

一张白纸进入传统的印刷机，要被印4次，先被印上青色的部分，再被印上洋红色、黄色和黑色部分。

10.1.3　Lab模式

Lab是国际照明委员会（CIE）于1976年公布的一种色彩模式，它包括人眼所能看到的所有可见光，是色域最广的一种色彩模式，Photoshop进行颜色模式转换时，会先将其转换为Lab模式（见图10-4）。

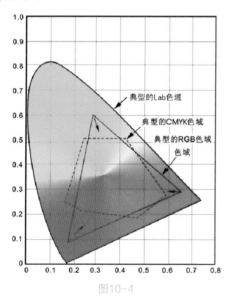

图10-4

L代表亮度，范围0～100；a代表了由绿色到红色的光谱变化；b代表了由蓝色到黄色的光谱变化。a和b的取值范围为+127～-128。

10.1.4　位图模式

位图（Bitmap）模式只有黑、白两种颜色，因此这种模式的图像也叫黑白图像。如果要将图像转换为位图模式，必须先将图像转换为灰度模式，然后再由灰度模式转换为位图模式。

10.1.5　灰度模式

灰度模式的图像不包含颜色，图像中的每一个像素都有一个0～255的亮度值，0代表黑色，255代表白色，其他值是黑→灰→白过渡的灰色，例如黑白照片。将彩色图像转换为灰度模式时，所有的颜色信息都将被删除。

10.1.6　双色调模式

只有灰度模式的图像才能转换为双色调模式，转换时弹出对话框（见图10-5）。在“类型”列表框中可以选择“单色调”“双色调”“三色调”“四色调”。单色调是用单一油墨打印的灰度图像。如图10-6所示为蓝色油墨打印的灰度图像。双色调、三色调、四色调分别是用两种、三种、四种油墨打印的灰度图像。油墨颜色可以自己编辑设定。

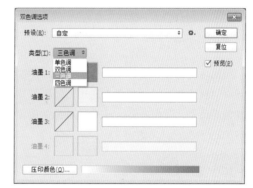

图10-5

图10-6

10.1.7　索引颜色模式

它采用一个颜色查找表存放索引图像中的颜色，只有256种或更少。将图像转换为索引颜色模式时，上百万种颜色将被颜色表中的少量颜色代替。此模式的优点是生成文件较小，可用于多媒体动画和网页制作。

10.1.8 多通道模式

将RGB图像转换为此模式后，可得到青、洋红和黄色三个通道。如果删除其他颜色模式下的某个通道，图像自动转换为多通道模式。在多通道模式下，每个通道都使用0～255级灰度。用多通道模式可为图像设置一些特殊色调。

10.1.9 8位/16位/32位通道模式

记录数字图像的颜色时，计算机实际上是用每个像素需要的位深度来表示的，图像的色彩越丰富，"位"就越多。例如8位图像，每个通道可支持256种颜色，图像可以有1600万个以上的颜色值。

10.1.10 颜色表

图像转换为索引颜色模式后，选择"图像"菜单→"模式"→"颜色表"选项，即可打开该图像的颜色表，颜色表中显示Photoshop从图像中提取的256种颜色（见图10-7）。

图10-7

10.2 ▶ 图像颜色调整功能的应用方式

调整图像颜色与色调，可以使用"图像"菜单下的各个选项（见图10-8）；也可以使用"调整"面板（见图10-9）；或者使用"调整图层"，单击"图层"面板底部的"创建新的填充或调整图层"按钮即可弹出菜单（见图10-10），都可以完成图像颜色与色调的调整。

图10-8

图10-9

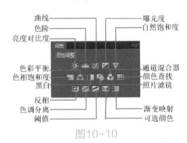

图10-10

10.3 ▶ 自动调整图像

Photoshop的"图像"菜单中，提供了"自动色调""自动对比度""自动颜色"命令，可以自动对图像的颜色和色调进行简单调整，适合初学者使用。

10.3.1　自动色调

选择"图像"菜单→"自动色调"选项，即可自动调整图像中的黑白场。其原理是：剪切每个通道中的阴影和高光部分，并将每个颜色通道中最亮或最暗的像素映射到纯白或纯黑；中间像素按比例重新分配分布，最终增强图像的对比度。如图10-11所示为原图与调整自动色调之后的效果。

图10-11

10.3.2　自动对比度

选择"图像"菜单→"自动对比度"选项，即可自动调整图像的对比度。其原理是：剪切图像中的阴影和高光值，再将图像中的剩余部分的最亮和最暗像素映射到纯白或纯黑；中间像素按比例重新分配分布，这样会使高光看上去更亮，阴影看上去更暗。"自动对比度"不会单独调整各个颜色通道，可改进许多摄影或连续色调图像的外观，但无法改变单色图像属性。如图10-12所示为原图与调整自动对比度之后的效果。

图10-12

10.3.3　自动颜色

选择"自动颜色"命令通过搜索图像来标识阴影、中间调和高光，从而调整图像的对比度和颜色。在"色阶"或者"曲线"对话框中单击"选项"按钮，弹出"自动颜色校正选项"对话框，可以更改自动颜色的默认值。

自动颜色命令一般用来校正出现色偏的照片，如图10-13所示为原图与调整自动颜色之后的效果。

图10-13

10.4 ▶ 亮度/对比度

选择"图像"菜单→"调整"→"亮度/对比度"选项，弹出"亮度/对比度"对话框（见图10-14），即可调整图像。如图10-15所示中，左图为原图即"亮度"为0、"对比度"为0；中间图"亮度"为67，"对比度"为0；右图"亮度"为0，"对比度"为100。

图10-14

图10-15

"亮度/对比度"命令简单易用，但没有"色阶""曲线"可控性强，并且可能丢失图像细节。所以对于要求高的作品，最好使用"曲线"来调整。

10.5 ▶ 曝光度

拍照片时如果采光不好，照片会偏暗，可以

通过调整曝光度，将照片变得明亮。选择"图像"菜单→"调整"→"曝光度"选项，即可弹出"曝光度"对话框进行调节（见图10-16）。

图10-16

其中，"曝光度"用来调节图片的光感强弱，数值越大图片会越亮，调高曝光度，高光部分会迅速提亮直到过曝而失去细节。"位移"用来调节图片中的灰度数值，也就是中间调的明暗，即"中性灰"。"灰度系数校正"是用来减淡或加深图片灰色部分，也可以提亮灰暗区域，增强暗部的层次（见图10-17）。

图10-17

10.6 ▶ 实战：调整自然饱和度使照片色彩鲜艳自然（*视频）

照片出现色彩灰暗、不鲜艳等情况时，可使用"自然饱和度"命令和"色相/饱和度"命令提高照片色彩的饱和度，使其更鲜艳。但是"自然饱和度"只增加未达到饱和的颜色的饱和度，而"饱和度"命令则增加整个图像的饱和度，可能会导致图像颜色过于饱和。

01 打开文件"第10章素材8"（见图10-18）。

图10-18

02 选择"图像"菜单→"调整"→"自然饱和度"选项，弹出"自然饱和度"对话框。

03 将对话框中的"自然饱和度"滑块向右拖动至"+100"，照片色彩变得鲜艳而自然。

10.7 ▶ 色相/饱和度

"色相/饱和度"命令用于调整图像的色相及饱和度，可用于灰度图像的色彩渲染，也可以为图像或图像的某个区域转换颜色。

打开一个文件（见图10-19）。选择"图像"→"调整"→"色相/饱和度"选项，或按Ctrl+U快捷键，弹出"色相/饱和度"对话框（见图10-20）。

图10-19

图10-20

（1）编辑范围：单击小三角按钮，弹出下拉列表，可以选择要调整的颜色。默认选项为"全图"，可调整图像中的所有颜色的色相、饱和度与明度（见图10-21）。如果选择其他选项比如"红色"，则只调整图像中的红颜色的色相、饱和度与明度（见图10-22）。

图10-21

图10-22

（2）色相：指能够比较具象地表示某种颜

色别的名称，如红、黄、蓝、绿等。

（3）饱和度：是指色彩的鲜艳程度，也称色彩的纯度，饱和度高的颜色较鲜艳，饱和度低的颜色较灰暗。

（4）明度：是指色彩的明暗度，有深浅、明暗的变化。感官上越亮的图像明度越高。

（5）调整工具：选中该工具，在图像的某一点上单击并拖曳鼠标，即可改变该点颜色的饱和度（见图10-23）；按住Ctrl键拖曳鼠标，则可改变该点的色相（见图10-24）。

图10-23　　　　　　　　图10-24

（6）着色：选中该选项后，图像转换为单色图像。如果当前前景色为白或黑，图像转换为红色（见图10-25）。可拖曳"色相"滑块修改颜色（见图10-26）；也可以进行饱和度和明度的修改。

图10-25　　　　　　　　图10-26

（7）颜色条："色相/饱和度"对话框底部有两个颜色条，如果在"编辑范围"框中选择一种颜色，例如"红色"，便会出现几个小滑块（见图10-27）。调整"色相"为-158，图像发生变化（见图10-28）。

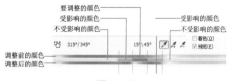

图10-27

图10-28

拖曳垂直滑块，可扩展或收缩被修改的颜色
范围（见图10-29）；拖曳三角形滑块，可扩展或
收缩衰减范围（见图10-30）。

图10-29

图10-30

（8）吸管工具：在"编辑范围"框中选择
一种颜色后，直接用第一个"吸管工具" 🖊 在图
像中单击，即可选择调整颜色的范围；用第二个
"添加到取样"工具 🖊 在图像中单击，扩展颜色
范围；用第三个"从取样中减去"工具 🖊 可缩小
颜色范围。

 执行"亮度/对比度""自然饱和度"等图像
调整命令之后，如果感觉效果太强烈，选择
"编辑"菜单→"渐隐"选项（见图10-31），
降低效果的透明度；也可以修改混合模式创
造特殊效果。

图10-31

10.8 ▶ 色彩平衡

执行"色彩平衡"命令可以校正图像色偏、
过于饱和或饱和度不足的情况，也可以根据自己
的喜好和制作需要，调制需要的色彩倾向。

打开一个文件（见图10-32），选择"图
像"菜单→"调整"→"色彩平衡"选项，
或按Ctrl+B快捷键，弹出"色彩平衡"对话框
（见图10-33）。

图10-32

图10-33

对话框中，青色与红色、洋红与绿色、黄色
与蓝色互为补色，要减少某个颜色，就增加这种
颜色的补色。

（1）色彩平衡：拖曳滑块即可使图像倾向于
某种颜色并同时减少它的补色。例如，拖动第一
个滑块向青色，同时就会减少其补色红色，以此
类推（见图10-34～图10-36）。选中"保持明度"
选项可以保持图像的色调不变，防止因改变了色
彩倾向而改变亮度。

（2）色调平衡：包括"阴影""中间

调""高光"三个选项，可以单独改变其中一种的色彩平衡。例如选择"阴影"，然后拖曳滑块向"蓝色"方向，将只会使阴影部分的色彩倾向蓝色，中间调与高光部分受影响较小（见图10-37～图10-39）

图10-34

图10-35

图10-36

图10-37　　　　　图10-38

图10-39

提示

根据RGB色彩原理（见图10-40），红色与绿色混合成为黄色，那么我们可以认为红与绿是黄的支持色，同理，绿与蓝是青的支持色，蓝与红是洋红的支持色；也可以认为，黄与青是绿的支持色，青与洋红是蓝的支持色，洋红与黄是红的支持色。

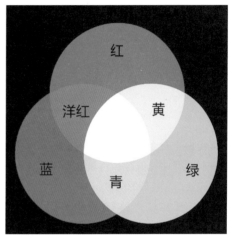

图10-40

实战：让天空更蓝（*视频）

根据RGB色彩原理，让天空更蓝，可增加蓝色的支持色青与洋红，并减少蓝的补色黄色。

01 打开文件"第10章素材11"（见图10-41）。

图10-41

02 按下Ctrl+B快捷键，弹出"色彩平衡"对话框，并将滑块向"青色""洋红"和"蓝色"方向拖曳（见图10-42）。天空变得更蓝。

图10-42

10.9 ▶ 实战：用"黑白"命令制作艺术照片（*视频）

"黑白"命令可以将彩色图像转换为灰度图像，但提供了多个选项，可以继续调节转换前的颜色的深浅，即色调的明暗。

01 打开文件"第10章素材12"（见图10-43），选择"图像"菜单→"调整"→"黑白"选项，弹出"黑白"对话框，同时图像也变成了灰度图像（见图10-44）。

图10-43

图10-44

02 将鼠标指向如图10-45所示的地方并向右拖曳，该位置的颜色变浅，明度提高。这是一种手动调节。

图10-45

03 在弹出的对话框中，拖曳红色滑块向右，图像中红色的裙子颜色变浅（见图10-46）。

图10-46

04 选中"色调"选项，并拖曳"色相"滑块与"饱和度"滑块，可以给灰度图像着色成为单色图像（见图10-47）。如果对调整结果不满意，可按住Alt键单击"复位"（取消）键，重新调整。

图10-47

10.10 ▶ 实战：用照片滤镜纠正色偏（*视频）

传统的滤镜是指照相机的配件，安装在镜头前面。例如，拍摄日落时可以安装红色滤镜，使照片更好地体现日落时的暖色调。Photoshop中的"照片滤镜"命令模拟这种功能，并且可以利用补色原理纠正偏色照片。如果该命令执行一次效果不理想，可以执行多次。

01 打开文件"第10章素材13"（见图10-48）。这是一张偏红色的照片。选择"图像"菜单→"调整"→"照片滤镜"选项（见图10-49）。

图10-48

图10-49

02 单击"滤镜"右边的小三角，弹出列表（见图10-50），在其中选择"冷却滤镜（82）"，设置"浓度"为25%，选中"保持明度"，单击"确定"按钮。

图10-50

03 再次选择"照片滤镜"选项，弹出"照片滤镜"对话框（见图10-51）。单击"颜色"右边的色块，弹出"拾色器"对话框，设置颜色"R=0，G=255，B=234"，设置"浓度"为"32%"，再次纠正色偏，最终颜色被纠正为正常。

图10-51

10.11 ▶ 实战：利用颜色查找功能实现电影风格调色（*视频）

"颜色查找"是一种对于色彩定向调整的功能，提供了多个实用的调色文件，包括一些电影风格、胶片风格的色调。其应用方法简单，可以像滤镜一样直接应用，最终效果非常自然，不会出现对比度过强的问题。

01 打开文件"第10章素材14"（见图10-52）。选择"图像"菜单→"调整"→"颜色查找"选项，弹出"颜色查找"对话框（见图10-53），单击"3DLUT文件"右边的小三角按钮，弹出不同的调整风格列表。

图10-52

02 在列表中选择不同的选项，生成不同的效果（见图10-54～图10-56）。

图10-53

图10-54

图10-55

图10-56

10.12▸反相

打开一张照片（见图10-57），选择"图像"菜单→"调整"→"反相"选项，或按下快捷键Ctrl+I，图像颜色将被反转，形成负片效果（见图10-58）。

图10-57　　　　图10-58

10.13▸色调分离

"色调分离"可以指定图像中每个通道的色调级（或亮度值）的数目，像素自动映射为最接近的匹配色调，从而简化图像颜色，或产生各种特殊的色彩效果。

指定的"色阶"值越小，颜色越简单（见图10-59）；指定的"色阶"值越大，颜色越丰富（见图10-60）。

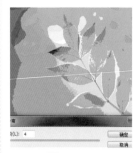

图10-59　　　　图10-60

10.14▸实战：利用阈值制作钢笔画（*视频）

阈值的原理是根据图像像素的亮度值把它一分为二，一部分用黑色表示，一部分用白色表示。阈值色阶的值越大，黑色像素分布越广；反之，阈值色阶值越小，白色像素分布越广。

为防止图像转换为阈值时丢失太多细节，可

以先用"高反差保留"滤镜处理图像。

01 打开文件"第10章素材17"（见图10-61）。

图10-61

02 选择"滤镜"菜单→"其他"→"高反差保留"选项，在弹出的对话框中设置"半径"为4.0（见图10-62）并单击"确定"按钮。

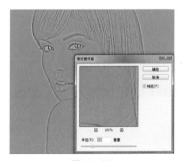

图10-62

03 选择"图像"菜单→"调整"→"阈值"选项，设置"阈值色阶"值为120（见图10-63），得到钢笔画效果（见图10-64）。

图10-63

图10-64

10.15 ▶ 实战：利用渐变映射制作特殊色调（*视频）

"渐变映射"命令可以把图像先转换为灰度，然后用设定的渐变色替换图像中的各级灰度。阴影部分映射渐变色的最左端颜色，高光部分映射渐变色最右端的颜色，中间调映射渐变色中部的颜色。

01 打开文件"第10章素材18"（见图10-65）。

图10-65

02 选择"图像"菜单→"调整"→"渐变映射"选项，弹出"渐变映射"对话框（见图10-66）。

图10-66

03 双击渐变色条，打开"渐变编辑器"窗口，编辑渐变色（见图10-67）。图像中的阴影部分映射了渐变色最左边的紫色，图像中的中间调映射了橙色，图像的高光部分映射渐变条右端的白色。

图10-67

10.16 ▶ 实战：利用可选颜色调整图像（*视频）

"可选颜色"命令可以对限定颜色区域中的各像素中Cyan（青）、Magenta（洋红）、Yellow（黄）、BlacK（黑）的四色油墨进行调整，但不影响其他颜色（非限定颜色区域）的表现。

可限定的颜色有RGB三色、CMYK四色、白，还有中性色灰，共9种。

01　打开文件"第10章素材19"（见图10-68）。选择"图像"菜单→"调整"→"可选颜色"选项，弹出"可选颜色"对话框（见图10-69）。

图10-68

图10-69

02　调整发黄的草地，使其变绿。在"颜色"选项右边选择"黄色"。根据色彩原理，增加绿的支持色青色与黄色，并将"黑色"设置为8%，加深阴影部分（见图10-70）。

图10-70

03　调整天空使其更蓝。在"颜色"选项右边选择"蓝色"。根据色彩原理，增加蓝的支持色青色与洋红，并减少蓝的补色黄色（见图10-71）。

图10-71

04　纠正图像整体偏黄现象。在"颜色"选项右边选择"中性色"。将黄色的滑块向左拖曳（见图10-72）。图像效果得到改善。

图10-72

10.17 ▶ 实战：利用阴影/高光改善逆光照片（*视频）

"阴影/高光"命令可以修复图像中过亮或过暗的区域，从而使图像显示更多细节。调整时基于阴影或高光中的局部相邻像素来校正每个像素，在调整阴影区域时，对高光区域的影响很小，而调整高光区域时又对阴影区域的影响很小。

01　打开文件"第10章素材20"（见图10-73）。选择"图像"菜单→"调整"→"阴影/高光"选项，弹出对话框。

图10-73

02 在对话框中设置各项参数（见图10-74）。图像中天空太亮和人物偏暗的现象得到纠正（见图10-75）。

图10-74

图10-75

03 调整"自然饱和度"的值为60，最终效果如下（见图10-76）。

图10-76

"阴影/高光"对话框中各选项如下。

（1）"阴影"选项组：可以将图像的阴影区域调亮。

（2）数量：可控制调整强度，该值越大，阴影区域越亮。

（3）色调宽度：可控制色彩修改范围，较小的值只针对较暗的区域进行校正，较大的值会影响更大的区域。

（4）半径：可控制每个像素周围的局部相邻像素的大小，相邻像素用于确定像素在阴影中还是在高光中。

（5）"高光"选项组：可以将图像的高光区域调暗。用法与"阴影"选项组类似。

（6）颜色校正：可以调整已修改区域的颜色，使前面修改的阴影与高光区域颜色更鲜艳。

（7）中间调对比度：可以调整中间调的对比度。

（8）修剪黑色/修剪白色：可以指定在图像中将多少阴影和高光剪切到黑色和白色。

（9）存储为默认值：可将当前设置好的参数存储为预设并在下次打开该命令时自动显示并直接套用。

（10）显示更多选项：选中该选项，才可以显示全部选项。

10.18 ▶ HDR色调

使用相机拍照时，照顾了高光区域的曝光，暗部细节就会丢失，而照顾了暗部细节，高光部分就会曝光过度，为了解决这一问题，我们使用HDR（High-Dynamic Range，高动态范围图像）。相比普通的图像，可以提供更多的动态范围和图像细节。简单地说，就是一张照片中，既包含高光部分，又保留了暗部细节。

具体方法就是拍至少三张不同曝光度的照片，多的可以拍到10张。在这些照片里，分别用不同的曝光度从低到高拍摄。最后用软件将这些照片合并为一张照片。最后的效果就是一张照片中高光部分不过曝，暗部细节还能保留。

10.18.1　实战：将三张照片合并为HDR图像（*视频）

01 选择"文件"菜单→"自动"-"合并到HDR Pro"选项，弹出对话框，单击"浏览"按钮，找到并选择三张素材照片（见图10-77～图10-79），将其添加到列表中（见

图10-80）。

图10-77

图10-78

图10-79

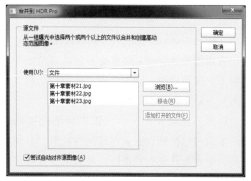

图10-80

02 单击"确定"按钮,弹出"合并到HDR Pro"对话框(见图10-81)。

03 调节"曝光度",使图像曝光正常;调节"细节",使图像能够体现更多细节;调节"阴影",使阴影部分的内容呈现;调节"高光",改善图像有些过曝的现象;调节"自然饱和度",使图像色彩更鲜艳自然(见图10-82)。

图10-81

图10-82

"合并到HDR Pro"对话框中各选项如下。

(1)预设:PS预设了一些效果(见图10-83),也可以单击右侧的按钮,在弹出的菜单中选择"预设"→"存储预设",把完成的调整参数存储起来,方便下次载入使用。

图10-83

(2)移去重影:拍照时如果有移动的物体例如行驶的汽车等,可使用该功能,将移动的物体移去。

(3)边缘光-半径:可指定局部亮度区域的大小。

(4)边缘光-强度:可指定两个像素的色调值相差多大时,就会属于不同的亮度区域。

（5）灰度系数：该值较低时会加重中间调，较高时会加重高光和阴影。

（6）曝光度：可调节整个图像的明暗度。

（7）细节：可体现更多细节，使图像锐化。

（8）阴影/高光：可使对应区域变暗或变亮。

（9）自然饱和度/饱和度：可调节图像颜色的饱和度。

（10）曲线：可使用"曲线"工具调整图像（请参考第12章内容）。

10.18.2　HDR色调

"HDR色调"命令可以使用超出普通范围的颜色值给HDR图像调色，可以用来渲染更加真实的3D场景，也可以调整普通照片。

打开一张照片（见图10-84）。选择"图像"菜单→"调整"→"HDR色调"选项，弹出对话框，对各参数做如下设置（见图10-85），照片效果得到改善（见图10-86）。

图10-84

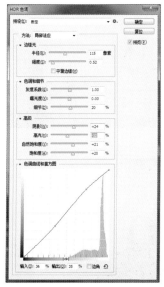

图10-85

图10-86

10.19 ▶ 实战：用"变化"命令调整图像（*视频）

"变化"命令是一个简单而直观的调色工具，可以调整图像的色相、饱和度与明度，并且可以比较调整后的效果与原图的差异。

01 打开文件"第10章素材24"（见图10-87）。选择"图像"菜单→"调整"→"变化"选项，弹出"变化"对话框（见图10-88）。

图10-87

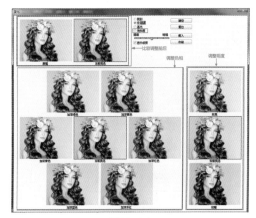

图10-88

02 选择"中间调"选项，单击"加深红色"两次，单击"加深黄色"两次，单击"较亮"一次（见图10-89）。

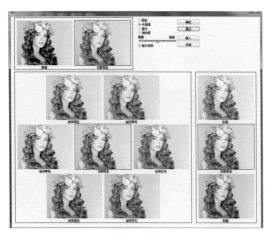

图10-89

03 选择"饱和度"选项，单击"减少饱和度"一次（见图10-90），最终得到艺术照片效果（见图10-91）。

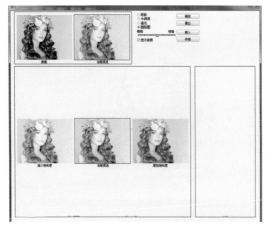

图10-90

图10-91

提示 "变化"命令也是基于色彩原理调整的，例如，加深绿色的同时会减少它的互补色洋红；加深黄色的同时会减少它的互补色蓝色。

10.20 ▶ 去色

"去色"命令主要是去除图像中的饱和色彩，从而将图像转换为灰度图像。

打开一张图片（见图10-92），选择"图像"菜单→"调整"→"去色"选项，或按Shift+Ctrl+U快捷键，图像转换为灰度效果（见图10-93）。

图10-92   图10-93

10.21 ▶ 实战：用匹配颜色调整图像（*视频）

"匹配颜色"命令可以将一张图像的颜色与另一个图像的颜色相匹配。例如你有一张特别喜欢的色调的照片，可以使用这张照片将另一张照片也调整成这种色调。

01 打开文件"第10章素材26""第10章素材27"（见图10-94、图10-95）。

图10-94

图10-95

02 单击标题栏"第10章素材26"成为当前文档，选择"图像"菜单→"调整"→"匹配颜色"选项，弹出"匹配颜色"对话框（见图10-96）。

图10-96

03 在"匹配颜色"对话框中，将"源"设置为"第10章素材27"；将"明亮度"设置为200，图像颜色发生改变（见图10-97）。

图10-97

"匹配颜色"对话框中各选项如下。

（1）目标：指被修改图像的名称与颜色模式。

（2）应用调整时忽略选区：当被修改图像中包含选区时，将只调整选区内容。选中此选项，将忽略选区而调整整个图像。

（3）明亮度：可改变图像亮度。

（4）颜色强度：可调整色彩的饱和度。

（5）渐隐：可控制调整强度，该值越大，效果越不明显。

（6）中和：选中该选项，可改善操作导致的色偏，但同时也会弱化调整效果。

（7）使用源选区计算颜色：可以在源图像中创建选区，仅用选区中的内容来匹配目标图像。

（8）使用目标选区计算调整：可在目标图像中创建选区，操作将只调整选区中的内容。

（9）源：指定用哪一个图像与当前目标图像匹配。

（10）图层：如果当前目标图像包含多层，需指定要调整哪一个图层。并使其处于当前选择状态。默认为背景层。

（11）存储/载入统计数据：可以将本次的参数设置存储起来，下次直接载入使用，而不必再次打开源图像。

10.22▶实战：使用替换颜色（*视频）

"替换颜色"命令可以选择图像中的某些特定颜色，然后更改其色相、饱和度与明度。其用法与"色彩范围"与"色相/饱和度"类似。

01 打开文件"第10章素材28"（见图10-98）；选择"图像"菜单→"调整"→"替换颜色"选项，弹出对话框。使用吸管工具在花瓣上单击，选中玫红色。

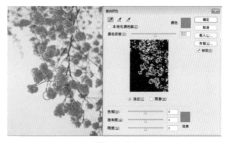

图10-98

02 单击第二个吸管"添加到取样"工具，继续在花瓣上单击取样（见图10-99），选中深玫红色、浅玫红色等，直到所有花瓣都被选中。如果选择失误，可以单击第三个吸管"从取样中减去"按钮减去多选的颜色。

图10-99

03 调整"色相""饱和度"与"明度",花朵颜色发生改变(见图10-100)。

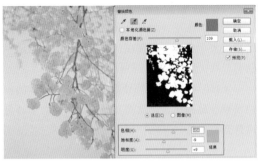

图10-100

10.23 ▶ 直方图与色调均化

数码时代,直方图可以说是无处不在。无论是相机的显示屏,还是后期PS、ACR里的窗口,甚至色阶、曲线的工具之中,都可以看到直方图的身影。掌握了直方图,摄影师就不再为复杂的测光方式所困扰,也不会被显示屏、环境光线和个人喜好所误导,真正做到科学曝光、精确地后期处理照片。

打开一张照片(见图10-101),选择"窗口"菜单→"直方图"选项,打开"直方图"面板(见图10-102)。

图10-101

直方图的观看规则就是"左黑右白",左边代表暗部即阴影部分,右边代表亮部即高光部分,而中间则代表中间调。纵向上的山峰的高度代表画面中有多少像素是那个亮度。如图10-102所示中间调的像素较多,缺乏高光与阴影部分。

如图10-103所示,曝光不足,所以直方图中阴影部分像素较多,而高光部分像素较少。

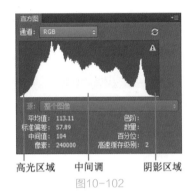

高光区域　中间调　阴影区域

图10-102

图10-103

如图10-104所示,曝光过度,所以直方图中高光部分像素较多,而阴影部分像素较少。

图10-104

单击"通道"面板右上角的小按钮,选中"全部通道视图",选中"用原色显示通道",即可显示R、G、B通道信息(见图10-105)。

"色调均化"命令可以重新分布图像中的亮度值,以便更均匀地呈现所有范围的亮度级,一般是图像中最亮值呈现为白色,最暗值呈现为黑色,中间值则均匀地分布在整个灰度色调中。

图10-105

选择"图像"菜单→"调整"→"色调均化"选项，图像与直方图发生改变（见图10-106）。

图10-106

10.24 ▶ 实战：利用色阶调整照片清晰度（*视频）

"色阶"是Photoshop中的一个重要调整工具，可以调整图像的阴影、中间调和高光的强度级别，从而校正图像的色调范围和色彩平衡，达到更清晰的效果。

01 打开文件"第10章素材32"（见图10-107）。选择"图像"菜单→"调整"→"色阶"选项，弹出"色阶"对话框（见图10-108）。

02 单击"色阶"对话框右边的第一个吸管"设置黑场"按钮，单击图像中颜色最暗的地方设置黑场（见图10-109）。

03 单击第三个吸管"设置白场"按钮，按下Ctrl++快捷键放大显示图像；单击图像中颜色最亮的地方设置白场（见图10-110）。

图10-107

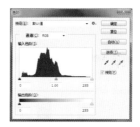

图10-108

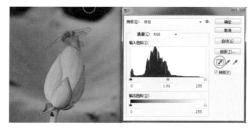

图10-109

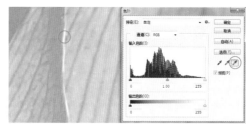

图10-110

04 按下Ctrl+0快捷键适合屏幕显示图像。单击第二个吸管"设置灰场"按钮，单击图像中的黑色区域校正照片颜色（见图10-111）。

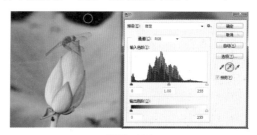

图10-111

"色阶"对话框中各选项如下。

（1）预设：包含Photoshop的一些色阶调整预设。也可以把当前的参数保存起来，方便以后载入使用。

（2）通道：用于选择要调整的通道，包含RGB、红、绿、蓝4个选项。如果选择一个颜色通道调整，将产生色偏现象。例如选择红通道，拖曳右边的滑块，图像颜色偏红（见图10-112）。拖曳左边的滑块，颜色将倾向于红色的补色青色（见图10-113）。

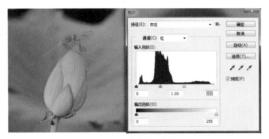

图10-112

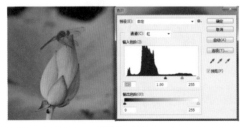

图10-113

（3）输入色阶：图像的色阶从0到255分成了256个级别。0最暗为黑色，255最亮为白色。用三个滑块来控制。左侧滑块调节阴影区域，中间滑块调节中间调，右侧滑块调节高光区域；也可以在下方文本框内直接输入数值调节。

将左侧滑块向右拖曳时，当前位置的所有像素变成黑色（见图10-114）。

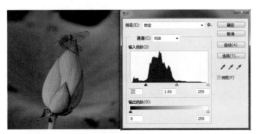

图10-114

将右侧滑块向左拖曳时，当前位置的所有像素变成白色（见图10-115）。

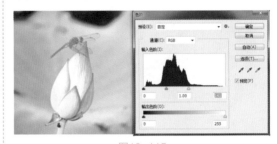

图10-115

将中间滑块向左拖曳，图像中间调变亮；向右拖曳，中间调变暗。

同时将左侧滑块向右拖曳，右侧滑块向左拖曳，将提高图像对比度（见图10-116）。

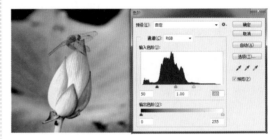

图10-116

（4）输出色阶：用于限制图像亮度范围，降低对比度。暗部滑块向右拖曳时，它左边的像素都变成当前的灰色；亮部的滑块向左拖曳时，它右边的像素都变成当前的灰色（见图10-117）。

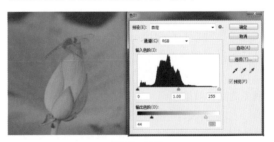

图10-117

（5）设置黑场：可将单击点与比单击点更暗的像素变成黑色。

（6）设置灰场：可根据单击点的RGB值调整色相。

选择工具栏"吸管工具"组中的"颜色取样器工具"，弹出"信息"面板。在花朵上与绿叶上单击取样，观察取样点1与取样点2的RGB值（见图10-118）。取样点1的RGB值中R值最大，所以花朵偏红色。取样点2的RGB值中G值最大，所以偏绿色。设置灰场时尽量单击灰、白、黑色区域，正常情况下这三种颜色的RGB值应该大约相等。如果不相等，说明偏色。设置灰场将根据该值自动纠正偏色现象。（如果在有色相的区域单击，将产生严重偏色现象。）

图10-118

10.25 ▶ 实战：用曲线调整艺术照片（*视频）

"曲线"命令是Photoshop中最强大的一个调整工具，整合了"色阶""色彩平衡"等多个工具的功能。

01 打开文件"第10章素材33"（见图10-119），选择"图像"菜单→"调整"→"曲线"选项，弹出"曲线"对话框（见图10-120）。

图10-119

02 加强照片对比度。在"曲线"对话框中单击并向上拖曳高光部分（见图10-121），

使亮部明度更高。

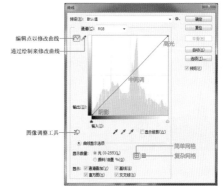

图10-120

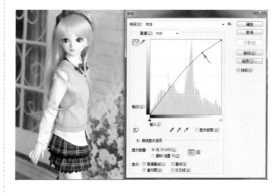

图10-121

03 在"曲线"对话框中单击并向下拖曳阴影部分（见图10-122），使阴影部分明度更低，形成"S"曲线，照片对比度加强。

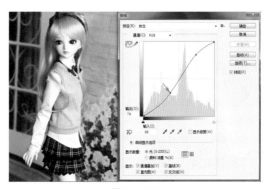

图10-122

04 在"通道"中选择"红"，将中间调向上拖曳（见图10-123）使照片颜色偏红。在R、G、B通道中，向上拖曳，增加当前通道的颜色；向下拖曳，增加当前通道的补色。

图10-123

05 在"通道"中选择"绿",将中间调向下拖曳（见图10-124）增加绿的补色洋红。

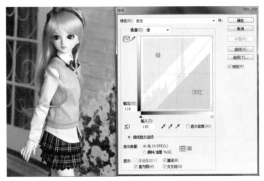

图10-124

06 在"通道"中选择"蓝",将中间调向下拖曳（见图10-125）增加蓝的补色黄色。整张照片增强了对比度,颜色也变得偏暖。

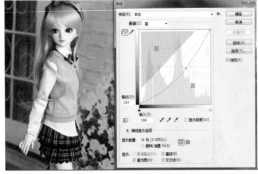

图10-125

"曲线"对话框中各选项如下。

（1）预设：Photoshop提供了多种调整预设,可直接应用以调整图像。当前已经设置好的调整参数可以单击右上角的小按钮,单击"存储为预设"。

下次如果使用可单击"载入预设"直接应用。

（2）通道：包含RGB、红、绿、蓝4个选项。选择RGB通道时可对图像的明度进行调节;选择"红""绿""蓝"颜色通道时将调整图像颜色。

（3）编辑点以修改曲线 ～：该按钮按下为默认状态,可以在曲线中任意添加控制点。可参考曲线中的直方图手动添加;也可以按下Ctrl键在图像中需要调节的点上单击,曲线上将自动添加对应位置的控制点。

在曲线上将控制点向上拖曳,对应位置的像素将调亮;向下将调暗。但是如果图像为CMYK模式,向上拖曳将调暗,向下调亮,与RGB模式相反。

（4）通过绘制来修改曲线 ✎：单击该按钮,可自由绘制曲线形状（见图10-126）。单击"编辑点以修改曲线"按钮 ～将显示控制点。

图10-126

（5）图像调整工具 ：单击该按钮,用光标在图像上移动时,"曲线"对话框中的点会随光标的移动而在对应位置显示,找到合适位置后单击鼠标,可添加控制点（见图10-127）。

图10-127

（6）输入色阶/输出色阶：分别显示调整前与调整后的像素值。

（7）显示修剪：选中此项，可显示图像中的溢色。

（8）光：曲线的右上角表示亮处，左下角表示暗处。

（9）颜料/油墨：和"光"模式相反，左下角表示亮处，右上角表示暗处。

（10）简单网格/详细网格：Photoshop默认以25%增量显示简单网格；单击"详细网格"，将以10%的增量显示详细网格（见图10-128）。

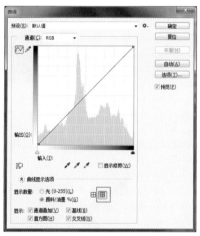

图10-128

（11）通道叠加：可叠加显示各个颜色通道的曲线（见图10-129）。

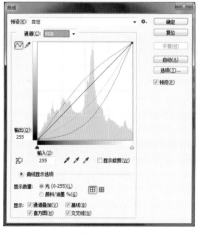

图10-129

（12）直方图：可在对话框中显示直方图。

（13）基线：指显示从左下角到右上角的45°参考斜线。

（14）交叉线：在拖曳曲线上的控制点时，显示十字交叉线作为参考。

> **提示**
> 色阶与曲线都可以调节图像的明度与色相，但曲线上最多可以添加16个控制点将整个图像分为15段控制，而色阶只有阴影、中间调与高光三个滑块。曲线可以单独调整红、绿、蓝通道中某一区域内的像素，而色阶没有这一功能。所以曲线的功能比色阶更强大。

10.26 ▶ 使用调整图层

使用"图像"菜单中"调整"选项下的命令之后，如果需要修改只能采用撤销操作的方法，如果已经保存并关闭，就不可能再修改。针对这一问题，Photoshop提供了"调整图层"，例如，曲线、色阶、色彩平衡等调整会以图层的形式显示，不会对素材造成任何破坏。修改时只需在"图层"面板上双击对应的调整图层缩览图，即可打开相应的面板，对参数进行反复调整。

10.26.1　实战：添加与修改调整图层（*视频）

01　打开文件"第10章素材34"（见图10-130）。

图10-130

02　单击"图层"面板底部的"创建新的填充或调整图层"按钮 ⊘，在弹出的列表中选择"色彩平衡"（见图10-131）。

03　在"色彩平衡"面板调整参数（见图10-132），图像色调发生改变（见图10-133）。

图10-131　　　　　　　图10-132

图10-133

04 单击"图层"面板底部的"创建新的填充或调整图层"按钮，在列表中选择"自然饱和度"命令，在弹出的面板中将"自然饱和度"值设为"+100"。图像的饱和度增加（见图10-134）。

图10-134

05 如果对图像的色彩平衡不满意，可双击"图层"面板上"色彩平衡"调整图层上的缩览图，再次打开"色彩平衡"面板进行调整（见图10-135）。调整后图像颜色发生改变（见图10-136）。

图10-135

图10-136

06 可单击"图层"面板中的"眼睛"按钮隐藏效果，对比调整前后的变化（见图10-137）。

图10-137

07 如果对调整不满意，可选择调整图层，单击底部的"删除"按钮删除。

10.26.2　实战：添加调整蒙版与控制调整强度（*视频）

利用调整蒙版可以控制调整的范围，只调整需要调整的区域，而其他区域不受影响。更改调整图层的不透明度，即可控制调整强度，不透明度值小时，调整强度就弱。

01 打开文件"第10章素材35"（见图10-138）。

图10-138

02 使用"快速选择工具"选择人物的衣服，衣服部分形成选区，单击"图层"面板底部的"创建新的填充或调整图层"按钮，添加"色相/饱和度"调整图层（见图10-139）。选区部分形成蒙版。

图10-139

03 调整"色相"，图像中仅衣服部分色相发生改变，其他区域不受影响（见图10-140）。

图10-140

04 添加"曲线"调整图层，并将中间调向下调整，图像明度变低（见图10-141）。

图10-141

05 将前景色设置为黑色，选择"画笔工具"，笔尖"大小"为388，"硬度"为0%，"流量"为5%，在曲线调整图层蒙版上涂抹人物区域，形成人物明度高，背景明度低的效果，如图10-142所示。

图10-142

06 将色相调整图层的"不透明度"设置为50%，将色相调整的强度降低（见图10-143）。

图10-143

10.26.3　添加剪贴蒙版控制调整对象

调整图层将对其下面的所有图层生效，如果只希望调整指定的图层，可添加剪贴蒙版。

如图10-144所示，"色相/饱和度"调整图层影响了所有图层。按下Ctrl+Alt+G快捷键，形成剪贴蒙版（见图10-145），"色相/饱和度"调整图层将只影响它剪贴的图层，其他图层不受影响。

图10-144

图10-145

10.27 ▸ 综合案例：利用调整图层为照片创造水彩效果

效果如图10-146所示。

图10-146

Photoshop强大的色彩调整功能，可以让普通照片局部呈现水彩效果，而皮肤等内容正常显示。

01 打开文件"第10章素材37"，并按下Ctrl+J快捷键复制一层（见图10-147）。

图10-147

02 先将整张照片调亮。单击"图层"面板底部的"创建新的填充或调整图层"按钮，选择"曲线"，进行调节（见图10-148、图10-149）。图片变亮（见图10-150）。

图10-148

图10-149

图10-150

03 单击"图层"面板底部的"创建新的填充或调整图层"按钮，选择"自然饱和度"，设置为"+53"。

04 再次添加"曲线"调整图层，在蒙版上把人物面部与皮肤之外的地方遮住，只调亮裸露皮肤部分（见图10-151、图10-152）。人物面部变亮（见图10-153）。

图10-151　　　　图10-152

图10-153

05 添加"可选颜色"调整图层，选择"中性色"，减青、减洋红、减黄、加黑（见图10-154）；选择"白色"，减青、加洋红、减黄、减黑（见图10-155）；实现水彩画效果（见图10-156），但人物皮肤也受到了影响。

图10-154　　　　图10-155

图10-156

06 在蒙版上把人物涂黑遮盖起来，不要受可选颜色的影响。涂抹时将画笔"硬度"设置为0，"流量"设置为8；并随时按下"["与"]"键更改画笔大小（见图10-157、图10-158）。

图10-157

图10-158

通道是Photoshop中的一个重要概念，它记录了图像大部分信息。利用通道可以调整图像颜色、为图像创建复杂选区以及进行高级图像合成。

11.1 ▶ 颜色通道

11.1.1 颜色通道的原理

图像的颜色信息都保存在颜色通道里。打开一幅图像，选择"窗口"菜单→"通道"选项，打开"通道"面板（见图11-1）。

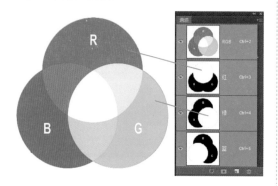

图11-1

左图中的颜色对应"通道"面板中各通道的灰度。例如红色，在R通道中以白色显示，说明R通道中包含大量的红色；蓝色在R通道中以黑色显示，说明在R通道中不包含蓝色。举一反三，G通道中包含大量绿色；B通道中包含大量蓝色。

11.1.2 色彩的关系

R、G、B通道中各色彩的关系是两两相对，此消彼长的（见图11-2）。红与青、绿与洋红、蓝与黄互为补色。例如，在图像中增加了黄色，那么同时就减少了它的补色蓝色；增加了绿色的同时就减少了洋红色。

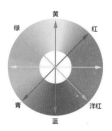

图11-2

11.1.3 实战：观察颜色通道的变化（*视频）

01 打开文件"第11章素材3"与"通道"面板（见图11-3）。观察在R通道中只有底部为白色，说明这张图红色占比少。B通道中上半部为白色，说明蓝色占比多。

图11-3

02 单击"图层"面板底部的"创建新的填充或调整图层"按钮，选择"曲线"，弹出"曲线"对话框（见图11-4），选择"红"通道并向上调节增加红色，"通道"面板中红通道的灰度变亮，表明红色像素增加。

图11-4

03 将"红"通道中的曲线控制点向下拖曳，将减少红色而增加红的补色绿色（见图11-5），"通道"面板上，红通道中的灰度变暗，绿通道中的灰度变亮。

图11-5

04 将"红"通道中的曲线控制点向左上角拖曳删除。选择"绿"通道，向上拖曳，加绿减洋红，观察"通道"面板的变化（见图11-6）。

图11-6

05 将"绿"通道中的曲线控制点向下拖曳，减绿加洋红，观察"通道"面板的变化（见图11-7）。

图11-7

06 将"绿"通道中的控制点向左上角拖曳删除。选择"蓝"通道，向上拖曳，观察"通道"面板的变化（见图11-8）。

图11-8

07 将"蓝"通道中的曲线控制点向下拖曳，减蓝加黄，观察"通道"面板的变化（见图11-9）。

图11-9

11.2 ▶ 通道混合器

该命令可以调节某一个通道中的颜色成分增加或减少。当文件模式为RGB时可调节红、绿、蓝三个通道；当文件模式为CMYK时可调节青色、洋红、黄色、黑色4个通道。

11.2.1 实战：用通道混合器调整图像颜色（*视频）

01 打开文件"第11章素材4"（见图11-10），单击"图层"面板底部的"创建新的填充或调整图层"按钮，添加"通道混合器"调整图层。

图11-10

02 输出通道选择"红"通道，将"绿色"滑块向右拖曳至"+112"，以增加绿色在输出通道"红"通道中所占的百分比。因为依照色彩原理，红色与绿色混合成黄色，所以照片偏黄（见图11-11）。

图11-11

11.2.2 通道混合器

打开一幅图像，打开通道混合器（见图11-12），其中各选项如下。

图11-12

（1）输出通道：可选择要调整的通道。

（2）单色：将相同的设置应用于所有输出通道，创建只包含灰色值的彩色图像（见图11-13）。

图11-13

（3）红色/绿色/蓝色：调整该颜色在输出通道中所占的百分比。负值可使颜色在被添加到输出通道之前反相。例如，输出通道选择"蓝"，将"蓝色"滑块向左拖曳至"-106"，图像呈现蓝的反相即补色黄色（见图11-14）。

图11-14

（4）总计："红色、绿色、蓝色"百分比相加的值，如果大于100%，会显示警告，并且可能损失阴影和高光细节。

（5）常数：该值将一个具有不同不透明度的灰度添加到输出通道，只改变当前输出通道的颜色强度。负值最大值呈当前输出通道的反相色效果（见图11-15）；正值最大值呈当前输出通道颜色的单色图像效果（见图11-16）。

图11-15

图11-16

提示 选择"编辑"菜单→"首选项"→"界面"选项，在弹出的对话框中选中"用彩色显示通道"选项（见图11-17），即可用彩色显示通道。

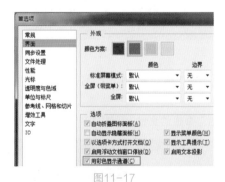

图11-17

11.3 ▸ Lab通道

Lab模式是色域最广的一种颜色模式，它可以把亮度与颜色分开调节，在不改变亮度的情况下调节色相，或者在不影响色相的情况下调节亮度。

打开一幅图像，选择"图像"菜单→"模式"→"Lab模式"选项，将图像转换为Lab模式。打开"通道"面板，可以看到除了Lab复合通道外，有三个通道，分别是"明度"通道、a通道、b通道（见图11-18）。

图11-18

其中，"明度"通道显示当前图像的明度，a通道包含绿红色彩信息，b通道包含蓝黄色彩信息。

实战：用Lab通道给照片调色（*视频）

01 打开文件"第11章素材6"（见图11-19）。按下Ctrl+J快捷键复制图层。

图11-19

02 选择"图像"菜单→"模式"→"Lab模式"选项，在弹出的对话框中选择"不拼合"图像（见图11-20）。

03 单击a通道，按Ctrl+A快捷键全选，按Ctrl+C快捷键复制（见图11-21）。

图11-20

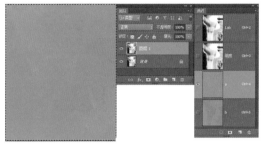

图11-21

04 单击b通道，按下Ctrl+V快捷键粘贴（见图11-22）。a通道中的绿红色彩信息被复制一遍，放进b通道中。

图11-22

05 单击Lab通道，回到"图层"面板，实现调色效果（见图11-23）。

图11-23

06 选择"图像"菜单→"模式"→"RGB模式"选项，选择"不拼合"，得到最终效果（见图11-24）。

图11-24

11.4 ▶ 认识 "通道" 面板

在Photoshop中可以通过 "通道" 面板来创建、保存和管理通道。选择 "窗口" 菜单→ "通道" 选项,打开 "通道" 面板(见图11-25)。

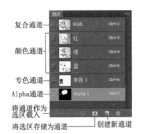

图11-25

"通道" 面板中各选项如下。

(1)复合通道:在 "通道" 面板的最上层,在复合通道可以同时编辑所有颜色通道。

(2)颜色通道:以不同级别的灰度记录图像颜色信息。

(3)专色通道:保存专色油墨。

(4)Alpha通道:保存选区。

(5)将通道作为选区载入:载入所选通道的选区。

(6)将选区存储为通道:将图像中的选区保存在通道中。

(7)创建新通道:创建Alpha通道。

(8)删除通道:将当前选中的通道删除,但不能删除复合通道。

11.5 ▶ 通道的分类

通道的概念与图层有些相似,图层表示的是

不同图层像素的信息,通道表示的是不同通道的颜色信息或选区。Photoshop中包括三种基本的通道类型,即颜色通道、Alpha通道和专色通道。

11.5.1 颜色通道

颜色通道用于保存图像的颜色信息。当打开一幅图像时,Photoshop会自动根据图像的模式建立颜色通道。例如,RGB模式的图像有三个颜色通道,即红、绿、蓝;而CMYK模式的图像有四个颜色通道,即青、洋红、黄、黑(见图11-26)。

图11-26

所有颜色通道合成在一起,才会得到具有色彩效果的图像。如果图像缺少某一颜色通道,合成的图像将会偏色。

11.5.2 Alpha通道

Alpha通道是用来保存和编辑选区的。白色表示被选区域,黑色表示没有被选取的区域,不同层次的灰度表示该区域为半透明状态。

创建的选区使用 "存储选区" 命令存储起来,将形成一个Alpha通道,需要时可载入到图像中使用。或者在创建选区之后,单击 "通道" 面板底部的 "将选区存储为通道" 按钮也可以形成一个Alpha通道。

例如在图像中创建选区,羽化值为30(见图11-27)。选择 "选择" 菜单→ "存储选区" 选项,在弹出的 "存储选区" 对话框中为选区命名为 "Alpha1"(见图11-28)。"通道" 面板最下层出现 "Alpha1" 通道(见图11-29),羽化的边缘在通道中以过渡的灰色显示。在编辑过程中需要该选区时,可单击 "将通道作为选区载入" 按钮■载入使用,载入的选区内容如图11-30。

图11-27

图11-28

图11-29　　　　　图11-30

> **提示** 可以使用画笔等工具编辑修改Alpha通道，以达到修改选区的目的。

11.5.3 专色通道

专色指青、洋红、黄和黑4种原色油墨以外的其他印刷颜色，例如金色、银色以及其他特殊颜色。

在图像中需要为专色印刷的区域创建选区（见图11-31），单击"通道"面板右上角的小按钮，在弹出的菜单中选择"新建专色通道"，弹出"新建专色通道"对话框（见图11-32），在对话框中设置专色油墨的颜色及密度，单击"确定"按钮，"通道"面板即增加了此专色通道（见图11-33）；也用此专色填充了图像选区（见图11-34）。

图11-31　　　　　图11-32

图11-33　　　　　图11-34

11.6 ▶ 编辑通道

11.6.1 修改通道

修改颜色通道将造成图像偏色。打开一幅图像（见图11-35），选择红通道，并用曲线调整红通道（见图11-36）；返回RGB通道，图像颜色已被改变（见图11-37）。

图11-35

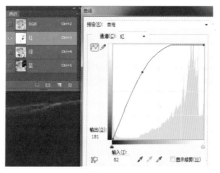

图11-36

图11-37

修改Alpha通道将改变选区。如图11-38所示为当前Alpha1通道的选区；用白色画笔涂抹Alpha1通道（见图11-39）；再次载入的选区发生变化（见图11-40）。

图11-38

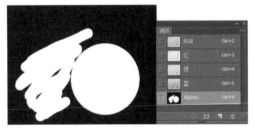

图11-39

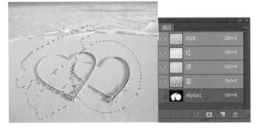

图11-40

11.6.2　重命名通道

在"通道"面板双击通道名称，即可重命名通道。但复合通道与颜色通道不能重命名。

11.6.3　复制与删除通道

拖曳某一通道到面板底部的"创建新通道"按钮，即可复制通道。将通道拖曳至"删除通道"按钮即可删除通道。或者右击，在弹出的快捷菜单中选择"复制通道"或"删除通道"（见图11-41）。复合通道不能删除。颜色通道被删除后文档将变成多通道模式。

图11-41

11.7 ▸ 通道的应用

11.7.1　实战：利用通道抠选烟花（*视频）

01 打开文件"第11章素材11"（见图11-42）。

图11-42

02 新建三个图层，从上到下分别命名为"红通道选区""绿通道选区""蓝通道选区"（见图11-43）。

图11-43

03 单击"通道"面板中的"红"通道，单击底部的"将通道作为选区载入"按钮（见图11-44）；并单击RGB返回RGB通道。

图11-44

04 设置前景色为R=255，G=0，B=0，单击"红通道选区"图层，按下Alt+Delete快捷键填充前景色（见图11-45）；然后按下Ctrl+D快捷键取消选区，并且隐藏当前图层。

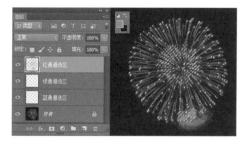

图11-45

05 用同样的方法，单击"通道"面板中的"绿"通道，单击底部的"将通道作为选区载入"按钮，并单击RGB返回RGB通道。

06 设置前景色为R=0，G=255，B=0，单击"绿通道选区"图层，按下Alt+Delete快捷键填充前景色；然后按下Ctrl+D快捷键取消选区。

07 用同样的方法将"蓝"通道载入选区，并在"蓝通道选区"图层填充颜色 R=0，G=0，B=255（见图11-46）。

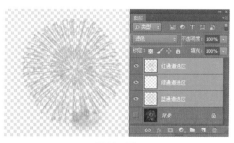

图11-46

08 将三个图层的混合模式全部更改为"滤色"。

09 选择三个图层，按下Ctrl+G快捷键创建"组1"。

10 打开文件"第11章素材12"（见图11-47）。

图11-47

11 回到文件"第11章素材11"，右击"组1"，在弹出的快捷菜单中选择"复制组…"（见图11-48），将组复制到"第11章素材12"。

图11-48

12 按下Ctrl+T快捷键调整烟花大小，按下Ctrl+J快捷键两次复制，然后移动至合适位置，最终效果如图11-49。

图11-49

11.7.2 实战：利用通道抠选长发（*视频）

01 打开文件"第11章素材13""第11章素材14"（见图11-50、图11-51）。

图11-50

图11-51

02 选择"第11章素材13"为当前窗口，打开"通道"面板，通过比较发现三个颜色通道中B通道对比最强烈，拖曳B通道到面板底部的"创建新通道"按钮，复制B通道（见图11-52）。

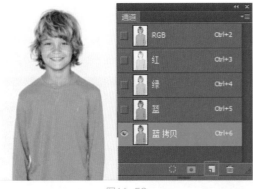

图11-52

03 按下Ctrl+L快捷键打开"色阶"面板，调整色阶，使头发部分变成黑色（见图11-53）。

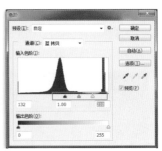

图11-53

04 选择"画笔工具"，设置"前景色"为黑色，画笔"大小"为100px，"硬度"为0%，在人物面部与衣服灰色的部分涂抹，注意不要涂到边缘。可以使用"快速选择工具"创建选区，在选区内小心涂抹（见图11-54）。

图11-54

05 按下Ctrl+I快捷键反相，人物呈白色显示（见图11-55）。单击"通道"面板底部的"将通道作为选区载入"按钮载入人物选区。

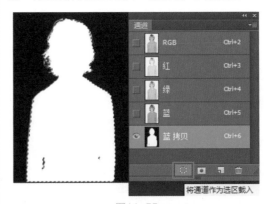

图11-55

06 单击RGB通道，回到"图层"面板，按下Ctrl+J快捷键复制图层（见图11-56）。

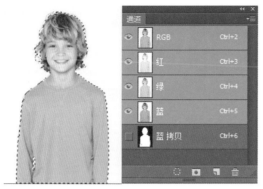

图11-56

07 拖曳人物到"第11章素材14"并调整位置（见图11-57）。

图11-57

提示 在"通道"面板，白色可直接载入为选区，灰色可以载入为半透明选区。

11.7.3 实战：利用通道抠选婚纱（*视频）

01 打开文件"第11章素材15""第11章素材16"（见图11-58、图11-59）。

图11-58

图11-59

02 选择"第11章素材15"的"通道"面板，通过比较后，选择对比最强烈的绿通道拖曳到底部的"创建新通道"按钮上复制（见图11-60）。

图11-60

03 按下Ctrl+L快捷键，弹出"色阶"对话框，调节"绿拷贝"通道的对比度（见图11-61）。

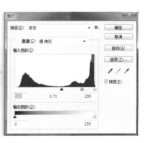

图11-61

04 按下Ctrl+I快捷键反相显示，并用"快速选择工具"选择围绕人物周围创建选区（见图11-62）。

图11-62

05 设置前景色为黑色，用画笔工具涂抹人物周围，然后按下Ctrl+D快捷键取消选区（见图11-63）。

图11-63

06 单击通道底部的"将通道作为选区载入"按钮载入选区，单击RGB通道，回到"图层"面板（见图11-64）。

图11-64

07 按下Ctrl+J快捷键复制选区为新图层，用移动工具拖曳新图层内容到"第10章素材16"上，并调节大小与色彩平衡（见图11-65、图11-66）。

图11-65

图11-66

11.8 ▶ 实战：用计算命令给人物磨皮（*视频）

"计算"命令可以混合两个单独的通道，通道可以来自同一个图像，也可以是另一个打开的图像，通过混合，得到特殊效果。

01 打开文件"第11章素材17"，并按下Ctrl+J快捷键复制一层（见图11-67）。

图11-67

02 在"通道"面板观察比较，复制对比度最强的"蓝"通道（见图11-68）。

图11-68

03 选择"滤镜"菜单→"其他"→"高反差保留"选项，设置"半径"为9.5px（见图11-69）。

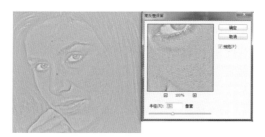

图11-69

04 选择"滤镜"菜单→"其他"→"最小值""选项"，设置"半径"为1px（见图11-70）。

图11-70

05 单击选择"蓝"通道，选择"图像"菜单→"计算"选项，让"蓝 拷贝"通道与"蓝 拷贝"通道以"强光"的模式混合，产生新的通道Alpha1（见图11-71、图11-72）。

06 再次执行"计算"命令，让Alpha1通道与Alpha1通道也以"强光"的模式混合，产生新的通道Alpha2（见图11-73、图11-74）。

图11-71

图11-72

图11-73

图11-74

07 再次执行"计算"命令，让Alpha2通道与Alpha2也以"强光"的模式混合，产生新的通道Alpha3（见图11-75、图11-76）。

图11-75

图11-76

08 选择Alpha3通道，单击底部的"将通道作为选区载入"按钮，再按下Shift+Ctrl+I快捷键反向选择，将选中人物脸上每一处阴影部分（见图11-77）。

图11-77

09 单击RGB通道，返回"图层"面板，按下Ctrl+M快捷键，向上调节曲线（见图11-78）。

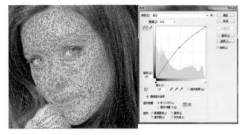

图11-78

10 按下Ctrl+D快捷键取消选区，使用"污点修复工具"去除人物脸上大的瑕疵，注意随时按下"["与"]"键调整"污点修复工具"的大小，最终皮肤美化效果如图11-79。

图11-79

以上案例通过通道与通道以"强光"的混合模式计算，得到人物脸上亮部的区域，然后通过反向选择得到人物脸上阴影的区域，通过调整曲线将阴影部分增加明度，以改善人物皮肤状态。"计算"对话框中各选项如下。

（1）源1：指定第一个源图像、图层和通道。

（2）源2：指定与源1混合的目标，可以是图像、图层和通道。

（3）混合：指定源1与源2以什么模式混合，以达到不同的效果。

（4）结果：指定计算结果是形成新建文档、新建通道还是选区。

11.9 ▶ 实战：用应用图像实现图像融合特效（*视频）

图层混合模式是同一文件中相邻两个图层的混合，混合时两个图层的每个通道都参与其中，混合产生的结果使得合并图层发生变化。而"应用图像"功能可以使同一文件或不同文件的图像与图像、图像与图层、图像与通道、图层与图层、图层与通道、通道与通道混合，混合产生的结果直接改变当前图片。

> **提示** 应用图像命令需要混合的目标和源来自两个不同的文件时，两个文件的尺寸和分辨率必须完全相同。

01 打开文件"第11章素材18""第11章素材19"（见图11-80、图11-81）。

图11-80　　　　　　　图11-81

02 选择"第11章素材18"为当前文档，选择"图像"菜单→"应用图像"选项，弹出对话框。在其中将"素材19"的"绿"通道与当前图像的RGB通道以"颜色加深"的混合模式混合在一起，并且"不透明度"为82%（见图11-82），形成如图11-83所示效果。

图11-82

图11-83

"应用图像"对话框中各选项如下。

（1）源：指定参与混合的对象。可以是当前文档，也可以是另一个打开的、与当前文档尺寸与分辨率相等的文档。

（2）图层：指定参与混合的图层。

（3）通道：指定参与混合的通道。

（4）目标：指被混合的对象，可以是图层或通道，但必须提前选定。

（5）混合：指源与目标以什么混合模式混合在一起。

（6）不透明度：可控制混合的强度。

（7）保留透明区域：选中后限制混合效果只在图层的不透明区域内。

（8）蒙版：选中此选项，弹出更多选项（见图11-84）。可以选择某个图像、图层与通道作为蒙版。当两个对象相互混合时，将只对蒙版中白色与灰色区域起作用，而对黑色区域不起作用。

图11-84

11.10 ▶ 综合案例：利用应用图像给摄影作品添加云彩

01 打开文件"第11章素材20""第11章素材21"（见图11-85、图11-86）。

图11-85　　　　　　　图11-86

02 将"第11章素材20"拖曳至"第11章素材21"上（见图11-87）。

图11-87

03 选择"图像"菜单→"计算"选项，在对话框中设置"蓝"通道以"线性加深"的模式混合，并且形成结果为"新建通道"（见图11-88）。

04 打开"通道"面板，发现计算结果Alpha1出现在面板下方。单击RGB通道，并回到"图层"面板，选择"图层1"为当前图层（见图11-89）。

图11-88

图11-89

05 选择"图像"菜单→"应用图像"选项，在对话框中设置当前图层与"背景"的RGB通道以"正片叠底"的方式混合，然后设置"蒙版"为Alpha1通道（见图11-90）。最终素材20的背景被素材21的蓝天替换（见图11-91）。

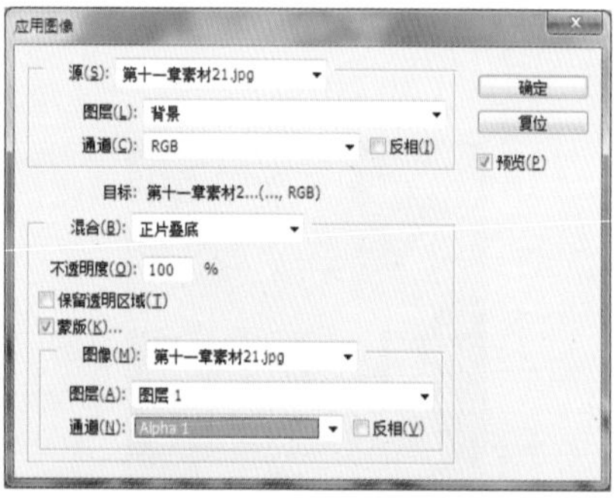

图11-90

图11-91

11.11 ▶ 综合案例：利用通道与钢笔抠选玻璃制品

01 打开文件"第11章素材22""第11章素材23"（见图11-92、图11-93）。

图11-92

图11-93

02 比较"第11章素材22"的各个通道，发现"蓝"通道中的细节更多。选择"蓝"通道，用钢笔工具在杯子的边缘绘制路径（见图11-94）。

图11-94

03 按下Ctrl+Enter快捷键将路径转换为选区，单击选择"背景"图层（见图11-95）。

图11-95

04 选择"图像"菜单→"计算"选项，在对话框中设置当前文档的"选区"与"蓝"通道以"正片叠底"的混合模式叠加，结果为"新建通道"（见图11-96）。

图11-96

05 按下Ctrl+D快捷键取消选择。单击"通道"面板底部的"将通道作为选区载入"按钮载入选区（见图11-97）。

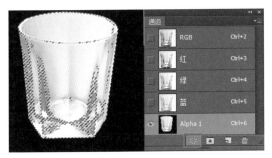

图11-97

06 单击RGB通道，回到"图层"面板，选择"背景"图层，按下Ctrl+J快捷键复制图层，隐藏"背景"图层（见图11-98）。

图11-98

07 拖曳"图层1"到"第11章素材23"上，查看效果（见图11-99）。

图11-99

滤镜也称为"滤波器",在处理图像时,遵循一定的程序算法,对图像中像素的颜色、亮度、饱和度、对比度、色调、分布、排列等属性进行计算和变换处理,从而实现图像的各种特殊效果。滤镜在Photoshop中具有非常神奇的作用。大部分滤镜都按分类放置在菜单中,使用时单击"滤镜"菜单,从该菜单中执行此命令即可(见图12-1)。

图12-1

图12-2

（2）滤镜只作用于当前的可见图层,并且可以反复、连续使用。

（3）只有"云彩"滤镜可以作用于没有像素的区域,其他滤镜对于没有像素的透明区域无效果。

（4）文字图层使用滤镜时,须先将文本图层格式化,转换为普通图层,或者转换为智能对象。

（5）在RGB颜色模式下所有滤镜都可以使用;在CMYK颜色模式下部分滤镜可以使用;在索引与位图颜色模式下都不能使用。

（6）最近一次使用的滤镜将出现在"滤镜"菜单顶部,直接按下Ctrl+F快捷键即可直接使用;按下Alt+Ctrl+F快捷键可打开最近一次滤镜操作的对话框重新设定参数。

（7）在大部分滤镜对话框中,可以选中"预览"选项预览滤镜效果,可按下Ctrl++与Ctrl+-快捷键放大与缩小预览显示比例(见图12-3)。

12.1 ▶ 滤镜的使用

Photoshop中各种滤镜的功能和应用各不相同,但在使用方法上却有许多相似之处。

（1）Photoshop默认对于整个图像进行滤镜效果处理。如果定义了选区,将只作用于选区(见图12-2);如果当前选中的是某一图层或某一通道,则只作用于该图层或通道。

图12-3

（8）应用滤镜效果之后，随即选择"编辑"菜单→"渐隐"选项，可调节滤镜效果的强度及与原图的混合模式。

（9）在弹出的滤镜对话框中，按下Alt键，"取消"按钮变成"复位"按钮，单击可将调整的各参数复位；直接单击"取消"按钮可取消本次操作；按Esc键也可以取消操作。

12.2 ▶ 智能滤镜

使用滤镜处理图像时，会改变像素的位置、颜色等信息，原图像将被破坏。而智能滤镜是一种非破坏性滤镜，它保留图像的原始数据，只是以一种"图层效果"的形式保存在"图层"面板中，随时可以修改参数、添加蒙版、隐藏和删除。

除"消失点"等少量滤镜不能作为智能滤镜使用之外，绝大多数可作为智能滤镜使用。

12.2.1 智能滤镜的产生方式

选择普通图层，选择"滤镜"菜单→"转换为智能滤镜"选项，即可将此图层转换为智能对象，进而添加智能滤镜。

在智能对象上直接添加的滤镜，也是智能滤镜。

12.2.2 实战：用智能滤镜制作水彩画效果（*视频）

01 打开文件"第12章素材2"（见图12-4）。

图12-4

02 按下Ctrl+J快捷键复制图层。选择"滤镜"菜单→"转换为智能滤镜"选项，在弹出的对话框中单击"确定"按钮，复制的图层被转换为智能对象（见图12-5）。

图12-5

03 选择"滤镜"菜单→"滤镜库"选项，在弹出的对话框中选择"艺术效果"→"水彩"（见图12-6）；设置"画笔细节"为13，"阴影强度"为0，"纹理"为3。单击"确定"按钮添加水彩效果（见图12-7）。

图12-6

图12-7

04 再次选择"滤镜"菜单→"纹理"→"纹理化"选项，在对话框中选择"纹理化"（见图12-8），"纹理"为"画布"，"缩放"为140%，"凸现"为5。单击"确定"按钮，添加画布纹理效果（见图12-9）。

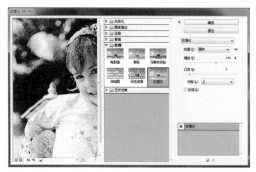

图12-8

图12-9

12.2.3 实战：修改智能滤镜（*视频）

如果以上实例的效果不理想，可再次修改。

01 双击"图层"面板上滤镜名称"纹理化"（见图12-10），在弹出的"纹理化"对话框中修改"缩放"为185%（见图12-11）。

图12-10

图12-11

02 双击纹理化右边的"编辑滤镜混合选项"按钮（见图12-12），在弹出的对话框中设置"不透明度"为70%（见图12-13），滤镜效果被修改。

图12-12

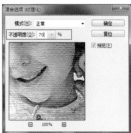

图12-13

12.2.4 实战：给智能滤镜添加蒙版（*视频）

以上滤镜如果不希望应用在人物面部，可在面部区域添加蒙版遮盖住。

单击选择智能滤镜上方的"蒙版"（见图12-14），设置"前景色"为"黑色"，画笔"大小"为100px，"硬度"为0%，"流量"为5%，在蒙版上涂抹人物面部，滤镜将不会应用在被涂抹区域，只应用在其他区域。

图12-14

12.2.5 显示与隐藏智能滤镜

单击智能滤镜左侧的"眼睛"按钮，即可显示或隐藏智能滤镜。

12.2.6 复制与删除智能滤镜

如果当前文档包含多层，按住Alt键拖曳智能滤镜到另一层，即可复制此智能滤镜到其他图层（见图12-15）。

图12-15

单击选择某一智能滤镜，将其拖曳至"图层"面板底部的"删除"按钮上，即可删除此智能滤镜。

12.3 ▶ 滤镜库

滤镜库是一个整合了多种滤镜的对话框，它可以同时给图像应用多种滤镜，或者给图像多次应用同一滤镜，减少了应用滤镜的次数，节省操作时间。

选择"滤镜"菜单→"滤镜库"选项，即可打开滤镜库（见图12-16）。

图12-16

实战：使用滤镜库制作特效背景（*视频）

01 打开文件"第12章素材4"，使用快速选择工具围绕人物边缘创建选区（见图12-17）。

02 选择"选择"菜单→"修改"→"羽化"选项，在对话框中设置"羽化"值为15。

03 选择"滤镜"菜单→"滤镜库"选项，在弹出的对话框中选择"画笔描边"→"喷色描边"选项，并设置"描边长度"为20，"喷色半径"为25（见图12-18）。

图12-17

图12-18

04 单击对话框底部的"新建效果图层"按钮，选择"扭曲"滤镜组→"扩散亮光"选项，并设置"粒度"为9，"发光量"为8，"清除数量"为20（见图12-19）。

图12-19

05 单击"确定"按钮，按下Ctrl+D快捷键取消选区，人物照片背景完成特殊效果（见图12-20）。如果对此强度不满意，可按下Ctrl+F快捷键重复刚才的滤镜操作。

图12-20

12.4 ▶ 实战：用自适应广角滤镜消除变形（*视频）

用广角镜头拍摄照片时，都会有镜头畸变的情况，让照片边角位置出现弯曲变形，"自适应广角滤镜"可以对镜头所产生的变形进行处理，从而得到一张没有变形的照片。

01 打开文件"第12章素材5"（见图12-21）。

图12-21

02 选择"滤镜"菜单→"自适应广角"选项，在弹出的对话框中设置"缩放"为100%，"焦距"为"1.52毫米"，"裁剪因子"为10（见图12-22），楼体的变形得到改善。

图12-22

"自适应广角"滤镜对话框中各工具与选项如下。

（1）约束工具：选择此工具，用鼠标在图像中单击并拖曳，添加约束线，移动控制点，即可自动校正变形现象，而不必手动调整或输入数值（见图12-23）。

图12-23

按住Shift键可添加水平或垂直约束线，按Alt键删除约束线。

（2）多边形约束工具：选择此工具，可拖曳出多边形约束线，纠正变形现象。

（3）移动工具：可移动预览框中的图像。

（4）"校正"选项：包含"鱼眼""透视""自动""完整球面"4种校正类型，根据照片所用镜头的不同对应选择。

（5）缩放：纠正变形后画面会有空缺，可放大照片填满。

（6）焦距：可指定镜头所用焦距。

（7）裁剪因子：配合"缩放"工具使用，解决纠正变形后的边缘空缺现象。

（8）原照设置：如果照片带有相机镜头信息，则可使用该项。

（9）细节：以100%的比例显示光标下方的图像，方便约束工具定位。

12.5 ▶ Camera Raw滤镜

使用数码相机拍照时，可选择生成Raw格式文件。Raw格式包含数码相机原始数据，包括ISO、快门速度、光圈值、白平衡等信息，也称作"数字底片"。Camera Raw可以重新修改这些相机原始数据，以得到所需的效果，即对白平衡、色调范围、对比度、颜色饱和度以及锐化等等进行调整。双击RAW格式的文件，即可打开Camera Raw对话框（见图12-24）。

图12-24

对于普通的JPEG或者TIFF格式的照片，可以使用"滤镜"菜单中的Camera Raw命令，弹出Camera Raw对话框进行调整。

12.5.1　设置白平衡

在使用数码相机拍摄时，如果我们身处在一个黄色光源的环境之中，那么这个环境中的白色例如白墙会被渲染成黄色；如果身处在一个蓝色光源之中，白墙就会被渲染成蓝色。针对这种现象，相机中的"白平衡"功能，用调整"色温"的方法，将白色还原成白色。

（1）色温：将一张正常照片的色温调节至"-50"时，照片偏蓝（见图12-25）；色温调节至"+50"时，照片偏黄（见图12-26）。

图12-25

图12-26

（2）色调：将照片色调调节至"-50"时，照片偏绿（见图12-27）；色调调节至"+50"时，照片偏洋红（见图12-28）。

图12-27　　　　　图12-28

如果将照片的"色温"与"色调"同时向左调节，将得到一张冷色调的照片（见图12-29）；如果同时向右将得到一张暖色调的照片（见图12-30）。

图12-29　　　　　图12-30

12.5.2　实战：应用基本面板中的选项给照片做简单后期处理（*视频）

01 打开文件"第12章素材7"（见图12-31），发现这是一张明显曝光不足的照片。

02 选择"滤镜"菜单→Camera Raw选项，在对话框中设置"曝光"为"+1.35"，"对比度"为"+54"；并设置"色温"为"+26"，使其偏暖（见图12-32）。

图12-31

图12-32

03 照片中高光部分太亮，没有细节，所以设置"高光"为"-100"；阴影部分太暗，需要调亮以呈现更多细节，所以设置"阴影"为"+55"。照片中最亮的部分即穹顶天窗部分过曝，所以设置"白色"为"-100"，改善过曝的情况（见图12-33）。

图12-33

04 设置"清晰度"为"+50"，"自然饱和度"为"+50"，整张照片的效果已被改

变（见图12-34）。

图12-34

"基本面板"中的各选项例如"曝光""对比度""高光""阴影""自然饱和度"等概念与"图像-调整"菜单中的意义相同。

（1）白色/黑色：如果拖曳白色滑块可增加或减少变为白色的区域；同样拖曳黑色滑块可增加或减少变为黑色的部分。

（2）清晰度：向右拖曳滑块将通过增加图像局部的对比度来增加图像的清晰程度。向左拖曳滑块则相当于执行了小范围的模糊滤镜。

12.5.3　实战：应用Camera Raw滤镜中的色调曲线（*视频）

"色调曲线"面板包括"参数"与"点"两个选项卡，"参数"选项卡中可以拖曳滑块调整曲线；"点"选项卡的用法与"图像-调整"菜单相同。

01 打开文件"第12章素材8"（见图12-35），分析照片，发现整张照片色调偏冷，中间调像素较多，缺乏高光与阴影的对比。

图12-35

02 选择"滤镜"菜单→Camera Raw选项，在打开的窗口中选择"色调曲线"面板（见图12-36）。

图12-36

03 设置"高光"为"+16"，"亮调"为"+36"；"暗调"为"-17"，"阴影"为"-13"；也可以直接拖曳曲线调整（见图12-37）。

图12-37

04 打开"点"选项卡，再次调节曲线。将曲线向上拖曳，使照片整体调亮（见图12-38）。

图12-38

05 因为照片色调偏冷，所以选择"红"通道，并将曲线向上调节，在照片中添加红色（见图12-39）；然后选择"蓝"通道，将曲线向下调节，在照片中添加蓝的互补色黄色（见图12-40），形成照片最终效果。

图12-39

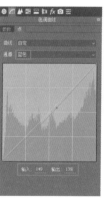

图12-40

12.5.4 实战：应用"细节"面板中的锐化和减少杂色处理人像（*视频）

01 打开文件"第12章素材9"，在背景图层上右击，选择转换为智能对象。

02 打开Camera Raw滤镜，将"预览"比例设置为100%。单击"细节"面板（见图12-41）；面板中包含两项内容，分别是"锐化"与"减少杂色"。

图12-41

03 在面板中设置锐化"数量"为102，"半径"为0.8，"细节"为57，"蒙版"为44（见图12-42）。

图12-42

04 在面板中设置减少杂色的各选项（见图12-43），单击"确定"按钮，完成人像后期处理。

图12-43

"细节"面板中包含两个选项，其中，"锐化"可以提高图像清晰度，"减少杂色"可以降

噪，及减少因为锐化调整而产生的杂色。"锐化"各选项如下。

（1）数量：指锐化力度，值越大锐化力度越大，0即关闭锐化。

（2）半径：指锐化的细节大小，即图像中每一个细小边缘提升锐度的像素数量，默认为1个像素。

（3）细节：锐化过程中强调边缘的程度。较低的值主要锐化边缘以消除模糊，而较高的值可使图像的纹理更清晰。过高的值会同时提高噪点的锐度。

（4）蒙版：控制轮廓边缘的范围和数量，有效降低照片中非边缘区域的锐化效果，使锐化集中在图像中的轮廓线上。例如，女孩子和儿童的皮肤可用较大的蒙版值。按住Alt键的同时拖曳"蒙版"滑块，可看到蒙版（见图12-44）。

图12-44

（5）明亮度：指减少明亮度（灰度）的杂色。数值越大画面越干净平滑，同时细节被消除。

（6）明亮度细节：控制明亮度杂色的阈值，数值越大，保留的细节越多，但有可能杂色也增多。

（7）明亮度对比：数值越大，越能更好地保留照片的对比度和质感，数值越小，产生的影调越平滑，颗粒越细腻。

（8）颜色：可减少彩色的杂色，数值越大，带颜色的杂色去除越明显。数值为0时，"颜色细节"与"颜色平滑度"将不可调整。

（9）颜色细节：控制彩色杂色的阈值，可调出充满锐度且细节丰富的彩色边缘。数值越大，越能保留更多色彩细节，但可能产生斑点。

（10）颜色平滑度：数值越大，杂色间颜色更加平滑。数值越小，杂色间颜色越花，且对比度高。

12.5.5　实战：用"HSL/灰度"面板改变草原季节（*视频）

"HSL/灰度"面板可以分开单独调节"色相""饱和度""明亮度"。如果选中"转换为灰度"选项，可将照片变成黑白照片然后进行调节。

01 打开文件"第12章素材10"（见图12-45），右击背景图层，选择"转换为智能对象"命令。

图12-45

观察发现此照片黄色较多，倾向于秋天，必须改变色相，使其以高饱和度的绿色与红色为主，才能有春天的感觉。

02 选择"滤镜"菜单→Camera Raw选项，在对话框中选择"HSL/灰度"面板（见图12-46）。

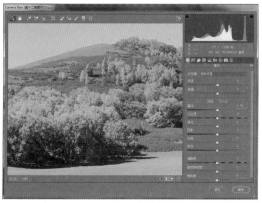

图12-46

03 在"色相"选项卡中进行调节，使照片中的红、绿、蓝更像春天的色彩（见图12-47）。

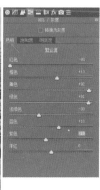

图12-47

04 在"饱和度"选项卡中进行调节。提高照片中红、橙、黄色的饱和度，绿色过于鲜艳而失真，所以降低绿色的饱和度（见图12-48）。

图12-48

05 在"明亮度"选项卡中进行调节。提高红、橙色的明亮度，使其更像春天的花朵；降低绿、黄的明度使其更有层次感（见图12-49）。最终照片由秋季改为春天的感觉（见图12-50）。

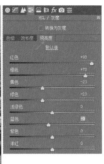

图12-49

图12-50

12.5.6 实战：用"分离色调"处理摄影作品（*视频）

"分离色调"可以将照片的高光与阴影部分分开，单独调节其色相与饱和度，例如高光区域呈冷色调，而阴影区域呈暖色调等。中间的"平衡"工具可以平衡高光与阴影部分的色彩倾向。

01 打开文件"第12章素材11"（见图12-51），右击背景图层，选择"转换为智能对象"命令。

图12-51

02 在Camera Raw滤镜窗口选择"分离色调"面板，并设置"高光"的"饱和度"

为100%，"色相"为230（见图12-52），天空呈现高饱和度的蓝色。

图12-52

03 设置"阴影"的"饱和度"为80%，"色相"为30（见图12-53）。最终形成照片高光与阴影部分的色调分离的效果（见图12-54）。

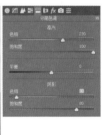

图12-53

图12-54

12.5.7 Camera Raw滤镜中的镜头校正

Camera Raw滤镜的"镜头校正"面板中包含三部分内容，分别是"扭曲度""去边""晕影"（见图12-55）。

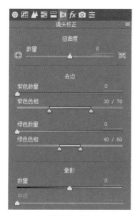

图12-55

图12-57

（1）扭曲度-数量：由于拍照时所用的镜头不同，照片会产生不同程度的畸变，使用此功能可纠正这种现象，"数量"值越大，应用强度越大。如图12-56所示为中间膨胀的原图，与纠正畸变之后的效果图。

（3）晕影：拍照时，由于镜头原因会出现照片4个角比较暗的情况，用"晕影"工具可纠正这种现象。或者有些照片有意追求暗角效果，也可以用"晕影"工具实现。如图12-58所示为原图与添加了晕影的效果图。

图12-58

图12-56

（2）去边：由于拍照时所用镜头与参数设置的不同，物体高光边缘的轮廓线会出现紫色或绿色的色相，放大显示后尤其明显。使用"去边"功能可有效去除这种色差。如图12-57所示为原图与去边之后效果。

12.5.8　Camera Raw滤镜中的效果

Camera Raw滤镜的"效果"面板中包含三部分内容，分别是"去除薄雾""颗粒""裁剪后晕影"（见图12-59）。

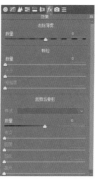

图12-59

（1）去除薄雾：可以增加或减少照片中的雾气的量，使雾霾一扫而空，这个新功能能拯救很多恶劣天气下拍摄的照片，让照片瞬间变得通透、明朗起来（见图12-60）。反之，也可以添加雾气，创造中国式的云雾意境。此工具也可以在Camera Raw窗口的"调整画笔""渐变滤镜""径向滤镜"中使用，在局部添加雾气（见图12-61）。

图12-60

图12-61

（2）颗粒：可以在照片中增加胶片颗粒，以呈现特定的电影艺术效果（见图12-62）。

图12-62

（3）裁剪后晕影：用该功能也可以设置晕影，并且对照片进行剪裁后仍起作用。而"镜头校正"里的"晕影"只能应用于原始照片。"裁剪后晕影"功能更强大，可设置的参数更多（见图12-63、图12-64）。

图12-63

图12-64

12.5.9　Camera Raw滤镜中的相机校准

大多数数码相机里有"照片风格"设置，通常有标准、人像、风光、单色、中性等，不同品牌相机的照片风格不同。但是在这些设置下，画面颜色偏差会很大，如果出现这种情况，可以在Camera Raw滤镜中重新进行调整。

12.5.10　Camera Raw滤镜中的预设

在Camera Raw中对一张照片进行编辑修改之后，可单击"预设"面板底部的"新建预设"按钮，将所有调整参数存储为预设。当其他照片需要做同样的调整时，可直接应用。

12.5.11　Camera Raw滤镜中的工具

打开Camera Raw滤镜，上方出现一排工具（见图12-65）。

径向滤镜
渐变滤镜
调整画笔
红眼去除
污点去除

缩放工具
变换工具
目标调整工具
颜色取样工具
白平衡工具
抓手工具

图12-65

（1）缩放工具：单击放大显示图像，按住Alt键单击缩小显示图像，双击该工具100%比例显示图像。

（2）抓手工具：放大显示图像后，可用此工具移动图像方便查看。按下空格键也可以临时切换此工具。

（3）白平衡工具：使用该工具在图像中白色或者灰色的地方单击，可以校正图像中的白平衡（见图12-66）。双击该工具图像复位为初始状态。

图12-66

（4）颜色取样工具：使用该工具在图像中单击，可建立取样点观察此处的像素值，辅助我们判断色彩倾向。最多可建立9个取样点。

（5）目标调整工具：按住该工具，弹出菜单（见图12-67），可调整指定区域的"参数曲线""色相""饱和度""明亮度"。例如选择"色相"，然后使用该工具在如图12-68所示的花朵上拖曳，即可改变此处和与此处相同颜色的色

相（见图12-69）。

参数曲线	Ctrl+Shft+Alt+T
✓ 色相	Ctrl+Shft+Alt+H
饱和度	Ctrl+Shft+Alt+S
明亮度	Ctrl+Shft+Alt+L
灰度混合	Ctrl+Shft+Alt+G

图12-67

图12-68　　　　　图12-69

（6）变换工具：在拍照时产生的建筑物变形和镜头造成畸变问题一般通过"镜头校正"解决，如果要做更细致的调整，可以使用"变换工具"。当选择"变换工具"时，滤镜窗口右侧打开Upright面板（见图12-70）。在面板中可以选择"自动"中的选项，也可以辅助手动调节，以达到纠正照片畸变的效果（见图12-71）。

图12-70

图12-71

（7）污点去除工具：该工具与"污点修复画笔工具"用法类似，直接在污点上单击；但该工具可以选择用哪一区域的像素来代替污点区域的像素（见图12-72）。按下"["与"]"键改变该工具的大小，在窗口右边的面板中也可以调节该工具的大小以及羽化值。

图12-72

（8）红眼去除工具：该工具与"红眼工具"用法相似。选择此工具在红眼上拖曳出调整框，缩放调整范围，准确框选住红眼部分，在面板中设置"瞳孔大小"，拖曳"变暗"滑块改变红眼的亮度（见图12-73）。

图12-73

（9）调整画笔：可以针对图像局部调整色温、色调、曝光度、对比度、高光、阴影、白色、黑色、清晰度、去除薄雾、饱和度、锐化程度、减少杂色、波纹去除、去边、颜色等参数的工具。使用时先设置此工具的大小、羽化等值，然后在需要调整的区域单击，就可以调整该区域的色温、曝光度等等参数了。

打开一张照片（见图12-74）和Camera Raw滤镜；设置整张照片的曝光度及自然饱和度等信息（见图12-75）。单击选择"调整画笔"工具，设置画笔"大小"为44，"羽化"为38；在照片人物及周围涂抹，并调整"色温""曝光""对比度"等参数（见图12-76），即可实现针对图像局部进行调整的效果。如果需要对图像中的另一区域做不同的调整，可单击面板顶部的"添加"选项。

图12-74

图12-75

图12-76

（10）渐变滤镜：与调整画笔类似，都可以针对图像局部进行色温、曝光度、饱和度等的调整，不同的是，"渐变滤镜"形成的是一个线性渐变的调整区域（见图12-77）。

图12-77

（11）径向滤镜：与渐变滤镜类似，用此工具形成的是一个椭圆形的调整区域（见图12-78）。

图12-78

12.5.12　Camera Raw滤镜中的直方图

直方图位于Camera Raw滤镜的右上角（见图12-79），从左到右分为5个区域，对应图像中的黑色、阴影、曝光（中间调）、高光、白色，同时也对应"基本"选项卡中的5个调节滑块。

图12-79

单击直方图左上角的"阴影修剪警告"按钮，图像中超出黑场极限被修剪掉的部分以蓝色显示；单击右上角的"高光修剪警告"按钮，图像中超出白场极限被修剪掉的部分以白色显示（见图12-80）。蓝色与红色显示的区域意味着"死黑"和"死白"，将没有任何层次和细节存在。

图12-80

12.6 ▶ 实战：镜头校正滤镜（*视频）

该滤镜与Camera Raw滤镜中的"变换"工具类似，都可以校正镜头原因产生的畸变，消除镜头原因产生的边缘色差；也可以根据相机型号、镜头型号自动校正。

01 打开文件"第12章素材27"，并右击背景层，选择"转换为智能对象"。选择"滤镜"菜单→"镜头校正"选项，打开对话框（见图12-81）。

图12-81

02 选择"拉直工具"，沿着图像中的水平方向拖曳，将倾斜的图像校正（见图12-82）。

图12-82

03 选择"自定"选项卡，调整"垂直透视"为"-100%"，纠正镜头畸变现象。设置"晕影-数量"为"-100"，"中点"为"+33"，给图像四角添加晕影（见图12-83）。

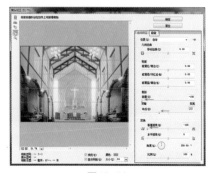

图12-83

12.7 ▶ 实战：用液化滤镜美颜（*视频）

"液化"滤镜可用于推、拉、旋转、收缩和膨胀图像的任意区域，这就使"液化"滤镜成为修饰人物照片和创建艺术效果的强大工具。

01 打开文件"第12章素材28"，右击"背景"图层，选择"转换为智能对象"；选择"滤镜"菜单→"液化"选择，弹出"液化"对话框（见图12-84）。

图12-84

02 单击"向前变形"工具，设置"画笔大小"为90，"画笔密度"与"画笔压力"都为50，将人物脸颊向里推（见图12-85）。如果操作失误，可使用重建工具涂抹复原后，再次使用向前变形工具调整。

图12-85

03 单击"顺时针旋转扭曲工具"，调整合适的大小与压力，在人物右侧的头发上按住鼠标，制作头发的卷曲效果；在人物左侧按住Alt键的同时按住鼠标，头发逆时针卷曲（见图12-86）。

图12-86

$\overset{04}{}$ 选择"褶皱工具"，设置"画笔大小"为 70，"画笔密度"为32，"画笔速率"为 80，在人物鼻尖上单击，使鼻尖收缩变小（见图 12-87）。

图12-87

$\overset{05}{}$ 选择"膨胀工具"，设置"画笔大小"为 100，"画笔密度"为50，"画笔速率" 为80，在人物眼睛上单击，使眼睛放大（见图 12-88）。

$\overset{06}{}$ 选择"左推工具"，设置"画笔大小"为 100，"画笔密度"为26，"画笔压力" 为50，在帽子左侧从上往下拖曳，使帽子向右移 动；在帽子右侧从下往上拖曳，使帽子向左移动 （见图12-89）。如果按住Alt键拖曳，则与原效果 相反。

$\overset{07}{}$ 选择"蒙版工具"，在人物嘴巴周围涂 抹，使其处于被保护状态；单击"向前变

形工具"，调整画笔大小，将人物嘴角向上拖曳 （见图12-90）。

图12-88

图12-89

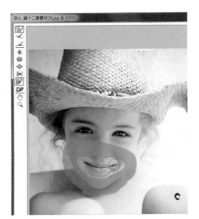

图12-90

$\overset{08}{}$ 选择"解冻蒙版工具"将蒙版部分擦除， 单击"确定"按钮。将原图与效果图进行 比较（见图12-91）。

图12-91

12.7.1 "液化"对话框中各工具选项

（1）画笔大小：可设置工具的有效范围。

（2）画笔密度：可设置工具的羽化范围。密度小时画笔中心效果最强，边缘效果递减。

（3）画笔压力：低压力时扭曲强度小，高压力扭曲强度较大。

（4）画笔速率：鼠标按住静止时扭曲所应用的速度，值越高，扭曲速度越快。

（5）重建：单击此按钮弹出对话框，可重新修改上一步工具应用的强度。

（6）恢复全部：指回到图像应用液化滤镜前的初始状态。

12.7.2 "液化"对话框中的蒙版选项

（1）设置蒙版选项：如果应用液化滤镜的图像中包含蒙版，可通过"蒙版选项"设置蒙版的保留方式。

（2）无：可解冻所有蒙版区域。

（3）全部蒙住：可使图像全部冻结。

（4）全部反相：可使所有冻结与解冻区域反相。

12.7.3 "液化"对话框中的视图选项

（1）显示图像：图像在预览区显示。

（2）显示网格：在预览区内显示网格，以更好地控制液化操作。网格的颜色与大小可以设置（见图12-92）。

（3）显示蒙版：显示冻结区域，默认为半透明红色。在"蒙版颜色"选项中可以设置更改。

（4）显示背景：如果当前应用"液化"滤镜的图像包含多个图层，可设置"显示背景"中的选项，方便对比其他图层，对当前图层做液化修改（见图12-93）。

图12-92

图12-93

12.8 ▸ 油画滤镜

"油画滤镜"顾名思义是一种能让图像产生油画效果的滤镜。打开一幅图像（见图12-94），转换为智能对象之后，选择"滤镜"菜单→"油画"选项，在弹出的对话框中设置参数（见图12-95），最终形成油画效果（见图12-96）。

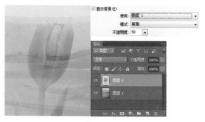

图12-94

图12-95

图12-96

"油画滤镜"对话框中各参数如下。

（1）描边样式：可设置每一个笔触的长短，值由低到高的效果是由皱褶到平滑。

（2）描边清洁度：控制的是画笔边缘效果，较小的值可以获得更多的纹理和细节，而较大的值可以得到更加清洁的效果。

（3）缩放：控制画笔的大小。小比例缩放就是小较浅的笔刷，大比例缩放就是大较厚的笔刷。

（4）硬毛刷细节：控制画笔笔毛的软硬程度。较小的值就是软轻的笔触效果，较大的值就是硬重的笔触效果。

（5）角方向：用来控制光源的角度，这样会影响阴影以及高光的效果。

（6）闪亮：调整光照强度，从而影响整体画面的光影效果。

12.9 ▶ 实战：使用消失点工具修复图像（*视频）

消失点就是在物体透视中，两条平行线相交的那一点。根据视线的位置确定透视变化的大小，近大远小，会很明显两条平行线交于一点，那一点就是消失点。

"消失点"滤镜会自动计算这种近大远小的变化，并自动缩放到透视平面中。

01 打开文件"第12章素材32"，按下Shift+Ctrl+N快捷键新建图层；在新建图层上选择"滤镜"菜单→"消失点"选项，弹出"消失点"对话框（见图12-97）。观察这张照片，根据透视原理，图像内容近大远小；窗户形状不统一，多出来的空调不美观。

图12-97

02 选择"创建平面工具"，沿着楼体的边缘绘制多边形，如果绘制不理想，可用"编辑平面工具"修改，创建一个网状平面（见图12-98）。

图12-98

03 选择"图章工具"，调整合适的大小，在没有空调的楼层按住Alt键单击取样，然后在有空调的楼层对准位置涂抹（见图12-99），将空调去掉。

图12-99

04 按住Alt键在第三个窗户上取样，然后对准第四个窗户的位置涂抹，然后第五个，第六个窗户，使它们统一窗户形状（见图12-100）。如果对本次操作不满意，可按住Alt键单击"复位"按钮。如果单击"确定"按钮之后感觉不满意，可删除当前图层，重新编辑。

图12-100

"消失点"滤镜各工具与选项如下（见图12-101）。

（1）编辑平面工具：如果对创建的平面不满意，可用此工具进行调整与修改。

（2）创建平面工具：用来定义透视平面的4个角点，定义时一定要沿着图像内容的边缘。

图12-101

（3）选框工具：可以框选平面内的图像；然后按住Alt键拖曳可以复制（见图12-102）；按住Ctrl键拖曳可以用源图像填充该区域（见图12-103）。框选的选区可以设置羽化值等。

图12-102

图12-103

（4）图章工具：按住Alt键可定义取样点，然后将取样点的内容涂抹到目标区域，内容将自动遵从图像中的透视现象。

选择此工具时，对话框顶部"修复"选项如果选择"开"，取样点的内容将自动与目标区域的像素颜色、明度、阴影等混合匹配。如果选择"明亮度"，将自动匹配明度而保留取样点的颜色。如果选择"关"，将不做匹配。

（5）画笔工具：可在图像上任意绘制。

（6）变换工具：可缩放、旋转、移动选区内容。

（7）吸管工具：可拾取图像中的颜色作为画笔工具的绘画颜色。

（8）测量工具：可测量透视平面中图像的距离与角度。

12.10 ▶ 风格化滤镜组

Photoshop中"风格化"滤镜组是通过置换像素和通过查找并增加图像的对比度，在选区中生成绘画或印象派的效果，共包含9种滤镜。

12.10.1　查找边缘

用于标识图像中有明显过渡的区域并强调边缘，如果先加大图像对比度，再应用此滤镜可以得到更多更细致的边缘（见图12-104、图12-105）。

图12-104　　　　　　图12-105

12.10.2　等高线

类似于查找边缘滤镜的效果，但允许指定过渡区域的色调水平，主要作用是勾画图像的色阶范围（见图12-106、图12-107）。

图12-106　　　　　　图12-107

（1）色阶：可指定色阶的阈值。

（2）勾画像素的颜色低于指定色阶的区域。

（3）勾画像素的颜色高于指定色阶的区域。

12.10.3　风

在图像中色彩相差较大的边界上创建细小的水平线来模拟刮风的效果。具有风、大风、飓风三种选项，可以设置左右两种风向，没有垂直风向的选项（见图12-108、图12-109）。

图12-108

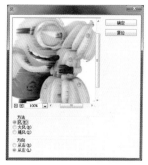

图12-109

12.10.4　浮雕效果

生成凸出和浮雕的效果，对比度越大的图像浮雕效果越明显（见图12-110、图12-111）。

（1）角度：照射浮雕凸起的光线角度。

（2）高度：浮雕凸起的高度。

（3）数量：颜色数量的百分比，该值越高越突出图像细节。

图12-110

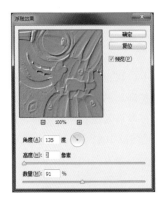

图12-111

12.10.5 扩散

搅动图像的像素，产生类似透过磨砂玻璃观看图像的效果（见图12-112、图12-113）。

图12-112

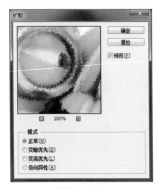

图12-113

（1）正常：随机移动像素，使图像的色彩边界产生毛边的效果。

（2）变暗优先：用较暗的像素替换较亮的像素，暗部像素扩散。

（3）变亮优先：用较亮的像素替换较暗的像素，亮部像素扩散。

（4）各向异性：创建柔和模糊的图像效果。

12.10.6 拼贴

将图像按指定的值分裂为若干个正方形的拼贴图块，并按设置的位移百分比的值进行随机偏移（见图12-114、图12-115）。

图12-114

图12-115

（1）拼贴数：设置行或列中分裂出的最小拼贴块数。

（2）最大位移：贴块偏移其原始位置的最大距离。

（3）填充空白区域用：分裂后贴块之间的间隙用哪一种方式填充，包含4个选项。

12.10.7 曝光过度

使图像产生原图像与原图像的反相进行混合后的效果（见图12-116）。

图12-116

12.10.8 凸出

将图像分割为指定的三维立方体或棱锥体（见图12-117、图12-118）。

图12-117

图12-118

（1）块：将图像分解为三维立方体，并用图像填充立方体的正面。

（2）金字塔：将图像分解为类似金字塔型的三棱锥体。

（3）深度：控制块突出的深度。

（4）立方体正面：将该块的平均颜色填充立方体的正面。

（5）蒙版不完整块：使所有块的突起包括在颜色区域。

12.10.9　照亮边缘

"照亮边缘"滤镜在滤镜库中，作用是使图像的边缘产生发光效果（见图12-119、图12-120）。

图12-119　　　　　　图12-120

（1）边缘宽度：调整被照亮的边缘宽度。

（2）边缘亮度：调整边缘的亮度。

（3）平滑度：平滑被照亮的边缘。

12.11　画笔描边滤镜组

"画笔描边"滤镜主要模拟使用不同的画笔

和油墨进行描边创造出的绘画效果。此类滤镜不能应用在CMYK和Lab模式下。

12.11.1　成角的线条

打开一个图像（见图12-121），单击"成角的线条"滤镜，打开对话框。该滤镜可以使用相反方向的线条重新勾画图像，一个方向的线条勾画亮部区域，另一个方向的线条勾画暗部区域（见图12-122、图12-123）。

图12-121　　　　　　图12-122

图12-123

（1）方向平衡：调节向左下角和右下角勾画的强度。

（2）描边长度：控制成角线条的长度。

（3）锐化程度：调节勾画线条的锐化度。

12.11.2　墨水轮廓

"墨水轮廓"滤镜根据图像的颜色边界，用精细的线在原来的细节上重绘图像，并用黑色强调图像轮廓（见图12-124、图12-125）。

图12-124　　　　　　图12-125

（1）描边长度：设置图像中边缘斜线的长度。

（2）深色强度：设置图像中暗区部分的强度；数值越大，绘制的斜线颜色越黑。

（3）光照强度：设置图像中明亮部分的强度；数值越小，斜线越不明显。

12.11.3 喷溅

"喷溅"滤镜可以在图像中模拟使用喷溅喷枪后颜色颗粒飞溅的效果（见图12-126、图12-127）。

图12-126　　　　　图12-127

（1）喷色半径：值越大，溅射的范围越大。

（2）平滑度：值越大，溅射纹理越平滑。

12.11.4 喷色描边

"喷色描边"滤镜和"喷溅"滤镜很相似，不同的是该滤镜产生的是可以控制方向的飞溅效果，而"喷溅"滤镜产生的喷溅效果没有方向性（见图12-128、图12-129）。

图12-128　　　　　图12-129

（1）描边长度：设置飞溅笔触的长度。

（2）喷色半径：设置图像溅开的程度。

（3）描边方向：设置飞溅笔触的方向。

12.11.5 强化的边缘

"强化的边缘"滤镜可以强化图像中不同颜色之间的边界，在图像的边线部分上绘制形成有对比的颜色，使图像产生一种强调边缘的效果（见图12-130、图12-131）。

（1）边缘宽度：设置勾画的边缘宽度。

图12-130　　　　　图12-131

（2）边缘亮度：该值越大，边缘越亮。

（3）平滑度：决定勾画细节的多少，值越小，图像的轮廓越清晰。

12.11.6 深色线条

"深色线条"滤镜用短的、绷紧的线条绘制图像中接近黑色的暗区，用长的白色线条绘制图像中的亮区，令图像产生一种很强烈的黑色阴影效果（见图12-132、图12-133）。

图12-132　　　　　图12-133

（1）平衡：设置笔画方向的混乱程度。

（2）黑色强度：该值越大，应用黑色线条的范围越大。

（3）白色强度：该值越大，应用白色线条的范围越大。

12.11.7 烟灰墨

"烟灰墨"滤镜是以日本画的风格绘画图像，使其看起来像是用蘸满黑色油墨的湿画笔在宣纸上绘画，具有非常黑的柔化模糊边缘的效果（见图12-134、图12-135）。

图12-134　　　　　图12-135

（1）描边宽度：设置笔画的宽度。

（2）描边压力：该值越大，笔画的颜色越深。

（3）对比度：设置图像的颜色对比程度。

12.11.8　阴影线

"阴影线"滤镜是在保留原稿图像细节和特征的前提下，使用模拟的铅笔阴影线添加纹理，并使图像中彩色区域的边缘变粗糙（见图12-136、图12-137）。"阴影线"滤镜产生的效果与"成角的线条"效果相似，只是"阴影线"滤镜产生的笔触间互为平行线或垂直线，且方向不可任意调整。

图12-136　　　　　　　　图12-137

（1）描边长度：设置笔画的长度。

（2）锐化程度：该值越大，笔画越清晰。

（3）强度：该值越大，应用笔画的范围越大。

12.12 ▶ 模糊滤镜组

"模糊滤镜"通过对图像中线条和阴影区域边缘相邻的像素进行平均分配，而产生平滑过渡的效果。

12.12.1　实战：用场景模糊滤镜模拟景深效果（*视频）

"场景模糊"滤镜模仿景深效果，可以很好地突出拍摄主体，为照片添加美感。

01　打开文件"第12章素材36"（见图12-138），并转换为智能对象。

02　选择"滤镜"菜单→"模糊"→"场景模糊"选项，打开"模糊工具"面板（见图12-139）。

图12-138　　　　　　　　图12-139

03　光标变成图钉形状，在花朵上单击增加4个图钉，并将每个图钉的"模糊"值都设置为"0"（见图12-140）。

图12-140

04　在4个角里增加图钉，并将每个图钉的"模糊"值设置为150（见图12-141）。即可实现焦点清楚，背景模糊的景深效果（见图12-142）。

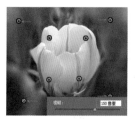

图12-141　　　　　　　　图12-142

12.12.2　实战：用光圈模糊滤镜模拟景深（*视频）

"光圈模糊"滤镜相对于场景模糊滤镜使用方法要简单很多，通过控制点选择模糊位置，然后通过调整范围框控制模糊作用范围，再利用面板设置模糊的强度数值控制形成景深的浓重程度。

01　打开文件"第12章素材37"（见图12-143），并转换为智能对象。

图12-143

02 选择"滤镜"菜单→"模糊"→"光圈模糊"选项，打开"模糊工具"面板。图像上出现光圈模糊预设（见图12-144）。

图12-144

03 拖曳光圈边线缩放大小；拖曳圆形控制点改变方向；拖曳方形控制点改变形状；将"模糊"值设置为"30像素"；调整窗口顶部的"聚焦"百分比，可控制光圈滤镜中心的模糊程度，值越高越清晰，这里设置为100%（见图12-145）。最终实现模拟景深效果（见图12-146）。

图12-145

图12-146

12.12.3 实战：用移轴模糊滤镜打造小人国效果（*视频）

移轴模糊可以模拟将真实场景呈现出微缩模型般的效果。

01 打开文件"第12章素材38"（见图12-147），并转换为智能对象。

图12-147

02 选择"滤镜"菜单→"模糊"→"移轴模糊"选项，打开"模糊工具"面板（见图12-148）。图像上出现移轴模糊预设（见图12-149）。

图12-148　　　　　　图12-149

03 拖曳圆控制点调节移轴方向；拖曳实线调节清晰范围；拖曳虚线调节模糊范围；设置"模糊量"为"13像素"（见图12-150）。形成小人国的移轴效果（见图12-151）。

图12-150　　　　　　图12-151

移轴模糊滤镜各选项如下。

（1）模糊：控制图像中移轴模糊两条虚线外的模糊程度，数值越大越模糊。

（2）扭曲度：调整图像中移轴模糊两条虚线

外的模糊图像扭曲度，数值越大越扭曲。

（3）对称扭曲：选中"对称扭曲"，调整扭曲度时虚线外两边同时调整扭曲度，不选中只调整一边。

在使用场景模糊、光圈模糊、移轴模糊滤镜时，打开"模糊画廊"，下方出现"模糊效果"面板（见图12-152），面板中各选项如下。

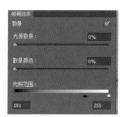

图12-152

（1）光源散景：控制散景的亮度，也就是图像中高光区域的亮度，数值越大亮度越高。

（2）散景颜色：控制高光区域的颜色，由于是高光，颜色一般都比较淡。

（3）光照范围：用色阶来控制高光范围，数值为0～255。数值范围越大，高光范围越大，相反高光就越少。

12.12.4　表面模糊

"表面模糊" 在保留图像边缘的情况下，对图像的表面进行模糊处理（见图12-153～图12-155），一般用于简单处理瑕疵。

图12-153　　　　　　　图12-154

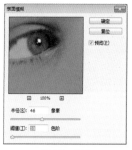

图12-155

（1）半径：以像素为单位，指定模糊取样区域的

大小。

（2）阈值：以色阶为单位，控制相邻像素色调值与中心像素值相差多大时才能成为模糊的一部分。

12.12.5　动感模糊

"动感模糊"可沿指定方向（-360°～+360°）以指定强度（1～999）进行模糊。此滤镜的效果类似于以固定的曝光时间给一个移动的对象拍照。像其他大多数滤镜一样，可以加在图像上或者图像的选区上（见图12-156～图12-158）。

图12-156　　　　　　　图12-157

图12-158

（1）角度：设置运动模糊的方向。

（2）距离：设置像素移动距离，距离越大越模糊。

12.12.6　方框模糊

以一定大小的矩形为单位，对矩形内包含的像素点进行整体模糊运算（见图12-159、图12-160）。半径值越大越模糊。

图12-159　　　　　　　图12-160

12.12.7 高斯模糊

"高斯模糊"滤镜添加低频细节，相对方框模糊而言，以更高精度产生朦胧效果（见图12-161、图12-162）。半径值越大，模糊效果越强烈。

图12-161

图12-162

12.12.8 进一步模糊、模糊

这两个滤镜可重复对同一对象使用，逐步加强模糊效果。如果一个对象经过其他模糊处理后，基本效果已经满意，但模糊程度稍有欠缺，可以使用这两个滤镜加强。

12.12.9 实战：使用径向模糊实现闪现特效（*视频）

"径向模糊"滤镜设置像素点模糊为同心圆或者由内发散。其中，"旋转"经常用在体现物体的高速旋转状态；"缩放"经常用在体现物体的夸张闪现。

01 打开文件"第12章素材43"（见图12-163）；并转换为智能对象。

图12-163

02 选择"滤镜"菜单→"模糊"→"径向模糊"选项，在对话框中设置如下（见图12-164）。图像整体实现径向模糊效果。

图12-164

03 选择画笔工具，设置"前景色"为"黑色"，"画笔大小"为150px，"流量"为5%；单击选择智能滤镜的蒙版，在手及周围区域涂抹（见图12-165）。实现手部清晰，其他区域模糊的效果（见图12-166）。

图12-165

图12-166

04 双击"图层"面板中的"径向模糊"滤镜，在弹出的对话框中将模糊方法改为"旋转"（见图12-167）；将生成旋转模糊效果（见图

12-168）。

图12-167

图12-168

12.12.10 实战：使用镜头模糊滤镜实现景深效果（*视频）

镜头模糊滤镜可以模仿大光圈镜头，产生更窄的景深效果，使图像中的一些对象在焦点内，而另一些区域变模糊。

01 打开文件"第12章素材44"；并添加蒙版（见图12-169）。

图12-169

02 用柔边黑色画笔在蒙版上涂抹花朵区域（见图12-170）。

图12-170

03 单击图层1的图像，使图像处于编辑状态。选择"模糊"滤镜→"镜头模糊"选项，在对话框中设置（见图12-171）。单击"确定"按钮，单击显示背景层，最终实现景深效果。

图12-171

（1）预览：选择以更快的速度或者以更精确的显示方式。

（2）源：选择镜头模糊产生的形式，共6个选项。

（3）模糊焦距：设置模糊焦距范围的大小。如果选中"反相"，则焦距越小，模糊效果越明显。

（4）光圈：在"形状"右侧的下拉列表中，可以选择光圈的形状。

（5）半径：值越大，模糊效果越明显。

（6）叶片弯度：设置相机叶片的弯曲程度。

（7）旋转：设置模糊产生的旋转程度。

（8）亮度：设置模糊后图像的亮度，值越大，图像越亮。

（9）阈值：设置图像模糊后的效果层次，值越大，图像的层次越丰富。

（10）杂色：设置图像中产生的杂色数量。

（11）平均：平均分布杂色。

（12）高斯分布：高斯分布杂色。

（13）单色：选中该复选框，将以单色的形式在图像中产生杂色。

12.12.11 实战：利用平均滤镜校正偏色照片（*视频）

"平均滤镜"可以将图像的颜色平均分布，从而产生一种新颜色，并用该颜色平铺填充图像。

对于偏色的照片，可利用平均滤镜生成的颜色的反相色校正偏色现象。

01 打开文件"第12章素材45"，并按下Ctrl+J快捷键复制一层（见图12-172）。

图12-172

02 选择"滤镜"菜单→"模糊"→"平均"选项，图层被填充成一种颜色；按下Ctrl+I快捷键反相（见图12-173）。

图12-173

03 将图层混合模式改为"叠加"（见图12-174），照片偏色现象得到纠正（见图12-175）。

图12-174 　　　　图12-175

12.12.12 特殊模糊

"特殊模糊"滤镜可以只对有微弱颜色变化的区域进行模糊，从而产生一种边缘清晰的模糊效果（见图12-176、图12-177）。

图12-176 　　　　图12-177

"特殊模糊"对话框中各选项如下（见图12-178）。

图12-178

（1）半径：设置搜索不同像素的范围。取值越大，模糊效果就越明显。

（2）阈值：设置像素被模糊前与周围像素的差值，只有当相邻像素间的亮度差超过这个值的限制时，才能对其进行模糊处理。

（3）品质：设置图像模糊效果的质量。

（4）模式：设置模糊图像的模式。选择"正常"模式，模糊后的图像效果与其他模糊滤镜基本相同；选择"仅限边缘"模式，将以黑色作为图像背景，以白色勾绘出图像边缘像素亮度变化强烈的区域（见图12-179）；选择"叠加边缘"模式，相当于"正常"模式和"仅限边缘"模式叠加的效果（见图12-180）。

图12-179

图12-180

12.12.13 形状模糊

"形状模糊"滤镜可以根据预置的形状或自定义的形状对图像进行特殊的模糊处理（见图12-181、图12-182）。

图12-181

图12-182

在"形状模糊"对话框中可以选择某个形状

（见图12-183），也可以单击形状列表右上角的小齿轮按钮选择其他形状库（见图12-184），或者载入外部形状库。

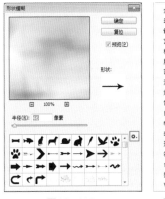

图12-183   图12-184

12.13 扭曲滤镜组

"扭曲滤镜"组用几何学的原理将图像变形、扭曲，以创造出三维效果或其他的整体变化。

12.13.1 波浪

"波浪"滤镜可以根据用户设置的不同波长和波幅产生不同的波纹效果；在图像上创建波状起伏的图案，生成波浪效果（见图12-185、图12-186）。

图12-185   图12-186

"波浪"对话框中各选项如下（见图12-187）。

（1）生成器数：设置波纹生成的数量。

（2）波长：设置相邻两个波峰之间的距离。

（3）波幅：设置波浪的高度。

（4）比例：设置波纹在水平和垂直方向上的缩放比例。

（5）类型：设置生成波纹的类型，包括"正弦""三角形"和"方形"三个选项。如图12-188所示为"三角形"和"方形"选项的效果。

图12-187

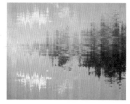

图12-188

（6）随机化：每单击一下此按钮都可以为波浪指定一种随机效果。

（7）折回：将变形后超出图像边缘的部分反卷到图像的对边。

（8）重复边缘像素：将图像中因为弯曲变形超出图像的部分分布到图像的边界上。

12.13.2 波纹

"波纹"滤镜可以在图像上创建类似于风吹水面产生的波纹效果，与"波浪"滤镜工作方式相同，但提供的选项较少，只能控制波纹的数量和波纹的大小（见图12-189～图12-191）。

图12-189

图12-190

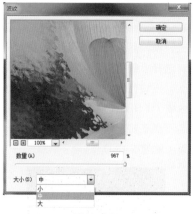

图12-191

12.13.3 玻璃

"玻璃"滤镜可以创造图像如同隔着玻璃观看的一些效果，原图与对话框如下（见图12-192、图12-193）。

图12-192　　　　　　图12-193

4种"玻璃"滤镜纹理效果为块状（见图12-194）、画布（见图12-195）、磨砂（见图12-196）、小镜头（见图12-197）。

图12-194　　　　　　图12-195

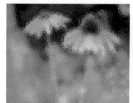

图12-196　　　　　　图12-197

（1）扭曲度：控制图像的扭曲程度。

（2）平滑度：平滑图像的扭曲效果。

（3）纹理：可以指定纹理效果，有"块状""画布""磨砂"和"小镜头"4个选项。

（4）缩放：控制纹理的缩放比例。

（5）反相：使图像的暗区和亮区相互转换。

12.13.4　海洋波纹

"海洋波纹"滤镜可以将随机分隔的波纹添加到图像表面，波纹较细小，边缘有较多抖动，模拟海洋表面和水下的波纹效果，并可以调节波纹的大小和幅度（见图12-198、图12-199）。

图12-198　　　　　　图12-199

12.13.5　实战：应用极坐标滤镜制作特效（*视频）

"极坐标"滤镜可以将平面图像扭曲成为球体图像，也可以将球体展开为平面。

01 打开文件"第12章素材52"，按下Ctrl+J快捷键复制一层（见图12-200）。

图12-200

02 选择"滤镜"菜单→"扭曲"→"极坐标"选项，在弹出的对话框中选择"平面坐标到极坐标"，生成球体效果（见图12-201）。

03 使用仿制图章工具将图像中的交界线处理自然、平滑（见图12-202）。

图12-201

图12-202

04 打开文件"第12章素材53"，将飞鸟内容拖曳至"第12章素材52"上（见图12-203）。

图12-203

12.13.6　挤压

"挤压"滤镜可以将整个图像或选区内的图像向内或向外挤压。当数量为"-100"时，向外挤压（见图12-204）；当数量为"0"时无效果；当数量为"+100"时向内挤压（见图12-205）。

图12-204

图12-205

12.13.7 扩散亮光

"扩散亮光"滤镜可以在图像中添加白色杂色，并从图像中心向外渐隐亮光，使其产生一种光芒漫射的效果（见图12-206、图12-207）。

图12-206

图12-207

"扩散亮光"对话框中各选项如下（见图12-208）。

图12-208

（1）粒度：设置光亮中的颗粒密度。

（2）发光量：设置光亮的强度。

（3）清除数量：设置图像中受亮光影响的范围，值越大，受影响的范围越小，图像越清晰。

12.13.8 实战：利用切变扭曲旗帜（*视频）

"切变"滤镜可以按照自己设定的曲线来扭曲图像。

01 打开文件"第12章素材55"（见图12-209）。

图12-209

02 选择"图像"菜单→"图像旋转"→"90度顺时针"选项（见图12-210）。

图12-210

03 选择"滤镜"菜单→"扭曲"→"切变"选项，弹出"切变"对话框；在对话框中添加控制点并拖曳；"未定义区域"选择"折回"（见图12-211）。单击"确定"按钮。

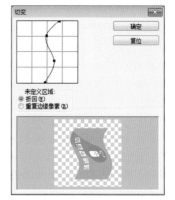
图12-211

04 选择"图像"菜单→"图像旋转"→"90度逆时针"选项（见图12-212）。

图12-212

（1）折回：将超出边缘位置的图像在另一侧折回。

（2）重复边缘像素：将超出边缘位置的图像分布到图像的边界上。

12.13.9 球面化

"球面化"扭曲滤镜可以使图像产生凹陷

或凸出的球面或柱面效果，就像图像被包裹在球面或柱面上产生的立体效果（见图12-213、图12-214）。

图12-213

图12-214

"球面化"对话框各选项如下（见图12-215）。

（1）数量：设置产生球面化或柱面化的变形程度。当值为正时，图像向外凸出，且值越大凸出的程度越强；当值为负时，图像向内凹陷（见图12-216）。

图12-215

图12-216

（2）模式：设置图像变形的模式。当选择"正常"时，图像将产生球面化效果。当选择"水平优先"时，图像只在水平方向上变形。当选择"垂直优先"时，图像只在垂直方向上变形。

12.13.10　水波

"水波"滤镜模拟水池中的波纹，在图像中产生类似于向水池中投入石子后水面的变化形态（见图12-217、图12-218）。

图12-217

图12-218

"水波"对话框中各选项如下（见图12-219）。

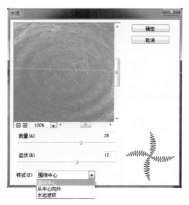
图12-219

（1）数量：设置生成波纹的强度。

（2）起伏：设置生成水波纹的数量。值越大，波纹数量越多，波纹越密。

（3）样式：设置置换像素的方式。

（4）围绕中心：指沿中心旋转变形。

（5）从中心向外：指从中心向外置换变形。

（6）水池波纹：指向左上或右下置换变形图像。

12.13.11　旋转扭曲

"旋转扭曲"滤镜以图像中心为旋转中心，对图像进行旋转扭曲，使图像产生旋转的风轮效果（见图12-220、图12-221）。

图12-220　　　　　图12-221

角度：设置旋转的强度与方向。当值为正时，图像按顺时针旋转，当值为负时，图像按逆时针旋转。

12.13.12　实战：应用置换滤镜实现水底文字效果（*视频）

置换滤镜常常用作合成图像，能让目标图像按置换图的纹理来扭曲，比直接图层叠加效果更真实。目标图像中各个像素的移动方向和距离取决于置换图的红色和绿色通道的亮度值。在红色通道中，白色=左移，黑色=右移；在绿色通道中，白色=上移，黑色=下移。蓝色通道不起作用。并且置换图必须是PSD文档。

01 打开文件"第12章素材58"，它是一个PSD文档（见图12-222）。

图12-222

02 按下Ctrl+A快捷键全选，再按下Ctrl+C快捷键复制图像。

03 按下Ctrl+N快捷键新建文档，大小按照默认设置；在新文档中按下Ctrl+V快捷键粘贴，并将背景层与图层1隐藏。

04 选择文字工具，输入文字"PS"（见图12-223、图12-224）。

图12-223　　　　　图12-224

05 选择"滤镜"菜单→"扭曲"→"置换"选项；栅格化文字后，在对话框中设置"水平比例"与"垂直比例"都为20（见图12-225），文字发生扭曲变形。

图12-225

06 显示图层1，将PS图层的混合模式改为"柔光"，"不透明度"为70%（见图

12-226），形成文字随水波变形的效果（见图12-227）。

图12-226　　　　　图12-227

置换滤镜各选项如下。

（1）水平/垂直比例：指目标图像中各像素移动的百分比。

（2）伸展以适合/拼贴：如果置换图的大小与目标图像的大小不同，选择"伸展以适合"调整置换图的大小；或者选择"拼贴"，通过在图案中重复使用置换图来填充目标图像。

12.14 ▶ 锐化滤镜组

锐化工具可以快速聚焦模糊边缘，提高图像中某一部位的清晰度或者焦距程度，使图像特定区域的色彩更加鲜明，对比度更强。但一定要适度，锐化不是万能的，很容易使图像不真实。

12.14.1　USM锐化

"USM锐化"可以快速调整图像边缘细节的对比度，并在边缘的两侧生成一条亮线一条暗线，使画面整体更加清晰（见图12-228、图12-229）。

图12-228　　　　　图12-229

"USM锐化"对话框中各选项如下（见图 12-230）。

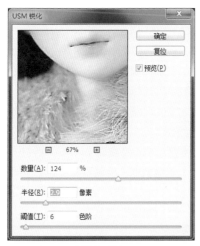

图12-230

（1）数量：控制锐化效果的强度。

（2）半径：指定锐化的半径。图像的分辨率越高，半径设置应越大。

（3）阈值：指相邻像素之间的比较值。该设置决定了像素的色调必须与周边区域的像素相差多少才被视为边缘像素，进而使用USM滤镜对其进行锐化。默认值为0，这将锐化图像中所有的像素。

12.14.2　防抖

"防抖"滤镜可以有效去除因相机抖动而引起的照片模糊（见图12-231、图12-232）。

图12-231

图12-232

"防抖"对话框中各选项如下（见图12-233）。

（1）模糊描摹边界：可视为整个处理的最基础锐化，由它先勾出大体轮廓，再由其他参数辅助修正，该数值越大锐化效果越明显。

（2）源杂色：对原片质量的一个界定，也就是原片中的杂色是多还是少。

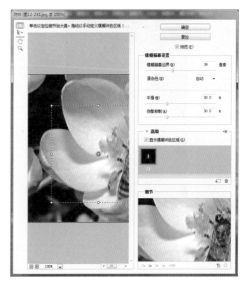

图12-233

（3）平滑/伪像抑制：对锐化效果的打磨和均衡。其中，平滑是对描摹边界所导致杂色的一个修正，值越大去杂色效果越好，但细节损失也大。伪像抑制则专门用来处理锐化过度的问题，但也需要在清晰度与画面间加以平衡。

（4）显示模糊评估区域：防抖滤镜会对每一张照片进行小范围取样，以防止尺寸较大的照片取样缓慢。也可以手动设定取样范围。

12.14.3　进一步锐化、锐化、锐化边缘

"进一步锐化"与"锐化"都是通过增加像素间的对比度使图像变得清晰，但"进一步锐化"效果更强烈，相当于两三次"锐化"。"锐化边缘"只锐化图像的边缘，保留总体的平滑度。三种滤镜效果如下（见图12-234～图12-236）。

图12-234　　　　　　图12-235

图12-236

12.14.4　智能锐化

"智能锐化"滤镜可以设置锐化算法，或控制在阴影和高光区域中的锐化量，而且能避免色晕等问题（见图12-237、图12-238）。

图12-237　　　　　图12-238

"智能锐化"对话框中各选项如下（见图12-239）。

图12-239

（1）数量：值越大，像素边缘的对比度越强。

（2）半径：决定边缘像素周围受锐化影响的锐化数量，半径越大，受影响的边缘就越宽，锐化的效果也就越明显。

（3）移去：设置对图像进行锐化的锐化算法。

（4）更加准确：用更慢的速度处理文件，以便更精确地移去模糊。

（5）高光/阴影：可针对图像中的高光与阴影区域进行锐化。

（6）渐隐量：调整高光或阴影的锐化量。

（7）色调宽度：控制阴影或高光中间色调的修改范围。

12.15 ▸ 视频滤镜组

"视频"滤镜组属于Photoshop的外部接口程序，用于从摄像机输入图像或将图像输出到录像带上，可以将普通图像转换为视频图像，或者将视频图像转换为普通图像。

12.15.1　NTSC颜色

该滤镜可以解决当使用NTSC方式向电视机输入图像时，色域变窄的问题。将色域限制为电视可接收的颜色，将某些饱和度过高的颜色转换成近似的颜色，从而降低饱和度，以匹配NTSC视频标准色域。

12.15.2　逐行

通过隔行扫描方式显示画面的电视，以及视频设备中捕捉的图像，都会出现扫描线，"逐行"滤镜可以移去视频图像中的奇数或偶数隔行线，使运动图像变得平滑、清晰。该滤镜包含以下两个选项。

（1）消除：该项包括"奇数行"和"偶数行"两个选项，用来消除视频图像中的奇数行或是偶数行扫描线。

（2）创建新场方式：选择"复制"，可复制被删除部分周围的像素来填充空白区域；选择"插值"，则利用被删除部分周围的像素，通过插值的方法进行填充。

12.16 ▶ 素描滤镜组

"素描"滤镜组主要对图像进行快速描绘，可产生速写、手绘及其他艺术效果。

12.16.1　半调图案

"半调图案"滤镜先令图像转为灰度，只使用前景色与背景色两种颜色；再使用半调图案产生网点或线条效果（见图12-240、图12-241）。

图12-240　　　　　　图12-241

"半调图案"对话框中各选项如下（见图12-242）。

图12-242

（1）大小：指半调图案的大小。

（2）对比度：指生成半调图像后的对比度。

（3）图案类型：除了"圆形"外，还包括"网点"与"直线"（见图12-243、图12-244）。

图12-243　　　　　　图12-244

12.16.2　便条纸

用"便条纸"滤镜可根据图像中像素的亮度，生成简单有粗糙质感的双色图像（见图12-245、图12-246）。

图12-245　　　　　　图12-246

（1）图像平衡：设置图像中高光与阴影区域的多少。

（2）粒度：设置图像中颗粒的数量。

（3）凸现：设置图像中颗粒的高度。

12.16.3　粉笔和炭笔

应用该滤镜后，阴影区用前景色对角炭笔线条绘制；高光区用粉笔背景色绘制（见图12-247、图12-248）。

图12-247　　　　　　图12-248

（1）炭笔区/粉笔区：设置两个笔触各自的绘制区域。

（2）描边压力：压力值大时，色彩浓重，细节变少。

12.16.4　铬黄渐变

该滤镜可产生类似金属表面的效果，应用该滤镜之后，再用色阶调节，可使效果更逼真（见图12-249、图12-250）。

图12-249　　　　　　图12-250

（1）细节：设置图像明暗细节的保留程度。

（2）平滑度：设置图像边缘过渡的平滑度。

12.16.5　绘图笔

该滤镜使用前景色线状笔描绘图像中的阴影

区域；使用背景色代替图像中的高光区域（见图12-251、图12-252）。

图12-251　　　　　　图12-252

（1）描边长度：设置每一个笔触的长度。

（2）明/暗平衡：指高光与阴影区域的平衡。

（3）描边方向：设置每一绘画笔触的方向。

12.16.6　基底凸现

"基底凸现"滤镜可以使图像呈现浮雕的雕刻状，突出光照下变化各异的表面；图像的暗区将呈现前景色，亮区使用背景色（见图12-253、图12-254）。

图12-253　　　　　　图12-254

（1）细节：设置图像明暗细节的保留程度。

（2）平滑度：设置图像边缘过渡的平滑度。

（3）光照：光源的照射方向。

12.16.7　石膏效果

"石膏效果"滤镜使用前景色和背景色为结果图像着色，让亮区凹陷，让暗区凸出，从而形成三维的石膏效果（见图12-255、图12-256）。

图12-255　　　　　　图12-256

（1）图像平衡：设置前景色和背景色之间的

平衡程度。值越大，图像越凸出。

（2）平滑度：设置图像凸出部分与平面部分的光滑程度。

（3）光照：设置光照的方向。

12.16.8　水彩画纸

"水彩画纸"滤镜模拟在潮湿的纸张上作画，制作出在颜色的边缘出现浸润的混合效果（见图12-257、图12-258）。

图12-257　　　　　　图12-258

（1）纤维长度：设置图像颜色的扩散程度。值越小，画面保持越清晰。

（2）亮度：设置图像的亮度。

（3）对比度：设置图像暗区和亮区的对比程度。

12.16.9　撕边

"撕边"滤镜可以用前景色和背景色重绘图像，并使粗糙的颜色边缘模拟碎纸片的毛边效果（见图12-259、图12-260）。

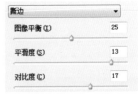

图12-259　　　　　　图12-260

（1）图像平衡：设置前景色和背景色之间的平衡。值越大，前景色的部分就越多。

（2）平滑度：设置前景色和背景色之间的平滑过渡程度。

（3）对比度：设置前景色与背景色之间的对比程度。

12.16.10　炭笔

"炭笔"滤镜使图像的主要边缘以粗线条

绘制，中间色调用对角描边进行素描，炭笔是前景色，背景色是纸张颜色（见图12-261、图12-262）。

图12-261　　　　　　　　图12-262

（1）炭笔粗细：设置每一个笔触线条的粗细。

（2）细节：设置图像细节清晰程度。

（3）明/暗平衡：设置前景色与背景色明暗对比程度。

12.16.11　炭精笔

"炭精笔"滤镜可以在图像上模拟浓黑和纯白的炭精笔纹理，暗区使用前景色，亮区使用背景色（见图12-263、图12-264）。

图12-263　　　　　　　　图12-264

（1）前景色阶：设置前景色使用的数量。

（2）背景色阶：设置背景色使用的数量。

（3）纹理：设置图像的纹理，包括"砖形""粗麻布""画布"和"砂岩"4种纹理。

（4）缩放：设置纹理的大小。

（5）凸现：设置纹理的凹凸程度。

（6）光照：设置光线照射的方向。

（7）反相：选中该复选框，可以反转图像的凹凸区域。

12.16.12　图章

"图章"滤镜可以简化图像，使用图像的轮廓制作出橡皮或木质图章的效果（见图12-265、

图12-266）。

图12-265　　　　　　　　图12-266

（1）明/暗平衡：设置前景色和背景色的比例平衡程度。

（2）平滑度：设置前景色和背景色之间的边界平滑程度。

12.16.13　网状

"网状"滤镜模拟胶片乳胶的可控收缩和扭曲，在阴影处结块，在高光处呈现轻微的颗粒化；并使用前景色替代阴影区域，背景色替代高光区域（见图12-267、图12-268）。

图12-267　　　　　　　　图12-268

（1）浓度：设置网格中网眼的密度，值越大，网眼的密度就越大。

（2）前景色阶：设置前景色所占的比例。值越大，前景色所占的比例越大。

（3）背景色阶：设置背景色所占的比例。

12.16.14　影印

"影印"滤镜可以模拟影印图像的效果，使用前景色勾画主要轮廓，其余部分使用背景色（见图12-269、图12-270）。

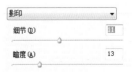

图12-269　　　　　　　　图12-270

（1）细节：设置图像中细节的保留程度。

（2）暗度：设置图像的暗部颜色深度。值越大，暗区的颜色越深。

12.17 ▶ 纹理滤镜组

纹理滤镜可以为图像创造各种纹理材质的感觉。

12.17.1 龟裂缝

"龟裂缝"滤镜可以将图像绘制在一个石膏表面上，循着图像等高线生成精细的网状裂缝，制作出类似乌龟壳裂纹的效果（见图12-271、图12-272）。

图12-271

图12-272

"龟裂缝"对话框中各选项如下（见图12-273）。

图12-273

（1）裂缝间距：设置生成的裂缝之间的间距。值越大，间距越大。

（2）裂缝深度：设置生成裂缝的深度。

（3）裂缝亮度：设置裂缝间的亮度。

12.17.2 颗粒

"颗粒"滤镜可以使用常规、软化、喷洒、结块、斑点等不同种类的颗粒在图像中添加纹理（见图12-274、图12-275）。

（1）强度：设置图像中产生颗粒的数量。值越大，颗粒的密度越大。

（2）对比度：设置图像中生成颗粒的对比程度。值越大，颗粒的效果越明显。

（3）颗粒类型：设置生成颗粒的类型，共10种。

图12-274

图12-275

12.17.3 马赛克拼贴

"马赛克拼贴"滤镜可以使图像分割成若干不规则的小块，从而形成马赛克拼贴效果（见图12-276、图12-277）。

图12-276　　　　　　　图12-277

（1）拼贴大小：设置图像中生成马赛克的大小。值越大，块状马赛克就越大。

（2）缝隙宽度：设置图像中马赛克之间裂缝的宽度。

（3）加亮缝隙：设置马赛克之间裂缝的亮度。

12.17.4 拼缀图

"拼缀图"滤镜可以将图像分成规则排列的正方形块，每一个方块使用该区域的主色填充（见图12-278、图12-279）。

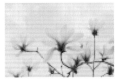
图12-278　　　　　　　图12-279

（1）方形大小：设置图像中生成拼缀图块的大小。

（2）凸现：设置拼缀图块的凸现程度。

12.17.5 染色玻璃

"染色玻璃"滤镜可以将图像重新绘制为单色的相邻单元格,色块之间的缝隙用前景色填充,使图像看起来像是彩色玻璃(见图12-280、图12-281)。

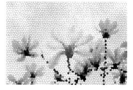

图12-280 　　　　　　　　图12-281

(1)单元格大小:设置生成染色玻璃格子的大小。

(2)边框粗细:设置格子之间的边框宽度。

(3)光照强度:设置生成染色玻璃的亮度。

12.17.6 纹理化

"纹理化"滤镜可以生成各种纹理,在图像中添加纹理质感(见图12-282、图12-283)。

图12-282 　　　　　　　　图12-283

纹理:指定图像生成的纹理,包括4个选项;还可以单击右侧的菜单按钮,载入一个PSD格式的图片作为纹理。

(1)缩放:设置生成纹理的大小。

(2)凸现:设置生成纹理的凹凸程度。

(3)光照:设置光源的位置,即光照的方向,包括8个方向。

(4)反相:选中该选项,可以反转纹理的凹凸部分。

12.18 ▶ 像素化滤镜组

"像素化"滤镜通过使单元格中颜色值相近的像素结成色块的方法,得到晶格、碎片、马赛克等效果。

12.18.1 彩块化

"彩块化"像素化滤镜可以将图像中的纯色或颜色相近的像素集结起来形成彩色色块,使其看起来像手绘的图像。如果执行一次该滤镜效果不明显,可连续按下Ctrl+F快捷键多次执行(见图12-284、图12-285)。

图12-284 　　　　　　　　图12-285

12.18.2 彩色半调

"彩色半调"滤镜用C(青色)、M(洋红色)、Y(黄色)、K(黑色)4种单一颜色的圆圈图样来表达图像(见图12-286、图12-287)。

图12-286 　　　　　　　　图12-287

(1)最大半径:圆圈的大小及间距。

(2)通道1/2/3/4:对应CMYK4色,后面可修改的数值是成像角度。

12.18.3 点状化

"点状化"滤镜可以将图像中的颜色分散为随机分布的网点,网点之间填充背景色,如同点状绘画效果(见图12-288)。单元格大小选项可设置点状化的大小;值越大,点块就越大。

图12-288

12.18.4 晶格化

"晶格化"滤镜可以使图像中相近的像素集中到多边形色块中,产生类似结晶颗粒的效果(见图12-289)。

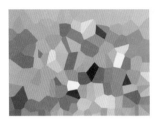

图12-289

12.18.5 马赛克

"马赛克"滤镜可以使像素结为方形块,再给块中的像素应用平均的颜色,创建出马赛克效果(见图12-290)。

图12-290

12.18.6 碎片

"碎片"滤镜可以把图像的像素复制4次,再将它们平均,并使其相互偏移,使图像产生一种类似于相机没有对准焦距所拍摄出的效果模糊的照片(见图12-291)。

图12-291

12.18.7 铜版雕刻

"铜版雕刻"滤镜可以在图像中随机生成各

种不规则的直线、曲线和斑点,使图像产生年代久远的金属板效果(见图12-292、图12-293)。

图12-292　　　　图12-293

类型:可选择精细点、中等点等10种类型的效果。

12.19 ▶ 渲染滤镜组

"渲染"滤镜可以在图像中创建云彩图案、折射图案和模拟的光反射等。

12.19.1 分层云彩

使用随机生成的介于前景色与背景色之间的值,生成云彩图案,并将生成的云彩与原图像运用差值模式进行混合(见图12-294)。如果多次应用此滤镜,会创建类似大理石纹理的凸缘与叶脉图案(见图12-295)。

图12-294　　　　图12-295

12.19.2 光照效果

该滤镜可以在图像上创建"聚光灯""点光""无线光"三种光照类型,预设了17种灯光效果;还可以手动设置不同的参数,产生无数种光照效果。

"聚光灯"可以投射一束椭圆形的光柱(见图12-296)。如图12-297所示为调整过聚光灯角度、聚光灯大小、环境光大小以及灯光颜色后的效果。

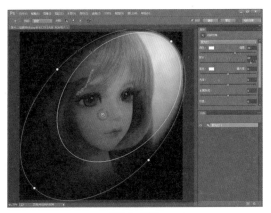

图12-296

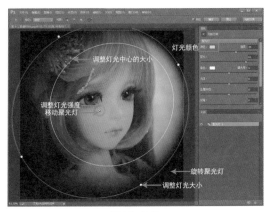

图12-297

"点光"可以使光在图像的正上方向各个方向照射，就像一张纸上方的灯泡一样（见图12-298）。拖动中央圆圈可以移动光源；拖动定义效果边缘的手柄，可以增加或减少光照大小，就像是移近或移远光照一样（见图12-299）。

图12-298

图12-299

"无限光"是从远处照射的光，这样光照角度不会发生变化。拖动中央圆圈可以移动光源；拖动中央圆圈上的白边可调整光照强度（见图12-300、图12-301）。

图12-300

图12-301

"光照效果"属性面板中各选项如下（见图12-302）。

图12-302

（1）类型：包括"聚光灯""点光""无限光"三个选项。

（2）颜色：单击该选项的颜色块，可在打开的"拾色器"中选择灯光的颜色。

（3）强度：用于调整灯光的强度，该值越高光线越强。

（4）曝光度：该值为正值时，可增加光照；为负值时，则减少光照。

（5）光泽：用来设置灯光在图像表面的反射程度。

（6）金属质感：该值大时，反射光接近图像本身颜色；该值小时，反射光接近光源颜色。

（7）环境：单击"着色"选项右侧的颜色块，可以在打开的"拾色器"中设置环境光的颜色。当滑块越接近"阴片"（负值）时，环境光越接近色样的互补色；滑块接近"正片"（正值）时，则环境光越接近于颜色框中所选的颜色。

（8）纹理：可以选择用于改变光的通道，配合"高度"调节生成一种纹理效果（见图12-303）。

图12-303

（9）高度：拖动"高度"滑块可以将纹理从"平滑"改变为"凸起"。

（10）"光照效果"窗口上方的选项栏有三个添加新光源按钮，最多可以添加16个光源，可以分别调整每个光源的颜色和角度。

12.19.3 镜头光晕

"镜头光晕"滤镜可以模拟亮光照射到相机镜头所产生的折射，常用来表现玻璃、金属等反射的反射光，或用来增强日光和灯光效果。如图12-304所示为原图，如图12-305所示为50～300毫米聚集的效果。

图12-304　　　　图12-305

"镜头光晕"共有4种类型（见图12-306）。其中，35毫米聚焦的效果如图12-307所示；105毫米与电影镜头的效果如图12-308和图12-309所示。

图12-306　　　　图12-307

图12-308　　　　图12-309

用鼠标拖曳光晕即可移动位置、旋转方向；拖曳"亮度"滑块可设置光晕的亮度。

12.19.4 纤维

"纤维"滤镜可以将前景色和背景色进行混

合处理，生成具有纤维效果的图像（见图12-310、图12-311）。

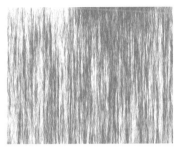

图12-310

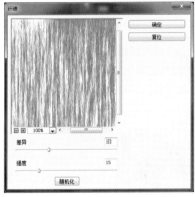

图12-311

（1）差异：设置纤维细节变化的差异程度，值越大，图像越粗糙。

（2）强度：设置纤维的对比度。值越大，纹理越清晰。

（3）随机化：单击该按钮，可随机产生不同的纤维效果。

12.19.5　云彩

"云彩"滤镜可以混合前景色和背景色，制作出类似于云彩的效果（见图12-312）。

图12-312

12.20 ▶ 艺术效果滤镜组

"艺术效果"滤镜组主要将摄影图像创建为在传统介质上的效果，例如壁画、彩色铅笔等。

12.20.1　壁画

"壁画"滤镜可以用短的、圆的和潦草的小块颜料绘制风格粗犷的图像，使图像产生壁画的效果（见图12-313、图12-314）。

图12-313　　　　　图12-314

"壁画"对话框中的各选项如下（见图12-315）。

图12-315

（1）画笔大小：设置画笔笔触的大小。值越大，图像就越清晰。

（2）画笔细节：设置图像的细节保留程度。

（3）纹理：设置图像中过渡区域所产生的纹理清晰度。

12.20.2　彩色铅笔

"彩色铅笔"滤镜用彩色铅笔在纯色背景上绘制图像，可保留重要边缘，外观呈粗糙阴影线，纯色背景色会透过平滑的区域显示出来（见图12-316、图12-317）。

图12-316　　　　　图12-317

（1）铅笔宽度：设置铅笔笔触的宽度。值越大，线条越粗。

（2）描边压力：设置绘图时的铅笔压力大小。值越大，绘制边的颜色越明显。

（3）纸张亮度：设置纯色背景的亮度。

12.20.3 粗糙蜡笔

"粗糙蜡笔"滤镜可以使图像产生彩色蜡笔在带纹理的背景上描边的效果，使图像表面产生一种不平整的浮雕纹理（见图12-318、图12-319）。

图12-318　　　　　　图12-319

（1）描边长度：设置画笔描绘线条的长度。

（2）描边细节：设置粗糙蜡笔的细腻程度。值越大，细节描绘越明显。

（3）纹理：设置生成纹理的类型，包括"砖形""粗麻布""画布"和"砂岩"4个选项。也可以单击右上侧的菜单按钮，载入一个PSD格式的图片作为纹理。

（4）缩放：设置纹理的缩放大小。值越大，纹理就越大。

（5）凸现：设置纹理凹凸程度。值越大，图像的凸现感越强。

（6）光照：设置光源的照射方向。

（7）反相：选中该项，可以反转纹理的凹凸区域。

12.20.4 底纹效果

"底纹效果"滤镜可以根据设置的纹理类型和颜色，使图像产生一种纹理描绘的艺术效果（见图12-320、图12-321），其中的多个选项参数与粗糙蜡笔相同。

（1）画笔大小：设置画笔笔触的大小。

图12-320　　　　　　图12-321

（2）纹理覆盖：设置图像使用纹理的范围。值越大，使用的范围越广。

12.20.5 干画笔

"干画笔"滤镜模拟干毛刷技术，通过减少图像的颜色来简化图像的细节，使图像产生一种不饱和、不湿润的油画效果（见图12-322、图12-323）。

图12-322　　　　　　图12-323

（1）画笔大小：设置画笔笔触的大小。

（2）画笔细节：设置画笔的细节表现细腻程度。

（3）纹理：设置图像纹理的清晰程度。

12.20.6 海报边缘

"海报边缘"滤镜可以勾画出图像的边缘，并减少图像中的颜色数量、添加黑色阴影，使图像产生一种海报的边缘效果（见图12-324、图12-325）。

图12-324　　　　　　图12-325

（1）边缘厚度：设置描绘图像边缘的宽度。

（2）边缘强度：设置图像边缘的清晰程度。

值越大，边缘越明显。

（3）海报化：设置颜色的浓度。值越大，图像最终显示的颜色量就越多。

12.20.7 海绵

"海绵"滤镜可以创建对比颜色较强的纹理图像，使图像看上去好像用海绵绘制的一样（见图12-326、图12-327）。

图12-326　　　　　　图12-327

（1）画笔大小：设置海绵笔触的粗细。

（2）清晰度：设置绘制颜色的清晰程度。

（3）平滑度：设置绘制颜色的光滑程度。值越高，画面的浸湿感越强。

12.20.8 绘画涂抹

"绘画涂抹"滤镜模拟使用6种不同类型的画笔在图像上随意涂抹，产生图像模糊的艺术效果（见图12-328、图12-329）。

图12-328　　　　　　图12-329

（1）画笔大小：设置涂抹工具的笔触大小。

（2）锐化程度：设置涂抹笔触的清晰程度。

（3）画笔类型：指定涂抹的画笔类型，如图12-329所示共6种。使用不同的画笔类型，将产生不同的涂抹效果。

12.20.9 胶片颗粒

"胶片颗粒"可以为图像添加类似胶片放映时产生的颗粒效果（见图12-330、图12-331）。

图12-330　　　　　　图12-331

（1）颗粒：设置添加颗粒的清晰程度。

（2）高光区域：设置高光区域的范围。

（3）强度：设置图像的明暗程度。值越大，图像越亮，颗粒效果越不明显。

12.20.10 木刻

"木刻"滤镜利用版画和雕刻原理，将图像处理成粗糙的高对比度图像，产生剪纸、木刻的艺术效果（见图12-332、图12-333）。

图12-332　　　　　　图12-333

（1）色阶数：设置图像的色彩层次。值越大，图像显示的颜色就越多。

（2）边缘简化度：设置木刻图像的边缘简化程度。值越大，边缘越简化。

（3）边缘逼真度：设置木刻边缘的逼真程度。值越大，生成的图像与原图像越相似。

12.20.11 霓虹灯光

"霓虹灯光"滤镜可以根据前景色、背景色和指定的发光颜色，使图像产生霓虹灯发光的效果（见图12-334、图12-335）。

图12-334　　　　　　图12-335

（1）发光大小：设置霓虹灯照射的范围。正值时为外发光，负值时为内发光。

（2）发光亮度：设置霓虹灯的亮度。

（3）发光颜色：单击右侧的色块，在弹出的"拾色器"对话框中选择发光的颜色。

12.20.12 水彩

"水彩"滤镜能够以水彩的风格绘制图像（见图12-336、图12-337）。

图12-336　　　　　　　图12-337

（1）画笔细节：设置画笔细节的细腻程度。值越大，图像细节表现的就越多。

（2）阴影强度：设置图像中暗区的深度。

（3）纹理：设置颜色交界处的纹理强度。值越大，纹理越明显。

12.20.13 塑料包装

"塑料包装"滤镜可以在图像表面增加一层强光效果，使图像产生质感很强的塑料包装的艺术效果（见图12-338、图12-339）。

图12-338　　　　　　　图12-339

（1）高光强度：设置图像中高光区域的亮度。

（2）细节：设置图像中高光区域的复杂程度。值越大，高光区域的细节越多。

（3）平滑度：设置图像的光滑程度。

12.20.14 调色刀

"调色刀"滤镜通过减少图像的细节，并显示出下面的纹理，以生成用油画刮刀作画的效果

（见图12-340、图12-341）。

图12-340　　　　　　　图12-341

（1）描边大小：设置绘图笔触的粗细。

（2）描边细节：设置图像的细腻程度。

（3）软化度：设置图像边界的柔和程度。

12.20.15 涂抹棒

"涂抹棒"滤镜使用较短的对角线条涂抹图像中的暗部区域，从而柔化图像，亮部区域会因变亮而丢失细节，使整个图像显示出涂抹扩散的效果（见图12-342、图12-343）。

图12-342　　　　　　　图12-343

（1）描边长度：设置涂抹线条的长度。

（2）高光区域：设置图像中高光区域的范围。

（3）强度：设置高光的强度。值越大，图像的反差就越明显。

12.21 ▶ 杂色滤镜组

杂色滤镜包含5种滤镜，主要用于校正图像处理过程中（如扫描）的瑕疵或者添加杂色创建特殊效果。

12.21.1 减少杂色

使用数码相机拍照时，会由于高感光度或长时间曝光而产生噪点，可以使用"减少杂色"滤镜有效纠正（见图12-344、图12-345）。

"减少杂色"对话框中各选项如下（见图12-346）。

图12-344

图12-345

图12-346

（1）强度：控制应用于所有图像通道的明亮度杂色减少量。

（2）保留细节：保留边缘和图像细节。如果值为100，则保留大多数细节，但会将明度杂色减至最少。

（3）减少杂色：移去随机的颜色像素。值越大，则减少的颜色杂色就越多。

（4）锐化细节：对图像进行锐化。

（5）移去JPEG的不自然感：移去由于使用低JPEG品质设置存储图像而导致的斑驳伪像和光晕。

（6）设置：可以将当前设置保存为一个预设，下次直接调用。

（7）高级：可以单独针对红、绿、蓝通道进行调节。

12.21.2　蒙尘与划痕

"蒙尘与划痕"滤镜可以去除像素邻近区域差别较大的像素，以减少杂色，从而修复图像的细小缺陷（见图12-347、图12-348）。

（1）半径：设置去除缺陷的范围；值越大，图像越模糊。

（2）阈值：设置被去掉的像素与其他像素的差别程度，值越大，去除杂点的能力越弱。

图12-347

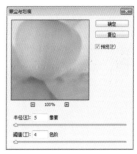
图12-348

12.21.3　去斑

"去斑"滤镜可以检测图像边缘发生显著颜色变化的区域，并模糊除边缘外的所有选区，消除图像中的斑点，同时保留细节。

12.21.4　添加杂色

"添加杂色"滤镜能够给图片添加一些随机的杂色的点（见图12-349、图12-350）。

图12-349

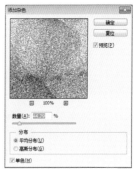
图12-350

（1）数量：设置添加杂点的数量。

（2）平均分布/高斯分布：高斯分布在某一个参数范围内，比平均分布画面显得更锐，对比更强烈，对原图的信息保留得更少。但超过一定阈值的时候，二者对画面影响的差别基本可以忽略。

（3）单色：选中该项，杂色将只影响图像的亮度，而不影响颜色。

12.21.5　中间值

"中间值"杂色滤镜通过混合选区中像素的亮度来减少图像的杂色，会使图像变得模糊（见图12-351、图12-352）。

图12-351

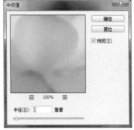
图12-352

半径：该值越大，图像越模糊。

12.22 ▶ 其他滤镜组

其他滤镜组包含5种滤镜，分别为高反差保留、位移、自定、最大值与最小值。

12.22.1 实战：用高反差保留滤镜提高图像清晰度（*视频）

"高反差保留"滤镜可以按指定的半径保留图像边缘的细节。调整"半径"参数，可控制过渡边界的大小。

01 打开文件"第12章素材70"（见图12-353），并复制图层。

图12-353

02 选择"滤镜"菜单→"其他"→"高反差保留"选项，在对话框中设置"半径"为9.0（见图12-354）。

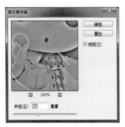
图12-354

03 改变图层的混合模式为"柔光"（见图12-355），图像清晰度被提高（见图12-356）。

图12-355

图12-356

12.22.2 位移

"位移"滤镜可以水平或垂直偏移图像，对于由偏移生成的空缺区域，可以用不同的方式来填充。如图12-357和图12-358所示是用"设置为透明"填充。如图12-359和图12-360所示分别用"重复边缘像素""折回"填充。

图12-357

图12-358

图12-359

图12-360

（1）水平：设置图像在水平方向上的位移大小。

（2）垂直：设置图像在垂直方向上的位移大小。

（3）未定义区域：设置图像偏移后的空白区域。

12.22.3 自定

"自定"滤镜根据预定义的数学运算（称为卷

积）更改图像中每个像素的亮度值，还可以将自定滤镜存储，并将它们用于其他图像（见图12-361）。

图12-361

12.22.4　最大值与最小值

"最大值"滤镜可以在指定的半径内，用周围像素的最高亮度替换当前像素的亮度值；具有应用阻塞的效果，可以扩展白色区域，阻塞黑色区域（见图12-362）。

"最小值"滤镜可以在指定的半径内，用周围像素的最低亮度替换当前像素的亮度值；具有伸展的效果，可以扩展黑色区域，收缩白色区域（见图12-363）。

图12-362　　　　　　图12-363

12.23 ▶ 综合案例：利用滤镜给照片制作卡通动漫效果

效果如图12-364所示。

图12-364

01 打开文件"第12章素材71"（见图12-365），并按下Ctrl+J快捷键复制一层，将复制的图层转换为智能对象。

图12-365

02 选择"滤镜"菜单→"滤镜库"→"艺术效果"→"海报边缘"选项，在弹出的对话框中进行设置（见图12-366），得到海报边缘效果（见图12-367）。

图12-366　　　　　　图12-367

03 选择"滤镜"菜单→"像素化"→"彩色半调"选项，在弹出的对话框中进行设置（见图12-368）。

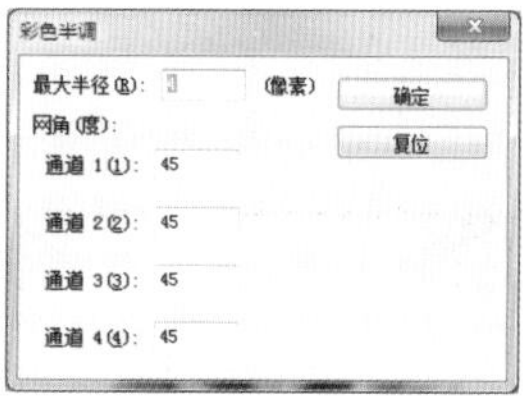

图12-368

04 双击"图层"面板中"彩色半调"滤镜右边的小三角（见图12-369），在弹出的对话框中设置"混合模式"为"柔光"，"不透明度"为80%（见图12-370）；图片产生动漫印刷效果（见图12-371）。

图12-369

图12-370

图12-371

05 打开文件"第12章素材72",并将其拖曳至"素材71"上,并将混合模式更改为"正片叠底"(见图12-372、图12-373)。

图12-372

图12-373

06 单击"自定义形状"工具,绘制形状"会话8"(见图12-374),并在工具选项栏设置"填充"为"白色","描边"为"黑色","描边宽度"为"8点,实线"。最后按下Ctrl+T快捷键自由变换,更改大小与方向。

图12-374

07 使用文字工具在形状以外的地方单击输入字符"FIRE",并设置字体、字号、颜色(见图12-375)。

图12-375

08 单击图层底部的"添加图层样式"按钮,为文字图层添加"描边"样式,"描边大小"为"5像素""外部""白色"。添加"投影"样式,"距离"为"11像素","扩展"为"12像素","大小"为"5像素"。确定之后按下Ctrl+T快捷键变换角度(见图12-376)。最终完成动漫效果(见图12-377)。

图12-376

图12-377

Photoshop功能强大，是一种必不可少的Web网页图像处理软件，在网页设计领域中应用广泛，包括设计网站效果图、给效果图切片与输出、优化网页所用图像等功能。Photoshop还具有"创建视频时间轴"与"创建帧动画"的功能，可以简单处理视频文件，制作简单帧动画。

13.1 ▶ 切片

当网页中包含大尺寸的图片时，会影响网页的加载速度，等待时间会更长。解决这个问题的有效方式之一就是给大尺寸图片进行切片处理。切片可以将图像分成若干个较小的图像文件，从而节省图片文件所占空间大小，有效提高网页文件在网络上的传输速度。

当一张图片被切片并保存为网页文件格式时，Photoshop将创建一个用来包含和排列这些切片的HTML表格，方便在Dreamweaver中直接应用。并且每个切片都被另存为一个单独的图像文件，可以在网页制作中单独添加链接。

13.1.1 实战：手动切片（*视频）

01 打开文件"第13章素材1"，并创建参考线（见图13-1）。

图13-1

02 按住工具栏中的"裁剪"工具，在弹出的列表中选择"切片工具" ，在图像中间部分拖曳，创建第一个切片（见图13-2）。

图13-2

03 用同样的方法创建其他切片，如果发生失误，可选择工具栏的"切片选择工具"进行调整（见图13-3）。

图13-3

04 右击"2"切片，在弹出的快捷菜单中选择"编辑切片选项…"（见图13-4），在弹出的对话框中设置切片名称、URL（链接地址）、目标（打开方式）等（见图13-5）。

图13-4

图13-5

05 选择"文件"菜单→"存储为Web所用格式"选项，弹出对话框（见图13-6）。在对话框中选择文件格式为JPEG，品质为"高"，选中"连续"，单击"存储"按钮，打开"将优化结果存储为"对话框（见图13-7）。

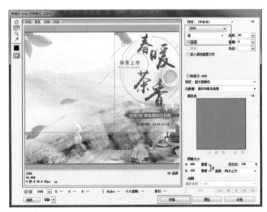

图13-6

图13-7

06 在对话框中为文件命名；格式选择"Html和图像"；设置选择"默认设置"；切片选择"所有切片"。单击"保存"按钮。

07 在目标位置自动生成images文件夹与一个Html文件。images文件夹中包含所有切片文件（见图13-8）。

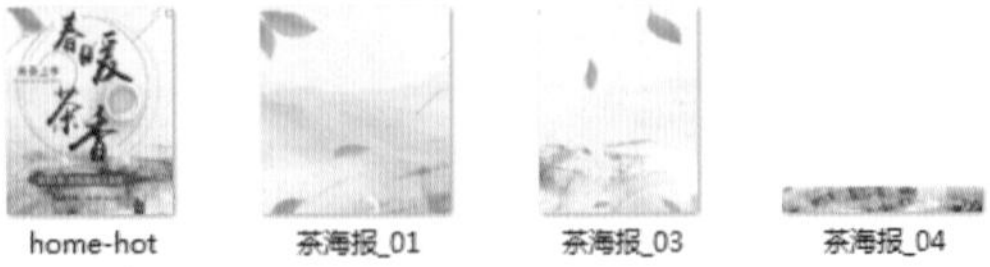

home-hot　　茶海报_01　　茶海报_03　　茶海报_04

图13-8

> **提示**
>
> 使用切片工具生成的切片称为"用户切片"，用实线定义；一些未进行切片的区域会自动生成"自动切片"，用虚线定义。在"将优化结果存储为"对话框中，可选择只保存"用户切片"，也可以保存"所有切片"，还可以保存用"切片选择工具"选中的切片。

13.1.2 基于参考线的切片

在图像上创建了参考线之后，选择"切片"工具，在顶部的工具选项栏选择"基于参考线的切片"，可直接完全按照参考线的划分方式创建切片（见图13-9）。

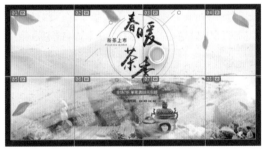

图13-9

13.1.3 基于图层的切片

如果当前PSD文件包含多个图层，可选择"图层"菜单→"新建基于图层的切片"选项，创建的切片中可包含所有图层中的像素内容。

13.1.4 划分自动切片

选择"切片"工具后，在图像上右击，在弹出的快捷菜单中选择"划分切片"选项，弹出

"划分"对话框（见图13-10）。选中"水平划分为"复选框，设置"4"个纵向切片，均匀分隔（见图13-11）。

图13-10

图13-11

取消选中"水平划分为"复选框选项，选中"垂直划分为"，设置"3"个横向切片，均匀分隔（见图13-12、图13-13）。

图13-12

图13-13

选择"像素/切片"选项，并输入"200"，将以每个切片200像素平均划分图像，最后剩余的形成一个新的切片（见图13-14、图13-15）。

图13-14

图13-15

13.1.5　编辑切片

（1）选择切片：单击"切片选择工具" ，单击图像中的某一切片，即可选中该切片。按住Shift键多次单击即可选中多个切片。

（2）调整切片：使用"切片选择工具"拖曳切片的控制点，即可改变切片的大小。

（3）移动与复制切片：使用"切片选择工具"拖曳切片，即可移动切片。拖曳的同时按住Alt键即可复制切片。

（4）组合切片：选择两个或两个以上切片，右击，在弹出的快捷菜单中选择"组合切片"，即可将所选多个切片组合成一个切片（见图13-16、图13-17）。

（5）删除切片：在需要删除的切片上右击，在弹出的快捷菜单中选择"删除切片"即可。

（6）转换为用户切片：基于图层的切片和自动切片不方便进行编辑，需要提升为用户切片。使用"切片选择工具"选择需要提升的切片，右击，在弹出的快捷菜单中选择"提升到用户切片"即可。

图13-16

图13-17

（7）调整切片堆叠顺序：多次创建切片时，会产生切片互相堆叠现象。最后创建的切片默认在顶层。如果需要更改某一层的堆叠顺序，可选择此切片，然后单击工具选项栏上对应的按钮（见图13-18）。

改变堆叠顺序　　设置对齐方式　设置分布方式　设置切片选项

图13-18

（8）隐藏自动切片：单击该按钮可隐藏自动切片。

13.1.6　优化图像

切片或普通图像都可以通过"存储为Web所用格式"进行优化，以适合应用到网页中去。优化的图像可以改变文件格式、文件大小、图像品质等。

13.1.7　存储为Web所用格式对话框

选择"文件"菜单→"存储为Web所用格式"选项，弹出对话框（见图13-19）。默认为"双联"显示，上面为原稿，下面是优化后的图像。如果选择"四联"将显示三种不同的优化方案（见图13-20）；三种方案的文件格式、文件大小、图像大约下载时间均不同，通过对比可选择合适的方案存储。

图13-19

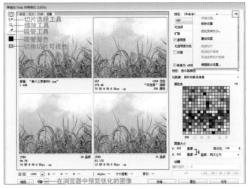

图13-20

"存储为Web所用格式"对话框中各工具选项如下。

（1）切片选择工具：当图像包含切片，可使用该工具选择目标切片进行优化。

（2）吸管工具/吸管颜色：使用"吸管工具"可拾取单击点的颜色，并在"吸管颜色"中显示。

（3）切换切片可视性：显示或隐藏切片的定界框。

（4）在浏览器中预览优化的图像：单击可打开浏览器，并在预览图像下方显示图像信息（见图13-21）。

（5）优化菜单：可存储、删除设置，链接切片等。

（6）图像大小：可手动设置优化后的图像大小。

图13-21

13.2▶动画

根据人眼的视觉残留效应，将一组图片连续播放，产生活动连贯的动态效果，即形成最简单的动画。

13.2.1 实战：闪烁的星星（*视频）

01 打开文件"第13章素材5""第13章素材6"（见图13-22、图13-23）。

图13-22

图13-23

02 选择"窗口"菜单→"时间轴"选项，在底部选择"创建帧动画"（见图13-24）。

图13-24

03 按住Alt键分别双击两个文件的背景层，使其转换为普通图层。拖曳"第13章素材6"至"第13章素材5"上面，并将其重命名为"素材2星空"与"素材1夜空"（见图13-25）。

图13-25

04 单击底部的"复制帧"按钮 ，选择时间轴上的第一帧，设置显示"素材1夜空"图层，隐藏"素材2星空"图层（见图13-26）。

图13-26

05 选择时间轴上第二帧，设置显示"素材2星空"图层，隐藏"素材1星空图层"（见图13-27）。

图13-27

06 单击每一帧底部的"0秒"按钮，选择"0.5秒"，设置每一帧的停留时间为0.5秒；单击时间轴底部的"一次"按钮，选择"永远"，设置动画一直循环播放（见图13-28）。

图13-28

07 单击底部的"播放动画"按钮 ▶️，即可预览动画效果。

08 选择"文件"菜单→"存储为Web所用格式"选项，在弹出的对话框中设置文件格式为GIF，并单击"存储"，即可将文件存储为GIF动画格式（见图13-29）。

图13-29

13.2.2 "时间轴"面板中各选项

"时间轴"面板中各选项如图13-30所示。

图13-30

（1）帧延迟时间：设置帧在播放过程中的停留时间。

（2）循环选项：设置动画的播放次数。

（3）选择第一帧/上一帧/下一帧：快速选择目标帧。

（4）播放动画：单击即播放/停止。

（5）过渡动画帧：在两个帧之间自动添加平缓过渡的帧。

（6）复制所选帧：单击即可添加新的帧。

13.2.3 实战：用过渡动画帧实现发光效果（*视频）

01 打开文件"第13章素材7"。

02 设置第一帧显示"图层1"和"发光1"图层（见图13-31、图13-32）。隐藏发光2图层。

图13-31　　　　　　　　　图13-32

03 设置第二帧显示"图层1"和"发光2"图层（见图13-33、图13-34）。隐藏发光1图层。设置两帧的延迟时间为"0.1秒"，循环方式为"永远"。

图13-33　　　　　　　　　图13-34

04 单击时间轴上的"过渡动画帧"按钮 ◥，在对话框中设置要添加的帧数为"7帧"（见图13-35、图13-36）。

图13-35

图13-36

05 单击"播放"按钮预览动画效果。

13.3 ▶ 视频

Photoshop可以编辑视频文件的每个帧；可以

在视频上绘制、变换、添加蒙版、添加图层样式等。

Photoshop可以直接打开视频文件进行编辑，也可以将视频文件导入到已打开的PSD文档。Photoshop中可以打开的视频文件格式包括3GP、3GPP、AVC、AVI、F4V、FLV、M4V、MOV、MP4、MPE、MPEG、MPG、MTS等。

13.3.1 打开与导入视频文件

选择"文件"菜单→"打开"选项，在弹出的对话框中双击需要打开的视频文件，即可直接打开。

在一个打开的Photoshop文档中，选择"图层"菜单→"视频图层"→"从文件新建视频图层"选项，即可将视频导入到当前文档。

13.3.2 视频"时间轴"面板

打开一个视频文档后，下方自动出现"时间轴"面板；或者选择"窗口"菜单→"时间轴"选项，也可以打开"时间轴"面板（见图13-37）。

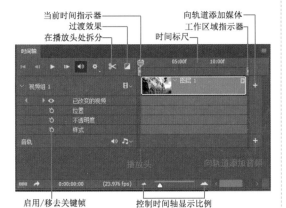

图13-37

（1）在播放头处拆分：可以在当前时间指示器位置将视频拆分开。

（2）过渡效果：可以添加多种淡入效果。

（3）当前时间指示器：可拖曳控制播放起点。

（4）时间标尺：显示视频时间。

（5）工作区域指示器：可限制编辑视频的时间段。

（6）向轨道添加媒体：可在当前轨道中添加新的视频。

（7）向轨道添加音频：可在当前轨道中添加新的音频。

（8）添加关键帧：可在当前播放头的位置添加关键帧。

（9）移去/启用关键帧：可按对应的属性移去/启用添加的关键帧。

（10）控制时间轴显示比例：当视频较长时，可缩小时间轴显示比例，方便查看编辑。

13.3.3 实战：剪辑视频（*视频）

01 打开文件"第13章素材8"（见图13-38）；这个视频稍长，可以将后半部分剪去。

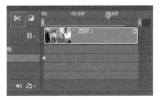

图13-38

02 将播放头停留在合适的位置，单击"拆分"按钮，视频被拆分为两部分（见图13-39）。

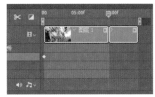

图13-39

03 单击选择后半部分，按下Delete键即可删除。

13.3.4 实战：添加视频与渐隐效果（*视频）

01 接上个案例，单击"向轨道添加媒体"按钮（见图13-40），在弹出的对话框中选择"第13章素材9"。

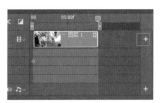

图13-40

02 单击"打开"按钮，新视频被添加进来（见图13-41）。

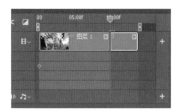

图13-41

03 单击"过渡效果"按钮，在弹出的列表中输入持续时间为"2.29秒"；拖曳"白色渐隐"到第一个视频的后半段（见图13-42）。

图13-42

04 将播放头拖曳至开头的位置，单击"播放"按钮预览效果，第一段视频将以白色淡化的效果结束。

13.3.5　实战：添加音频（*视频）

01 打开文件"第13章素材10"（见图13-43）。

图13-43

02 单击"向轨道添加音频"按钮，在弹出的对话框中双击Sunny Day；音频被添加进来（见图13-44）。音频时长比视频长。

图13-44

03 将播放头拖曳至视频结尾处，单击"拆分"按钮，将音频拆分（见图13-45），并将后半部分删除。

图13-45

04 在音频上右击，在弹出的对话框中设置淡出为"1.85秒"（见图13-46）。

图13-46

05 将播放头拖曳至开头的位置，单击"播放"按钮预览效果。

13.3.6　实战：将视频内容导入到图层（*视频）

Photoshop可以把视频中的帧获取为静态图像，直接保存为图片。

01 选择"文件"菜单→"导入"→"视频帧到图层"选项，在对话框中选择"第13章素材11"。

02 单击"载入"按钮，打开"将视频导入图层"对话框，选择"仅限所选范围"选项，拖曳滑块选取范围（见图13-47）。

图13-47

03 单击"确定"按钮，所选范围内的帧将被导入到图层（见图13-48）。

图13-48

13.3.7 实战：给视频文件添加内发光样式（*视频）

Photoshop可以将斜面浮雕、内发光等图层样式添加到视频文件上。

01 打开文件"第13章素材12"（见图13-49）。

图13-49

02 将播放头停留在视频开始的地方，单击时间轴上"样式"选项前面的小秒表，添加一个关键帧（见图13-50）。

图13-50

03 选中"图层"面板中的图层1，添加"内发光"图层样式，发光颜色为白色，并设置杂色（见图13-51、图13-52）。

图13-51

图13-52

04 单击"播放"按钮，预览效果。

13.4 ▶ 综合案例：给视频添加文字与过渡效果（*视频）

01 打开文件"第十三间素材13"，并单击"添加视频组"按钮（见图13-53）。"图层"面板上出现"视频组2"（见图13-54）。

图13-53

图13-54

02 在窗口中输入文字"未来新媒体"，并设置
字体、字号、字符颜色，并将文字播放时长
向右拖曳，与图层1的长度保持一致（见图13-55）。

图13-55

03 单击"过渡效果"按钮，设置持续时间为
"3秒"，将黑色渐隐拖曳至"未来新媒

体"的开头与结尾处（见图13-56）。

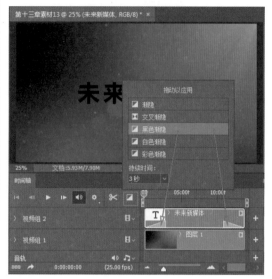

图13-56

04 单击"播放"按钮，预览效果。

第 14 章

3D功能

随着Adobe Photoshop版本的不断更新，现在的Photoshop已经不再只是平面图像处理软件，因为它现在可以制作简单的3D模型，并且可以像其他3D软件那样调整设置模型的角度、光源、投影、贴图、材质等，还能将生成的3D图层导出为DAE、KMZ、OBJ、STL文件，在对应的程序中打开使用。

14.1 ▶ 创建3D对象

Photoshop可基于2D对象生成基本的3D对象，在3D面板中可以对3D对象的整个场景、网格、材质、光源分别进行设置。

14.1.1 实战：从所选图层新建3D模型（*视频）

01 新建文件，"大小"为500像素×500像素，"分辨率"为72像素/英寸。输入字符"Adobe"，字体"大小"为120，蓝色，字体为Arial-Bold（见图14-1）。

图14-1

02 选择3D菜单→"从所选图层新建3D模型"选项，进入3D界面（见图14-2）。

03 选择"旋转3D对象"工具，旋转文字（见图14-3）。

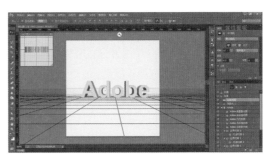

图14-2

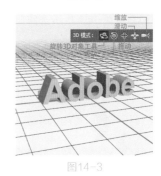

图14-3

04 单击文字，在"属性"面板中设置"凸出深度"为446（见图14-4、图14-5），文字实现一种3D效果。

图14-4

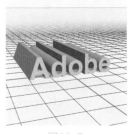

图14-5

> **提示** 选择"编辑"菜单→"首选项"→3D选项，在弹出的对话框中，向右拖曳"可用于3D的VRAM"滑块，可以将VRAM（分配给Photoshop的显存量）调得更大，有助于进行快速的3D交互工作。

14.1.2 实战：从所选路径新建3D模型（*视频）

01 新建文件，"大小"为500像素×500像素。选择"自定义形状工具"，在工具选项栏选择"路径"，绘制"梅花形卡"（见图14-6）。

图14-6

02 选择3D菜单→"从所选路径新建3D模型"选项，进入3D界面，并旋转模型（见图14-7）。

图14-7

03 两次单击模型，在3D面板中选中"背景-前膨胀材质"（见图14-8）。在材质"属性"面板中单击打开材质拾色器（见图14-9、图14-10），在列表中选择"趣味纹理3"。

图14-8

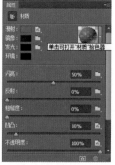

图14-9

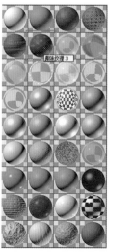

图14-10

04 模型的材质被改变（见图14-11）。

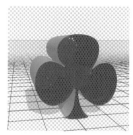

图14-11

05 在3D面板中选择"背景-凸出材质"，用同上的方法将模型的侧面材质也设置为"趣味纹理3"（见图14-12）。

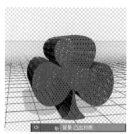

图14-12

14.1.3 实战：从当前选区新建3D模型（*视频）

01 打开文件"第14章素材1"，用魔棒工具选择黑色部分并反选，得到勋章的选区

（见图14-13）。

图14-13

02 选择3D菜单→"从当前选区新建3D模型"选项，进入3D界面，并使用顶部的"3D对象"工具旋转、缩放模型（见图14-14）。

图14-14

03 单击勋章，在"属性"面板中设置"形状预设"（见图14-15）为"带等高线的斜面"（见图14-16），"凸出深度"为275，勋章形成3D效果（见图14-17）。

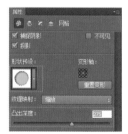

图14-15

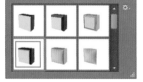

图14-16

图14-17

14.1.4 实战：从图层新建网格明信片（*视频）

01 打开文件"第14章素材2"（见图14-18）。

02 选择3D菜单→"从图层新建网格"→"明信片"选项，使用"3D对象"工具旋转、缩放明信片（见图14-19）。

图14-18

图14-19

14.1.5 从图层新建网格预设

选择一个图层，可以是空白图层，选择3D菜单→"从图层新建网格"→"网格预设"选项，在弹出的下拉菜单中选择一种选项，即可生成3D对象（见图14-20）。

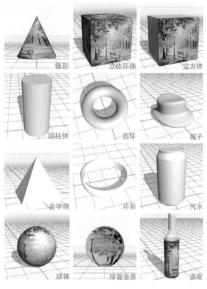

图14-20

14.1.6 从图层新建网格深度映射

Photoshop中的3D功能可以将灰度图像转换为深度映射。图像中较亮的值生成凸起的区域，较暗的值生成凹陷的区域，生成立体的3D模型（见图14-21、图14-22）。

图14-21

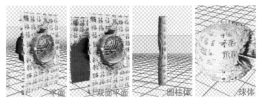

图14-22

14.2 ▶ 设置调整3D模型的视角与光源

14.2.1　通过3D轴调整3D对象

选择窗口顶部的"旋转3D对象"工具，单击3D对象，窗口中出现3D轴，将光标停放在3D轴对应的地方，使其高亮显示，即可进行对应的调节（见图14-23）。

拖曳3D轴的顶端箭头，可以沿轴移动项目（见图14-24）。

图14-23　　　　　　图14-24

拖曳3D轴上的小弧线段，可以旋转项目（见图14-25）。

拖曳3D轴上的小立方块，可以沿轴缩放项目（见图14-26）。

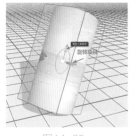　

图14-25　　　　　　图14-26

14.2.2　选择不同的视图角度查看3D对象

在不选择对象的情况下，使用"旋转3D对象"工具，即可用各种角度查看3D对象（见图14-27）。

或者单击"属性"面板中的"视图"选项，在其下拉列表中选择合适的视图（见图14-28）。

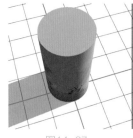　

图14-27　　　　　　图14-28

14.2.3　选择与设置光源

3D光源可以从不同角度照亮模型，从而添加逼真的深度和阴影。单击3D面板顶部的"光源"按钮，即可显示当前场景中的全部光源（见图14-29）。可以在此面板中添加光源。

图14-29

选择当前的"无限光"光源之后，在3D对象上可以调节光源的方向（见图14-30）。无限光像太阳光，可以从一个方向平面照射。

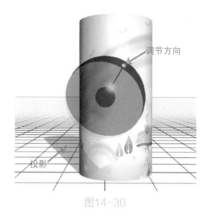

图14-30

单击3D面板底部的"新建点光"选项，可在对象上添加一个点光。点光像灯泡一样，可以向各个方向照射。在"属性"面板中可以设置点光的"颜色""强度"等（见图14-31、图14-32）。

图14-31

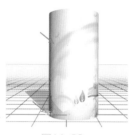

图14-32

单击3D面板底部的"新建聚光灯"选项，可在对象上添加聚光灯效果。聚光灯能照射出可调整大小与方向的锥形光线。在"属性"面板中可以设置聚光灯的属性（见图14-33、图14-34）。

图14-33

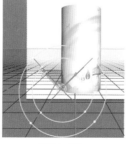

图14-34

14.3 ▶ 编辑3D对象

14.3.1　实战：为3D模型添加约束（*视频）

01 打开文件"第14章素材5"，选择3D菜单→"从所选图层新建3D模型"选项（见图14-35）。

图14-35

02 单击3D对象，在"属性"面板"形状预设"中选择"枕状膨胀"（见图14-36）。

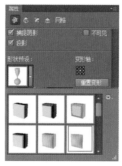

图14-36

03 选择"钢笔"工具，工具选项栏上选择"路径"，在图像上绘制（见图14-37）。

图14-37

04 选择3D菜单→"添加约束的来源"→"所选路径"选项（见图14-38）。

图14-38

05 约束路径还可以创建打孔效果。使用移动工具单击路径处，在"属性"面板中，3D约束类型选择"空心"即可（见图14-39）。

图14-39

14.3.2 实战：为3D模型贴上图案（*视频）

01 新建文件，"大小"为500像素×500像素。新建图层，选择3D菜单→"从图层新建网格"→"网格预设"→"汽水"选项（见图14-40）。

图14-40

02 双击"图层"面板中"标签材质-默认纹理"（见图14-41）选项，打开"图层13.psb"文件（见图14-42）。

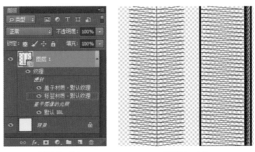

图14-41　　　　　　　图14-42

03 打开文件"第14章素材6"，并将其拖曳至"图层13.psb"文件上（见图14-43）。

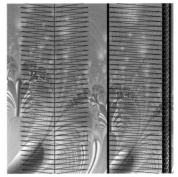

图14-43

04 关闭文件"图层13.psb"，在弹出的对话框中单击"是"按钮（见图14-44）。

图14-44

05 图案已经被贴到3D模型上（见图14-45）。

图14-45

14.3.3　实战：更改纹理位置与替换纹理（*视频）

01 接上一案例，两次单击3D对象，在材质"属性"面板中设置"闪亮""反射"值（见图14-46、图14-47）。

图14-46

图14-47

02 单击"漫射"右边的按钮，在菜单中选择"编辑UV属性…"（见图14-48），在弹出的"纹理属性"对话框中设置数值（见图14-49），纹理位置被改变（见图14-50）。

图14-48

图14-49

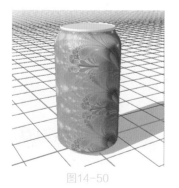

图14-50

03 如果需要替换纹理，可在菜单中选择"替换纹理"命令，在弹出的对话框中选择新的纹理即可（见图14-51）。

图14-51

14.3.4　实战：应用预设材质（*视频）

01 接上一案例，在材质"属性"面板中单击右边的按钮，打开"材质拾色器"（见图14-52）。

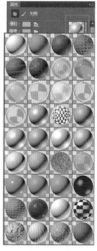

图14-52

02 在列表中选择"金属-黄金"（见图14-53）。

图14-53

14.3.5　从图层新建拼贴绘画

Photoshop可以由同一图像生成多个重复拼贴

图案，还可以将图案应用到3D模型上。

打开一幅图像，选择3D菜单→"从图层新建拼帖绘画"选项，生成9个相同图案的拼贴图案（见图14-54）。应用到3D对象上的效果如下（见图14-55）。

图14-54　　　　　　图14-55

14.3.6　实战：在3D模型上绘画（*视频）

01 打开文件"第14章素材10"（见图14-56）。

图14-56

02 选择3D菜单→"在目标纹理上绘画"选项，在菜单中选择一种映射类型，此处选择"漫射"（见图14-57）。

在目标纹理上绘画(T)	✓ 漫射
重新生成 UV...	凹凸
创建绘图叠加(V)	镜面颜色
选择可绘画区域(B)	不透明度
绘画系统	反光度
	自发光
从 3D 图层生成工作路径(K)	反射
使用当前画笔羽化(S)	粗糙度
渲染(R)　Alt+Shift+Ctrl+R	深度

图14-57

03 选择画笔工具，选择"笔尖形状"为"散布叶片"，"大小"为"15像素"；设置"前景色"为"玫红色"；在3D对象上绘制，绘

制内容被自动限制在3D对象上（见图14-58）。

图14-58

14.3.7　实战：将3D模型渲染为素描（*视频）

01 打开文件"第14章素材11"（见图14-59）。

图14-59

02 单击3D面板中的"场景"按钮，并选择"场景"（见图14-60）。

图14-60

03 单击"属性"面板中的"预设"按钮，在列表中选择"素描细铅笔"（见图14-61）。

04 3D模型被渲染为铅笔素描（见图14-62）。

图14-61

图14-62

14.4 ▸ 导出3D图层

14.4.1　合并3D图层

如果一个Photoshop文档中包含两个或两个以上3D图层，可以选中这些图层，选择3D菜单→"合并3D图层"选项，将它们合并（见图14-63）。合并后的每一个模型仍然可以单独编辑处理。

图14-63

14.4.2　导出3D图层

3D图层可以导出为Collada(.DAE)、Flash 3D (.FL3)、Google Earth 4(.KMZ)、STL、Wavefront/OBJ格式的文件，在对应的软件中可以直接打开使用。

选择3D菜单→"导出3D图层"选项，在对话框中选择对应的文件格式即可（见图14-64）。

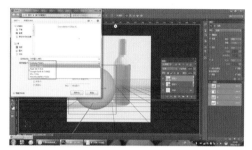

图14-64

14.4.3　栅格化3D图层

选择一个3D图层，选择"图层"菜单→"栅格化"→3D选项，即可将此3D图层栅格化为普通图层，该图层中的内容不能再继续编辑3D属性。

14.4.4　转换为智能对象

选择3D图层，在"图层"面板上右击，在弹出的快捷菜单中选择"转换为智能对象"，此3D图层即转换为智能对象。如果需要重新编辑3D内容，直接双击即可。

14.5 ▸ 综合案例：制作3D扭曲字

01 打开文件"第14章素材12"；输入字符"photoshop"，设置"字体"为Bodoni Bd BT，Bold，字体"大小"为39，"字符间距"为200，"字符颜色"为R=255、G=41、B=167（见图14-65）。

图14-65

02 选择3D菜单→"从所选图层新建3D模型"选项，进入3D模式（见图14-66）。

图14-66

03 在"属性"面板中单击"变形"，在"变形"面板中设置凸出深度、扭转、锥度（见图14-67），形成立体扭曲效果（见图14-68）。

图14-67

图14-68

04 单击3D面板底部的"新建聚光灯"按钮，添加聚光灯，并调节灯光（见图14-69）。

图14-69

05 最终完成3D扭曲文字效果（见图14-70）。

图14-70

第 15 章

动作与批处理

15.1 ▶ 动作

动作是一个命令序列。执行动作时，系统会自动按顺序执行动作中包括的各个命令，快速完成这种设定好的图像处理。

Photoshop内部包含一些默认动作，用户可以直接播放使用，也可以自己创建组，录制新动作。

15.1.1 认识"动作"面板

选择"窗口"菜单→"动作"选项，或按Alt+F9快捷键，即可打开"动作"面板（见图15-1）。

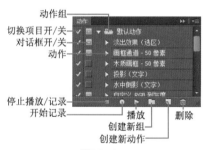

图15-1

（1）切换项目开/关：如果"√"呈白色显示，表示该组中所有动作与命令都可以执行。如果"√"呈红色，表示该组中部分动作与命令不能执行。如果前面无此符号，表示组中所有动作与命令都不能执行。

（2）对话框开/关：当出现此图标时，在执行动作的过程中，会暂停动作执行并弹出对话框，直到进行确认操作后才能继续。如果前面没有此图标，动作会直接执行下去。如果此图标呈红色，表示组中有部分命令设置了暂停操作。

（3）动作组/动作：动作组是一系列可以执行的动作的集合。动作是各个命令的集合。

（4）创建新组/创建新动作：单击可以创建一个新组/新动作，里面可以包含下级新动作/新命令。

15.1.2 实战：执行默认动作"四分颜色"（*视频）

01 打开文件"第15章素材1"（见图15-2）。

图15-2

02 选择"动作"面板→"四分颜色"动作组，单击面板底部的"播放"按钮（见图15-3）。

03 图像逐步执行了"四分颜色"动作组中的各个命令，图像被处理成四分颜色的效果（见图15-4）。

图15-3

图15-4

15.1.3 实战：录制动作与插入动作（*视频）

01 打开文件"第15章素材2"（见图15-5）。

图15-5

02 单击"动作"面板底部的"创建新组"按钮，在弹出的对话框中命名为"降落伞组"。然后单击"创建新动作"按钮，创建"动作1"（见图15-6、图15-7）。"录制"按钮变成红色，表示开始录制。

图15-6

图15-7

03 选择"图像"菜单→"调整"→"自然饱和度"选项，在弹出的对话框中将自然饱和度的滑块拖曳至右侧（见图15-8）。

图15-8

04 调整"色阶"（见图15-9）。

05 使用"裁剪"工具裁剪图像（见图15-10）。

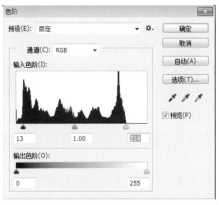

图15-9

图15-10

06 单击"停止记录"按钮，所有动作都将被记录在"动作1"中（见图15-11）。

图15-11

07 如果需要在录制好的动作中插入命令，可直接单击需要插入命令的上一个命令，然后再次单击"开始录制"按钮开始录制（见图15-12）。

图15-12

15.1.4 实战：在动作中插入菜单项目（*视频）

在Photoshop中，有些菜单项目与命令不能被直接记录在动作中，只能通过插入菜单项目等方法进行操作。

01 接上个案例。单击"色阶"命令，单击底部的"开始记录"按钮，开始在"色阶"命令后面插入菜单项目（见图15-13）。

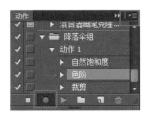

图15-13

02 单击面板右上角的"菜单"按钮，单击"插入菜单项目"，弹出对话框（见图15-14）；选择"视图"菜单→"显示"→"网格"选项；单击"插入菜单项目"对话框中的"确定"按钮；"动作"面板中将记录"选择-切换网格"选项（见图15-15）。

图15-14

图15-15

15.1.5 实战：在动作中插入停止（*视频）

默认情况下，动作会从开头一直播放到结尾。如果中途需要停止，加上手动调节图像，然后再继续播放动作的话，可以在动作中插入停止命令。

01 打开一幅图像，选择"动作"面板中"四分颜色"动作下的"色阶"命令（见图15-16）。

图15-16

02 单击面板右上角的"菜单"按钮，在弹出的菜单中选择"插入停止"命令，弹出对话框（见图15-17），在框中输入信息，单击"确定"按钮。

图15-17

03 "动作"面板中"色阶"命令的下方插入了"停止"命令（见图15-18）；当播放动作时会在此处暂停，直到再次单击"播放"按钮。

图15-18

15.1.6 插入条件

在打开多个图像播放动作时，会遇到不一样的情况，这时可以插入条件，如果符合条件，则播放一个动作；如果不符合条件，则播放另一个动作。

单击"动作"面板右上角的"菜单"按钮，单击"插入条件"命令，打开"条件动作"对话框（见图15-19）。

图15-19

15.1.7 更改动作顺序与删除动作

直接向上或向下拖曳某个动作或者命令，可以更改其先后顺序；将某个动作拖曳至右下角的"删除"按钮，即可删除该动作。单击"动作"面板右上角的"菜单"按钮，在菜单中选择"复位动作"，即可将动作复位。

15.1.8 载入外部动作

单击"动作"面板右上角的"菜单"按钮，在菜单中选择"载入动作"按钮，在弹出的对话框选择一个.ATN文件，单击"载入"按钮，即可载入外部动作。

15.1.9 设置回放选项

单击"动作"面板右上角的"菜单"按钮，在菜单中选择"回放选项"，可以设置动作的播放速度（见图15-20）。

图15-20

（1）加速：默认正常播放。

（2）逐步：显示每一个命令执行后的结果时暂停一下，按Esc键可停止播放。

（3）暂停：可设置暂停时长。

15.2 ▶ 批处理

"批处理"可以对多个文件自动重复播放动作，做相同的、重复性的操作，批量化一次性完成对多个文件的处理。批处理可以应用系统内部的默认动作组，也可以使用用户创建的动作组。

15.2.1 实战：将多个文件批处理成双色图像（*视频）

01 新建一个存放处理结果文件的文件夹"批处理结果"（见图15-21）。

图15-21

02 打开"批处理素材"文件夹中的文件"FP3A1059"（见图15-22）；单击"动作"面板中的"创建动作"按钮，在打开的对话框中命名为"双色图像"（见图15-23）。单击"记录"按钮后开始记录动作。

图15-22

图15-23

03 选择"图像"菜单→"调整"→"色相/饱和度"选项，在对话框中选中"着色"，并设置色相与饱和度（见图15-24）。

图15-24

04 单击"动作"面板中的"停止记录"按钮，关闭当前文档。

05 选择"文件"菜单→"自动"→"批处理"选项，弹出"批处理"对话框（见图15-25）。

图15-25

06 选择"动作"为"双色图像"；选择"源"中的"文件夹"为"批处理素材"；选择"目标"中的"文件夹"为"批处理结果"，单击"确定"按钮。

07 打开"批处理结果"文件夹，已有处理结果（见图15-26）。

图15-26

15.2.2 创建快捷批处理

如果某个批处理动作经常使用，可以创建为快捷批处理，它是一个小程序，不需要运行Photoshop；只要双击，就可以完成处理动作。

选择"文件"菜单→"自动"→"创建快捷批处理"选项，在弹出的对话框中选择该小程序的保存位置；以及需要播放的组与动作，最后单击"确定"按钮（见图15-27）。"快捷批处理"图标的形状如下（见图15-28）。

图15-27

图15-28

15.3 ▶ 综合案例：批处理给照片添加水印

01 新建文件夹"综合案例结果"（见图 15-29）。

图15-29

02 打开"综合案例素材"文件夹下的 tongxie_01文件（见图15-30）。

图15-30

03 单击"动作"面板上的"创建动作"按钮，在弹出的对话框中为新动作命令为"添加水印"（见图15-31），单击"记录"按钮。

图15-31

04 在图像上输入文字"阿尔童鞋"，并添加样式"外发光"（见图15-32～图15-34）。

图15-32　　　　　图15-33

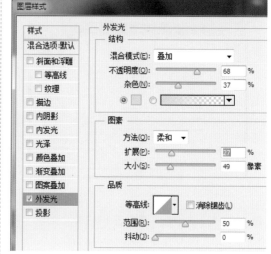

图15-34

05 将"阿尔童鞋"图层的"填充"透明度改为"0%"（见图15-35、图15-36）。

图15-35　　　　　图15-36

06 选择"文件"菜单→"存储为"选项，将文件存储在"综合案例结果"文件夹内，文件格式为.JPG（见图15-37）。

07 单击"停止记录"按钮，"动作"面板上有了"添加水印"动作（见图15-38）。关闭当前文档。

08 选择"文件"菜单→"自动"→"批处理"选项，弹出"批处理"对话框（见图

15-39）；"动作"选择"添加水印"；"源"中的"文件夹"选择"综合案例素材"；"目标"中的"文件夹"选择"综合案例结果"；选中"覆盖动作中的存储为命令"，单击"确定"按钮。

图15-37

图15-38

图15-39

09 "综合案例结果"文件夹中已经有了处理结果（见图15-40）。

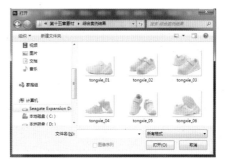

图15-40

第 16 章

Photoshop CC 2018新功能

16.1 ▶ 启动后的界面

Photoshop CC 2018启动后，会出现如下开始界面（见图16-1），可以直接看到近期使用过的作品，近期作品可以排序与筛选显示。也可以单击下面的按钮新建或打开文档。

图16-1

选择"编辑"菜单→"首选项"面板，在"文件处理"选项卡中可以设置作品显示数量（见图16-2）。

图16-2

16.2 ▶ "新建文档"面板

"新建文档"面板比以前更加可视化，形象

明了。文档预设分类清晰，视觉化展示，看起来更方便、更形象（见图16-3）。

图16-3

16.3 ▶ 动态的工具说明

把鼠标指向某个工具时，浮现动画小窗口，对此工具的用法进行动态演示，方便用户学习使用（见图16-4）。

图16-4

16.4 ▶ 学习功能

选择"窗口"菜单→"学习"选项，打开"学习"面板，可以选择需要学习的内容，然后根据提示进行操作，按步骤完成学习（见图16-5）。

图16-5

16.5 ▶ 更好的液化面部的功能

在新版本中"液化"能识别人物面部，改变五官，还能更精准地处理单只眼睛。如图16-6所示为原图，如图16-7所示为修改单只眼睛大小；如图16-8所示为修改了鼻子、嘴唇与面部形状。

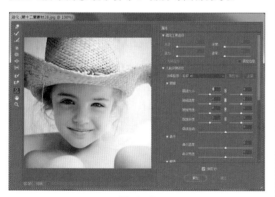

图16-6

图16-7

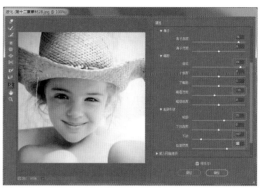

图16-8

16.6 ▶ 画笔整理与平滑

以用户需要的顺序整理和保存画笔，可以通过拖放重新排序、创建文件夹和子文件夹、扩展笔触预览、切换新视图模式，以及保存包含不透明度、流动、混合模式和颜色的画笔预设完成（见图16-9）。

图16-9

笔刷响应速度明显加快，而且新增了抖动修复功能，改善了因为没有手绘板而画出歪歪扭扭的线条（见图16-10）。

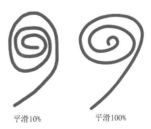

平滑10%　　　平滑100%

图16-10

16.7 ▸ "弧线"钢笔工具

"弧线"钢笔工具更加快速、直观和准确地创建路径。无须修改贝塞尔手柄,即可直接推拉各个部分,这与 Illustrator 中的"弧线"工具类似。只需双击,即可在各个点类型之间进行切换(见图16-11)。

图16-11

16.8 ▸ 可变字体

Photoshop CC 2018支持可变字体,这是一种新的 OpenType字体格式,支持直线宽度、宽度、倾斜度、视觉大小等自定义属性(见图16-12)。在"字符"面板或选项栏的"字体"列表中,搜索"可变"可查找可变字体。或者,查找字体名称旁边的 ⊘ 图标,应用此类字体,然后在"属性"面板中设置其属性(见图16-13)。

图16-12

图16-13

16.9 ▸ 新增的字体表情包

新版本增加了字体表情包,随时随地都可以像打字一样插入 EmojiOne字体表情(见图16-14)。

图16-14

16.10 ▸ 路径改进

改善了路径外观,可自由选择路径的颜色和线条粗细,使它们更易于查看(见图16-15)。

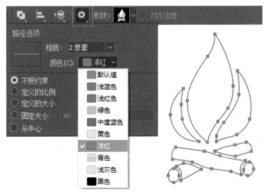

图16-15